Excel
数据分析及其在管理中的应用研究

韩育芳　李　艳◎著

电子科技大学出版社
University of Electronic Science and Technology of China Press

·成都·

图书在版编目（CIP）数据

Excel 数据分析及其在管理中的应用研究 / 韩育芳，李艳著 . — 成都：电子科技大学出版社，2024.1

ISBN 978-7-5770-0832-5

Ⅰ. ① E… Ⅱ. ①韩… ②李… Ⅲ. ①表处理软件 Ⅳ. ① TP391.13

中国国家版本馆 CIP 数据核字（2023）第 256237 号

内容简介

本书循序渐进地研究了使用 Excel 工具进行数据分析的专业技术及其在管理方面的具体应用。具体内容包括绪论、Excel 数据输入与整理的操作方法、Excel 公式与函数的使用方法、Excel 图表的制作方法与技巧、Excel 数据透视表与数据透视图、Excel 数据的预算与决算分析、Excel 数据分析的应用实例等。本书结构紧凑，立足实用研究，提供了丰富的实例。本书可供对数据分析感兴趣的 IT 人员、数据分析师、管理人员研究参考。

Excel 数据分析及其在管理中的应用研究

Excel SHUJU FENXI JIQI ZAI GUANLI ZHONG DE YINGYONG YANJIU

韩育芳　李　艳　著

策划编辑　刘　愚　杜　倩
责任编辑　刘　愚　李　倩

出版发行　电子科技大学出版社
　　　　　成都市一环路东一段 159 号电子信息产业大厦九楼　邮编　610051
主　　页　www.uestcp.com.cn
服务电话　028-83203399
邮购电话　028-83201495

印　　刷　北京亚吉飞数码科技有限公司
成品尺寸　170 mm × 240 mm
印　　张　15.5
字　　数　278 千字
版　　次　2024 年 5 月第 1 版
印　　次　2024 年 5 月第 1 次印刷
书　　号　ISBN 978-7-5770-0832-5
定　　价　89.00 元

前 言

Excel是Office的组件之一，是一款功能十分强大的数据图表处理软件，具有极强的计算和分析能力，以及出色的图表功能，能够胜任从简单的家庭理财到复杂的专业领域的数据分析、计算等工作，是目前最流行的电子表格软件之一。

越来越多的人在办公中使用Excel。多数人虽然已经掌握了其基本操作，但因为不知道如何将Excel的功能与实际应用结合起来，所以还不能将它的作用发挥得淋漓尽致。本书结合最实用、最常用的Excel功能和最真实的应用实际，如建立决策问题模型、处理商务数据、制作商务报表等，将Excel的功能用轻松活泼的语言阐述出来，让读者能够掌握与自己工作最为密切的功能与技巧，让Excel的应用更加得心应手。

本书是写给那些对Excel有一定接触的人员，尤其是需要进行数据统计和分析决策的办公人员。本书以Excel 2016为操作范本，从Excel最基本的功能开始介绍，结合办公场景，可以让工作人员结合自身情况选择需要使用的Excel功能，帮助他们提高工作效率。

本书以案例作为切入点（案例涉及公司及人员姓名皆为虚拟），帮助读者轻松通过数据快速抓住最有价值的规律和信息，具有非常高的实用价值。第1章主要介绍数据分析核心理论、Excel在数据分析中的角色以及Excel数据分析工具库的巧用；第2章主要介绍在Excel中进行数据输入与整理的操作方法及应用技巧，帮助读者全面提升Excel数据处理的能力；第3章介绍了大量Excel公式与函数的使用方法，以帮助读者方便灵活地运用各种函数进行数据统计运算工作；第4章主要介绍Excel图表的制作与应用技巧，帮助读者从根本上掌握图表的各项基本元素；第5章主要介绍数据透视表与数据透视图，帮助读者快速梳理数据间的关系，从根本上掌握数据透视表与数据透视图的各项功能；第6章主要介绍数据的预算与决算分析；第7章介绍如何使用Excel进行员工工资管理和销售分析。

本书的特点如下：

（1）内容翔实。本书在内容安排上，从读者的角度出发，以实际工作中可能遇到的各种数据为蓝本，提供全方位的数据分析方法和经验。

（2）边学边练。本书在讲解过程中列举了大量真实的问题，让读者在学会知识的同时，快速提升解决实际问题的能力。

（3）易学易用。将知识点和操作以列步骤的方式呈现，使全书版式轻松，利于阅读和学习。某些功能可以通过不同的操作方法和步骤实现，我们选取了最典型和易用的方法。为了拓宽知识面，书中强调了需要注意的知识点和技巧，及时丰富读者的操作技巧，解决读者在学习中可能遇到的各种问题。

（4）图解操作。本书采用图解的形式，一步一图，以图析文，搭配详细的标注，让读者更直观、清晰地理解内容。

由于作者水平有限，本书在撰写中难免会出现疏漏，敬请广大读者批评指正。

作　者

2023 年 11 月

目　　录

第1章 绪　　论

随着“互联网+”的发展，数据的规模急剧增长。网络时代，企业若想实现迅速发展壮大，绝不能仅凭过往的经验，而是要深刻地认识到数据、企业、社会这三方的联系，数据分析这一职业应运而生。像百度、美团、京东等公司的成功，数据分析起到了巨大的作用。如今，很多传统公司已经逐渐认识到了数据驱动的重要作用，不少公司都在探索如何利用数据分析来解决问题，提高业绩，从而实现数字化转型。

以电商行业为例，如今的电商，都是以数据为导向，从数据中找出店铺存在的问题。对网店卖家来说，他们必须时刻关注店铺的各种数据，这样才能够在第一时间从数据中发现问题，并做出相应的调整。电商的运营不是仅凭一台电脑、一根网线便能取得良好业绩，还要关注行业选择、进货、货物上架、定价，到打造爆款、库存管理等多个流程，每一个决策并不是随意做出的，而是离不开数据的支持。因此，数据分析就成了电商行业的重中之重。

1.1 数据分析核心理论

在学习数据分析之前，首先要知道什么是数据分析。数据分析不是简单的求和计算，也不是排序汇总，而是需要从众多数据中找出有用的数据信息，分析出现的问题，为企业决策提供有力的依据。

随着数据量持续增加，数据处理和信息挖掘技术得到了进一步的发展，人们不再只是单纯地进行数据存储和信息的简单探索，更多的是与其他模型相结合进行深入的分析。尽管目前已有许多数据分析技术，如Python、R等编程语言以及MySQL、Hadoop等，但Excel以其操作简便、灵活、覆盖面广，在数据分析领域占有重要地位。

1.1.1 数据分析的内涵

何为数据分析？从字面上来看，是对数据进行分析。

从本质上来看，数据分析指的是利用科学的统计方法和细致的分析技术，先对数据实施整理、汇总，然后实施加工处理，最后对经过处理的数据加以分析，充分利用数据信息，找出问题根源的过程。

数据分析所分析的数据叫作观测值，是通过实验、测量、观察、调查等方式获得的信息，再以数据的形式呈现。

企业开展数据分析，就是要从大量的数据中找出数据存在的规律，对数据进行剖析，让管理者能够根据数据的特征来把握企业的发展趋势，并协助领导者进行正确的判断与决策。

例如，市场运营部要通过对数据的分析，掌握目前市场对产品的反馈，从而制订出合理的营销策略；市场研发部要通过对使用者的需求数据进行分析，才能更全面地抓住使用者对产品的需求，明确具体的研发目标；人力资源部要对员工的考评结果进行分析，摸清其工作能力及职位倾向，使每个员工都能在合适的岗位上工作。

1.1.2 数据分析的作用

数据分析是一个新兴的行业，在世界范围内发挥着重要的作用。随着大数据时代的到来，数据分析师这一职业也随之出现，他们能够对数据进行精准的分析，使客户能够快速、准确地获取所需信息。

数据分析在整个社会的应用范围很广，从便利店到大型企业，它们的良好运营都离不开数据分析。然而，不少人在开展数据分析时，却忽视了它的重要程度。数据分析在实际应用中发挥着不可替代的作用，具体包括以下几方面。

1. 评估产品的机会

企业计划研发一种新产品时，都要先对其用户需求和面向的市场开展调研，再对调研结果进行分析，以此来确定新产品的主要研发方向，同时也为以后的产品设计和更新提供数据参考。

要从整体上把握一个产品的发展前景和核心理念，就必须评估产品的机会。

2. 分析解决问题

用户在使用产品的过程中，难免会遇到这样或那样的问题，对此，企业要及时、全面地收集产品出现的各类问题，并对这些问题加以分析、归纳。

在对数据进行分析、归纳的过程中，数据分析师应开展相应的数据试验来找到问题的根源，进一步提出解决办法，使问题得到解决。

3. 支持运营方案

企业推广某种产品时，会做出多种运营方案，从中选择更适合的一种。在进行决策的过程中，若仅以决策人员的偏好和感觉为依据来做决定，会导致运营活动达不到预期的效果。只有依靠真实、可靠、客观的数据，才能选择正确的运营方案。

4. 预测产品问题

通过开展数据分析，既能得到产品当下的具体状况，又能对今后某一时期内可能出现的问题进行分析。一旦能够预测产品之后可能出现的问题，就能进行相应的调整，有效避免该问题，从而实现对产品的优化。

1.1.3 数据分析的类型

从统计学的角度，研究人员把数据分析分为描述性统计分析、探索性数据分析和验证性数据分析三种，见表 1–1 所列。

表 1–1　数据分析的类型

类型	具体介绍	数据分析方法
描述性统计分析	描述性统计分析主要是描述发生了什么，对事物的总体情况以及事物之间的关联和类属关系进行归纳、表达。日常学习与工作中所用的数据分析，大部分属于描述性统计分析。描述性统计分析要求对调查对象中的各个变量的相关数据进行统计性描述，这是对数据源的初步了解	对比分析法 平均分析法 交叉分析法

续表

类型	具体介绍	数据分析方法
探索性数据分析	探索性数据分析的目的在于挖掘之前未知的事物发展规律，从数据中找出新的特征，得到的结果往往不是结论性的。不过，所得到的分析结果可以帮助总结之前的操作、因素以及它们对过程的影响的信息	相关性分析 因子分析 回归分析
验证性数据分析	验证性数据分析是为了形成值得假设的检验而对数据进行分析的方法。这种数据分析主要是对现有假设进行证实或证伪	

在企业的实际运营中，按照数据分析所处的应用场景、业务阶段等的差异，数据分析还可以被划分成很多种，表 1–2 所列是几种常用的数据分析类型。

表 1–2　常用的数据分析类型

类型	具体介绍
所属行业分析	一个企业只有通过对其所在行业的深入研究，才能在该产业中获得持续的发展。通过对行业的剖析，能更好地把握这个行业的历史状况，也能对整个行业的今后发展走向做出预测，从而为公司的发展方向和策略布局提供借鉴
企业战略分析	企业战略分析是一种相对全面的剖析，以决定企业的未来发展为目标，也就是说，在分析企业的历史经营数据、竞争者数据以及行业数据的基础上，对企业有一个明确的认识，从而制定企业的战略方针
企业运营分析	企业运营分析就是要对企业在经营活动中存在的种种问题展开分析，从中找到根源，并提出对策，一般是利用企业的内部资料来进行数据分析工作
企业业务分析	企业业务分析是指评估企业销售、成本和利润问题，以确定它们是否满足企业的目标。分析企业的业务，能使企业更好地理解业务模式、优化业务战略、提高业务水平、控制成本、防范风险、增加盈利，所以，在企业运营中，这是一项非常关键的数据分析工作
项目数据分析	在项目启动之后，要根据科学的数据分析来判断其可行性，然后才能开始执行。在项目执行过程中，还必须依靠数据分析来分析、监督和调控各种指标，以保证项目的顺利实施
市场需求预测分析	市场需求预测分析是通过调查分析、统计分析、相关分析预测等方法来估算市场的需求，并对未来的市场容量和竞争力做出预测，从而保证产品能够成功地投放市场，并且在市场上保持竞争力

除了上面提到的常用的数据分析之外，在企业运营过程中，还有诸如

人力结构分析、成本控制分析、生产量分析、合格率分析和营业构成分析等特定数据分析。虽然这些数据分析相对小众，但是对企业来说也是非常重要的，且要引起重视。

1.1.4 数据分析的具体步骤

在大多数情况下，我们都会简单地用数据分析来概括数据分析工作，因此，在实际工作中，不少人会将“数据计算”“数据处理”“数据分析”和真正的数据分析工作等同。而从本质上来看，“数据计算”“数据处理”“数据分析”都是数据分析工作的一部分。要进行完整的数据分析工作，必须要遵循一定的程序，具体来说，主要分为六个步骤。

（1）明确需求，制订计划。

（2）从不同渠道获取数据源。

（3）处理并清洗数据。

（4）依据分析目的执行数据分析。

（5）用合适的方式呈现分析报告。

（6）撰写可读性高的数据分析报告。

下面我们对这六个步骤逐一做详尽的说明，使读者对整个数据分析过程形成整体的认识与理解。

1.1.4.1 明确需求，制订计划

不管做任何事情，一定要先弄清楚自己的需求，不然就会适得其反，抓不到关键，数据分析也不例外。职业数据分析师都会根据需求来使用现有的信息，这样得到的分析结果就不会背离我们的需求；而普通的数据分析工作者，则更多地关注对数据呈现方式的选择，而缺少对数据进行有针对性的分析，这样就算最终生成的表格做得很好，图表格式也很漂亮，但却毫无价值。

所以，进行数据分析工作的首要步骤，便是要让数据分析人员清楚数据分析的具体目标，在确定了需求目标之后，理清分析思路，形成数据分析方案，这样才能更好地引导今后的数据分析工作。

1.1.4.2 从不同渠道获取数据源

数据是数据分析工作的基础，没有数据资料，数据分析工作就无法开

展。所以,数据分析的第二个步骤是获取真实可靠的数据。

数据的来源一般分为企业内部数据、网上公开的权威数据和问卷调查数据三种。

1. 企业内部数据

在企业成立的初期,便开始对所有数据进行分类管理,如财务数据、经营数据、客户资源和在职人员信息等,它们各自存放在相应的部门,一些数据用 Excel 存储,如图 1-1 所示为用 Excel 存储的产品订单表,还有一些数据用 Access 数据库存储。如果是大型企业,它们的数据保存流程都十分完整,数据存储在专门的数据库中。当然,随着企业的不断发展,各类数据自然会不断增加,数据分析人员在进行数据分析前,应对自己所需的数据进行详细的梳理,包括数据的类型、哪个时间段的数据等,并将其提交给不同部门,以便相关部门的人员能够及时准确地提取相应的数据。

订单编号	客户姓名	所在城市	订单总额(元)	其他费用(元)	预付(元)
tc05024	关嘉平	上海	98987.5	387.5	49493.75
tc05014	林钏	上海	394.7	304.7	197.35
tc05011	江宇	上海	77998.5	478.5	38999.25
tc05008	杨喜玲	上海	111649.8	349.8	55824.9
tc05003	邓建	上海	514414.9	274.9	257207.45
tc05001	刘凯	上海	67787.4	167.4	33893.7
tc05019	李晴	杭州	202569.8	249.8	101284.9
tc05012	尤亮	杭州	232294.5	304.5	116147.25
tc05009	曹书	杭州	194753.4	253.4	97376.7
tc05007	钟敏捷	杭州	382458.4	298.4	191229.2
tc05021	陈杰	广州	117203.6	503.6	58601.8
tc05020	尤溪	广州	121298.1	548.1	60649.05
tc05015	应贞妮	广州	237152.8	512.8	118576.4
tc05023	毛祝	成都	110284.1	124.1	55142.05
tc05016	陈乔	成都	145978.6	98.6	72989.3
tc05006	刘乔	成都	96464.5	144.5	48232.25
tc05004	张海科	成都	70140.3	120.3	35070.15
tc05022	汤援军	北京	119487.4	357.4	59743.7
tc05018	冯朝	北京	373659.5	419.5	186829.75
tc05017	朱宏娇	北京	147237.8	357.8	73618.9
tc05013	胡益	北京	159787.5	297.5	79893.75

图 1-1 产品订单表示例

企业内部数据库中的数据是进行数据分析最为直观的数据源,同时也是对企业基础状况最为真实的反映,对这样的数据资料进行有效的运用,能够对企业过去的经营状况和目前的发展状况有较为全面的了解,从而为数据的分析和预测提供强有力的保证。

2. 网络公开的权威数据

企业要想制定科学合理的战略规划,势必要做好企业的战略分析,其中包括对行业、竞争企业、竞争产品等方面的数据进行分析。此类相关数据可以通过网络公开渠道获取。为了有效地保证数据分析结果的可靠性,一定要从官方网站获取。

3. 问卷调查数据

问卷调查是社会调查中一种收集数据的方法,也是企业在对当前市场形势进行分析时常用的数据收集方法。通过问卷调查得到的数据是最直接的,因为它是专门用于进行某次数据分析而获取的。

问卷调查的方式通常有两种:一种是线下问卷调查;另一种是线上问卷调查。

(1)线下问卷调查。线下问卷调查是以纸质调查问卷的形式为主,是一种比较传统的问卷调查方法,由企业安排人员发放纸质问卷。常见的调查问卷如图 1-2 所示。调查对象填写完问卷后,由工作人员进行收集,并将其整理后供数据分析人员使用。用这种方法进行数据采集和统计较为烦琐,并且需要耗费大量的人力物力。

(2)线上问卷调查。目前,网上有不少在线问卷制作网站,例如问卷星、腾讯问卷,利用此类网站便可以设计问卷、发放问卷,并对问卷结果进行分析,其中还具有数量繁多的模版,如图 1-3 所示为线上调查问卷示例。

企业利用此类网站来生成网上调查表,同时开展问卷调查,可以不受地域的限制,扩大调查的范围,成本也比较低,唯一的问题是不能保证问卷的质量。

需要说明的是,市场调查数据虽然针对性相对较强,但是也可能存在误差,因此其数据也是仅作参考,不能完全依据调查结果来确定最终的决策方案。

产品调查问卷

（□先生/□女士）：

您好，感谢您参与此次问卷调查。此次调查目的是对公司产品现场使用情况的调查，以便更好的提高公司产品质量，增强产品市场竞争力。

1. 您所销售的产品质量问题是否常见：

① 非常常见②比较常见③比较少见④非常少见⑤不好说

2. 首次质量问题出现时间：

① 3个月内② 3-6个月③半年至1年④ 1-2年⑤ 2年以上

3. 在下列产品中您认为出现问题较多的产品是（可多选）：

① 3个月内② 3-6个月③半年至1年④ 1-2年⑤ 2年以上

4. 您销售的产品出现质量问题较多的是：

① 硬件质量问题

② 软件质量问题

③ 外观包装问题

④ 工程质量问题

⑤ 售后服务、技术支持质量问题

5. 您认为公司产品全过程质量问题发生原因：

① 设计②工艺③采购④制造⑤检验⑥发货⑦服务

6. 您对本公司的投诉处理是否满意？

① 很及时，接到投诉后第一时间着手联系处理；

② 较及时，接到投诉后稍有拖延，但当天之内能着手处理；

③ 不及时，接到投诉后不能及时处理，拖延时间较长。

7. 请谈谈您对公司产品质量管理的看法，感谢您的宝贵意见！

图 1-2 线下问卷调查示例

新能源汽车购车调研问卷

尊敬的先生/女生：

您好！感谢您在百忙之中抽出时间协助我们完成这份调查问卷。本次调查目的在于了解新能源汽车购车的相关情况，预计将花费您三分钟左右的时间。本问卷采用匿名方式，我们将对您的回答进行保密，不会涉及隐私。请您根据实际情况进行填写，感谢您的配合！

*1. 您的年龄是?

- 18岁以下
- 18~24岁
- 25~30岁
- 31~40岁
- 41~50岁
- 51~60岁
- 61岁及以上

*2. 您的最高学历（含目前在读）是？

- 小学及以下
- 初中
- 高中/中专/技校
- 大学专科
- 大学本科
- 硕士研究生及以上

*3. 您目前的职业是？

- 在校学生
- 自由职业者
- 企业管理者（包括基层及中高层管理者）
- 准备就业或者求学中
- 企事业单位普通员工

图 1-3 线上问卷调查示例

1.1.4.3 处理并清洗数据

对所获得的数据，特别是在一些网站上直接得到的，或者从诸如PDF、文本文件等形式的文件得到的数据，均不能直接用来进行数据分析，而是必须对其加工，使其呈现的形式能够与数据分析的需求相契合，这样才能更好地进行数据分析。

有些从公司数据库获取的数据，或者整理的第一手资料的数据，也存在二次加工的情况，比如，清理输入表格的数据检查有没有重复，检查数据是否完整等，从而保证数据的正确、完整和有效。

1.1.4.4 依据分析目的执行数据分析

数据分析是在全面的数据处理基础上，运用合适的数据方法，辅以数据分析工具，对数据加以深度剖析的过程。现在有诸多工具能够用来开展数据分析，常见数据分析工具如图 1–4 所示。

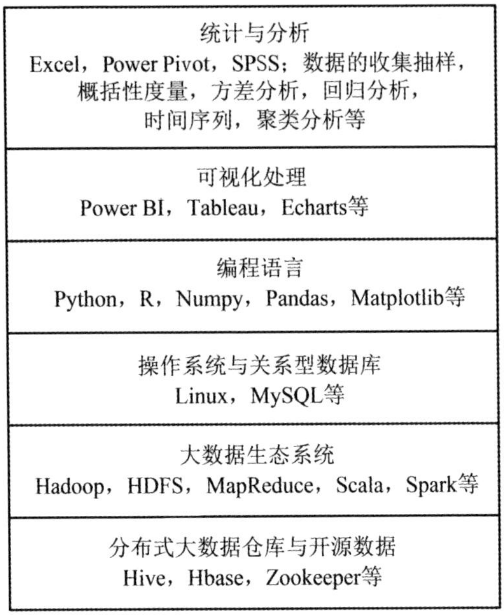

图 1–4　常见数据分析工具

用户可依照自身的水平与工作需要，选用某些工具。常规的数据处理，采用 Excel 工具便能实现。该工具是一种易于学习、入门最快的数据分析工具。

1.1.4.5 用合适的方式呈现分析报告

在进行了数据分析之后，如何使分析结果更加直观、形象地呈现，进而便于利用，也是一个很关键的环节。选用理想的数据表示方式，主要从以下四个方面着手。

1. 确定分析报告的类型

在做数据分析报告前，必须先决定要制作哪类数据分析报告，不同的数据分析报告有不同的用途和制作要求。

数据分析报告一般依照报告对象、时间、内容等可以分为各种类型，包括专题分析数据报告、综合分析数据报告、日常数据通报等，见表 1–3 所列。

表 1-3　数据分析报告的类型

类型	具体描述	特点
专题分析数据报告	专题分析数据报告是针对某个方面或某个问题所编制的一种数据分析报告。例如，用户流失分析、企业盈利能力提升分析等	①单一性：主要是对一个方面或一个问题加以分析； ②深入性：报告内容单一，主题明确，有利于对各种问题的集中分析
综合分析数据报告	综合分析数据报告不同于专题分析数据报告，它需要对企业、单位、部门的业务或其余方面的发展情况予以全方位的评价。例如，企业运营分析报告、全国经济发展报告等	①全面性：综合分析报告反映的对象必须站在全局的角度，对其进行全面、综合的分析； ②联系性：因为它是一种对事物全局的综合性分析，所以在进行分析的过程中，必须把和该事物相关的一切现象和问题都综合起来，并加以系统地描述
日常数据通报	日常数据通报是一种以日、周、月、季、年为期限，按时汇报企业经营状况、计划执行进程等情况的一种数据分析报告。它既能是专题性报告，又能是综合性报告，是目前企业中使用尤为普遍的一种数据分析报告。例如，季度生产进度报告、年度收入结构报表等	①时效性：时效性是这类数据报告最突出的特点，只有及时发现问题，了解现状，才能针对问题快速解决； ②进度性：因为日常的数据通报主要是针对项目计划、业务完成进度的报告，所以需要对进度和时间进行全面的分析。通过这种方式，可以对项目进程进行评估，使决策者能够做出相应的调整； ③规范性：由于这类报告会定期制作，因此其具有规范的结构。对于有些报告，为了体现连续性，还可能只是变动一下报告时间，对应更新一下数据就行了

2. 分析报告制作工具的选择

在进行数据分析之后，可以使用 Excel、Word、PPT 等工具来展示分析结果。不同工具有相应的应用场景，其优缺点见表 1-4 所列。

表 1–4 分析报告制作工具的优缺点

工具	优势	劣势	适用报告类型
Word	易于排版，方便打印出来装订成册	报告内容都是静态展示的，缺乏交互性，且不适合演示汇报	专题分析报告 综合分析报告 日常数据通报
Excel	利用公式计算数据，方便数据使用者实时更新，且包含动态图表分析结果，数据使用者与报表内容的交互性很强	不适合演示汇报	日常数据通报
PPT	可加入丰富的对象元素，并设置酷炫的动画效果，适合对数据分析结果进行演示汇报	演示文稿中展示的内容不会特别详细，只能列举报告的大纲内容和关键内容，其他内容靠演示者口述	专题分析报告 综合分析报告

3. 明确报告的使用者

在制作数据报告前，也要清楚地知道报告的使用者是谁，也就是说，弄清楚报告给谁看。对不同的使用者，数据呈现时需要呈现不同侧重面的数据。举例来说，报告供企业领导层阅读，数据的展示要把重点放在最后的成果上；报告供项目的执行层阅读，他们是项目实施中的重要角色，对过程更加重视，所以数据的展示要以过程为主，尽可能地把细节描述得详尽。

4. 报告内容的可视化呈现方式

在整个数据分析过程中，报告内容的可视化呈现方式是非常关键的，但这又是容易被报告制作者忽视的地方。

尽管报告形式看上去无关紧要，但它却是数据使用者见到数据分析结果的直接方式。为了使数据结果更直观、形象和清楚地呈现，应该尽可能地采用图形化的方式，也就是优先选择图表。

1.1.4.6 编写可读性高的数据分析报告

数据分析报告集成了数据分析工作的整个过程，也是对数据分析所得结果的最后确认，所以在编写数据分析报告时一定要严谨。

数据分析报告的质量对阅读者能否有效地理解数据分析结果有很大的影响。要想编写一份可读性高的数据分析报告，应参照表1–5所列的标准。

表1–5 数据分析报告的编写准则

编写标准	具体阐述
报告要有明显框架	数据分析报告的框架是整个报告的“主心骨”，而且在搭建报告框架的时候，一定要站在目标阅读者的角度来思考并梳理出合理、具有逻辑顺序的结构，尤其对利用Word和PPT制作的数据分析报告，更要有清晰的结构框架
分析要有重点结论	在总结分析结论时，一定要有侧重点，对重要的分析结论进行详细的阐述，这样才更利于阅读者抓住重点问题
报告要有可读性	尽量多用一些图形化的表达方式来简化文字描述，让阅读者有阅读的欲望。但也不是表格、图表越多越好，过多的表格和图表也会造成阅读者的视觉疲劳
问题要有解决方案	如果数据分析结果没有解决方案，那么问题仍然客观存在，并没有得到解决，由此所做的数据分析工作也就没有实际意义

1.2 Excel在数据分析中的角色

Microsoft Excel是世界上应用最广泛的电子表格程序之一，也是Microsoft Office系列办公软件中的重要组成部分。Excel的功能强大、操作便捷，能完成多种数据处理、统计分析、自定义公式以及文本输入等。Excel中有大量的公式和函数，基于此可实现对信息进行计算、分析，对电子表格或网页上的数据信息进行管理，还可以生成数据图表。Excel支持Visual Basic For Application编程，可以提供较为特殊的功能，进行重复性高的操作。因此，Excel被广泛地用于管理、统计财经、金融等领域。[①]

1.2.1 Excel用于数据分析的优点

在数据分析方面，Excel具有以下优点。

① 樊玲，曹聪.Excel数据分析[M].北京：北京邮电大学出版社，2021.

（1）能够对数据进行记录和管理。Excel 的一个工作簿可以建立多个表格，每个表格都能储存很多数据，因此，Excel 常用于储存数据。

（2）操作简单、直观，新手很容易学会基础操作。利用 Excel 进行数据分析，不需要编程，界面简洁直观，并且需要实现的功能在功能区大体上都有相应的操作，因而很容易掌握。

（3）功能丰富而且贯穿在数据分析的每一个阶段。该软件对函数进行了强大的运算，其中包括数学函数、统计函数、工程函数、逻辑函数等。该软件可以对公式进行编辑、复制、粘贴，并能实现数据的修改、插入、删除等。同时，该软件还具备了较强的图表展示能力，为可视化展示提供了必要的素材，有利于提升业务审美、问题挖掘、逻辑思维能力。

在进行数据分析时，可以使用 Excel、Python、SPSS 以及 R 语言等各种工具，其中 Excel 是最容易操作的一种，因为它不需要用到编程，而且安装起来也很方便，所以它是数据分析中最基本、应用最广的工具。实际上，Excel 在数据分析领域发挥着举足轻重的作用，在数据清理过程中，可以利用 Excel 的数据处理方法，为后续的数据分析奠定良好的基础；在数据分析过程中，可以使用 Excel 的函数和数据透视表；而 Excel 中大量的图表可以用于数据的可视化处理。所以，我们完全可以通过 Excel 这个软件来直接进行数据分析。

1.2.2 Excel 在数据分析各个阶段的应用

在数据分析的前两个阶段，即明确分析需求和获取数据阶段，通常不使用 Excel，而是用 Word 或 PPT 等工具，这既便于阅读，又便于数据分析师将数据呈现给其他人。Excel 在数据分析的其他阶段发挥着重要作用，具体如下。

1.2.2.1 数据处理阶段

在数据处理阶段，利用 Excel 对数据进行清洗，主要有删除重复数据、删除或修正错误数据、补充缺失数据等，数据处理阶段还可以利用一些函数完成数据取样，帮助实现数据清洗。

（1）删除数据。Excel 具有“删除重复值”功能，还能用 IF（ ）函数等标记重复或错误数据，将标记的数据删除。

（2）补充缺失数据。利用 IF（ ）、AND（ ）、OR（ ）等函数进行简单的嵌套，创建新的列来替换以前的列，从而实现对缺失数据的填充。还可以利用数据透视表填补缺失的数据。

(3)数据取样。利用 LEFT ( )、RIGHT ( )、LOOKUP ( )、RANDOM ( ) 等函数,能够完成各种数据采样。[①]

1.2.2.2 数据分析阶段

Excel 软件具有很强的数据分析处理能力,它支持对数据进行排序、查找和筛选,分类和汇总,数据透视、分析,模拟分析和规划求解等。

Excel 可以将数字、字符等数据按照大小顺序实现升序或降序排列,各类数据有相应的排序原则,如数值从小到大排列。数据查找就是从原始数据中提出符合要求的数据,而源数据仍被保存。数据筛选就是将数据库或数据清单中不符合标准的数据记录全部隐去,仅显示符合标准的数据。常见的数据查找和筛选方法包括记录单查找、自动筛选和高级筛选。[②] 数据的分类和汇总就是对数据表中同类数据进行归类,并求总和。在对数据进行分类汇总前,必须按照相应的要求对其加以排序。数据透视表是一种交互式的表格,它能迅速地对大量的数据进行汇总,通过对行和列的变换,可以看到对数据源的不同汇总结果,从而使得透视表中所呈现的信息更清楚、更完整。数据的模拟分析是在工作表中对某一区域内的数据进行模拟计算,检查使用一种或两种不同的变量对计算结果的影响。必须通过分析大量变量的变化来确定目标值的情况,如查找最大值、最小值或某个确定的值等,均可用 Excel 中的规划求解工具来实现。

1.2.2.3 数据展示阶段

在对数据进行分析之后,利用 Excel 图表可以以最简单、有效地展示分析结果。Excel 2016 添加了各种各样的图(树状图、旭日图、直方图、箱形图和瀑布图),如图 1-5 所示。

---

① 何先军 .Excel 数据处理与分析应用大全 [M]. 北京:中国铁道出版社,2019.

② 张冬花 .EXCEL 在中小企业财务管理中的应用分析 [J]. 山西财税,2022(6):40-43.

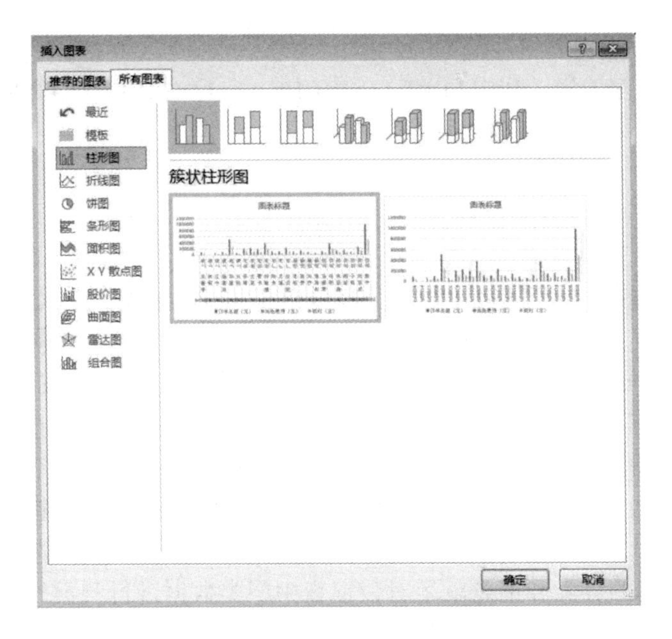

图 1–5 Excel 2016 插入图表界面

面对种类繁多的图表，到底应该选哪个呢？实际操作时应注意考虑以下几方面。

（1）选择适合的，而不选择复杂的。

（2）一张图表只用来表达一种看法或结论。

（3）图表标题应该是一个句子，用来阐述看法或结论。

（4）图表中的信息要尽可能完整和简洁，而且图表中要具备每个要素。

（5）不要使用毫无意义的图表。

1.3 Excel 数据分析工具库的巧用

Excel 利用“分析工具库”进行复杂的数据分析。当进行较复杂的统计或工程分析时，为了提高分析效率，多采用“分析工具库”。Excel“分析工具库”会提供每项分析所需的数据及参数，并利用合适的统计或工程宏函数计算，在输出表格上显示结果。其中一些工具不仅能输出表格，还能生成图表。

所谓“分析工具库”,本质上是向使用者提供某些高级统计函数与实用的数据分析工具的外部宏(程序)模块。通过该工具库,可以生成能够反映数据分布的直方图;能够对数据进行随机采样,得到样本的统计测度;能够进行时间序列分析和回归分析等。

在同一时间内,只能在一张工作表内使用数据分析函数。在对已分组的工作表进行数据分析时,会在第一个工作表显示结果,其他工作表显示清空格式的表格。为了对剩余的工作表进行数据分析,可以使用分析工具逐个重新计算每一张工作表。

分析工具库包含方差分析、相关系数、协方差、描述统计、指数平滑、F 检验,傅里叶分析、直方图、移动平均、随机数发生器、排位与百分比排位、回归、抽样、t 检验和 z 检验。若需使用上述功能,要在“数据”选项卡的“分析”组单击“数据分析”,如图 1-6 所示。

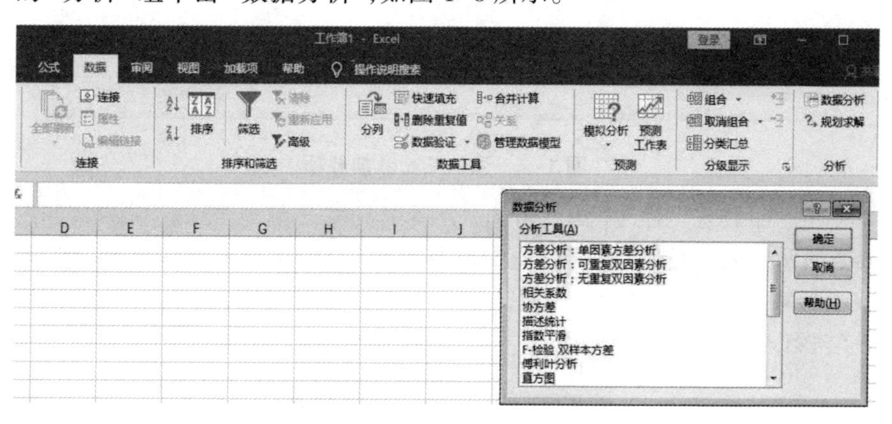

图 1-6 “数据分析”工具

当无法使用“数据分析”命令时,必须载入分析工具库加载宏程序。

按照下面的步骤加载分析工具库加载宏程序。

(1)单击“文件”→“选项”→“加载项”。在“管理”框中,选择“Excel 加载项”,单击“转到”,如图 1-7 所示。

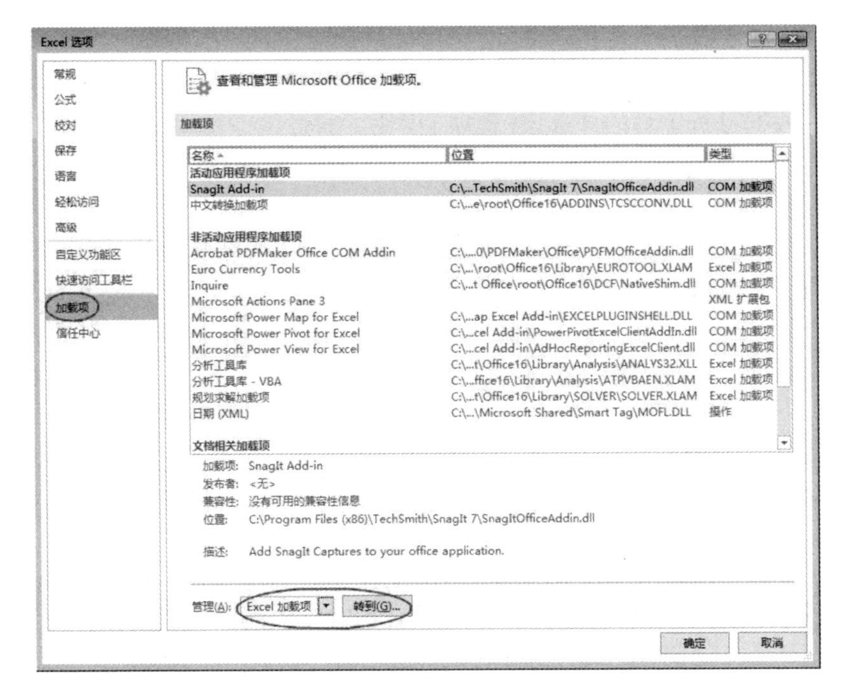

图 1-7 添加 Excel 加载项

在“加载宏”对话框中，勾选“分析工具库”，单击“确定”按钮，如图 1-8 所示。若“可用加载宏”框中没有出现“分析工具库”，则单击“浏览”找到该项。若系统提示计算机当前未安装分析工具库，则单击“是”执行安装操作。

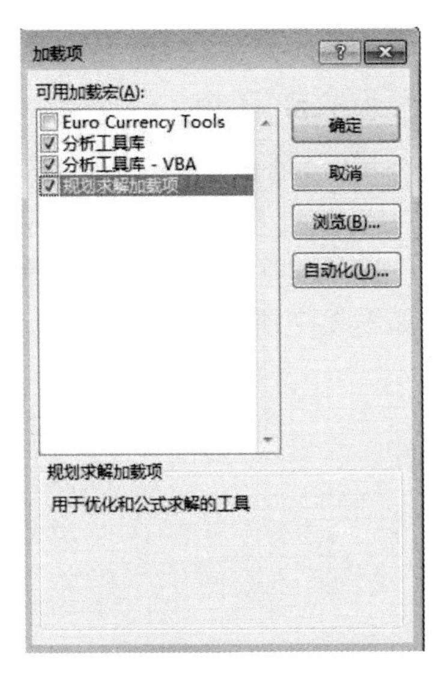

图 1-8 添加“分析工具库”与“规划求解加载项”

【注意】

(1)若要包含用于分析工具库的 Visual Basic for Application(VBA)函数,则需按照加载分析工具库的方式加载“分析工具库 -VBA”加载宏。在“可用加载宏”框,勾选“分析工具库 -VBA”。

(2)若要包含用于分析工具库的“规划求解”,则勾选“规划求解加载项”。

第2章 Excel数据输入与整理

Excel不仅仅是一个数据输入与计算的工具,更是非常强大的数据处理工具。本章主要介绍Excel数据的输入以及如何利用Excel对数据进行整理,主要包括数据的输入、数据的整理、数据的排序、数据的筛选、数据的分类汇总、数据的合并等操作等。

2.1 数据输入的方法与技巧

在Excel中,数据的类型主要有文本型、数值型、日期型等。数据的输入非常重要,这关系到后续的数据处理与分析。

2.1.1 基本数据的输入方法

Excel的基本数据包括文本、数值、货币、日期等,输入的数据类型不同显示方式也不一样。若输入的数据为较为常见的文本、数值、日期等,系统会自动识别数据类型;而输入的数据比较特殊或者是特定格式的日期、时间等,在输入前应设置好单元格格式,然后再输入。

2.1.1.1 文本型数据

文本一般是指非数字性质的文字、符号等,例如,公司员工的名字、公司产品的名称、学生的考试科目等。此外,还可以将某些无须经过计算的数字以文本形式存储,例如,手机号码、身份证号码等。因此,Excel对文本并未进行严格的划分,同时,还把很多无法看懂的数值和公式都当作文本来处理。

当用户输入编号数据时，若编号的开头是 0，直接填写数据时，系统就会自动略去编号前的 0，这时可以先将单元格的格式设置为文本型，再输入数据。

例如，要在打开的“员工档案表”工作簿中输入员工编号，可按照下面的步骤操作（注：本章及后续各章举例的数据表来源均为虚构，公司的相关数据，如员工姓名、工资等皆为虚构）。

（1）打开素材文件，选择相应的单元格，单击“开始”→“数字”组的扩展按钮，打开“设置单元格格式”对话框，如图 2–1 所示。

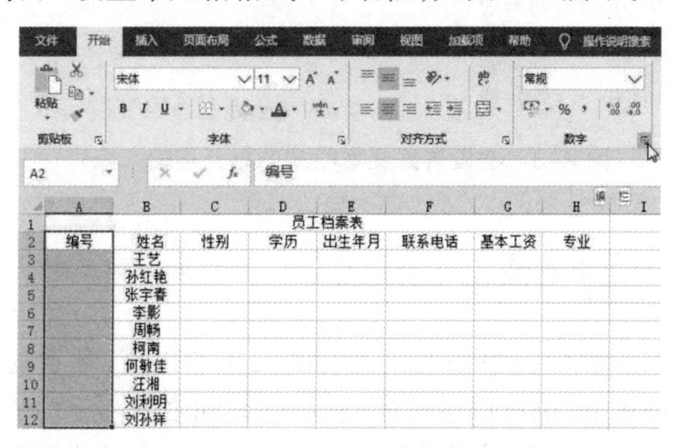

图 2–1　打开“设置单元格格式”对话框

（2）在出现的“设置单元格格式”对话框中，单击“数字”→“分类”，选择“文本”，如图 2–2 所示，单击“确定”按钮。

图 2–2　设置数字格式为文本

（3）回到工作表，在设置好文本格式的单元格输入编号，便能完整显示，而且单元格左上角出现了绿色的三角形，如图 2-3 所示。

	A	B	C	D	E	F
1				员工档案表		
2	编号	姓名	性别	学历	出生年月	联系电话
3	0001	王艺				
4	0002	孙红艳				
5	0003	张宇春				
6	0004	李影				
7	0005	周畅				
8	0006	柯南				
9	0007	何敏佳				
10	0008	汪湘				
11	0009	刘利明				
12	0010	刘孙祥				

图 2-3　在设置好文本格式的单元格输入编号

2.1.1.2 数值型数据

数值为表示数量的数字形式，例如，员工的工资、学生的成绩等。各类数值可以是正的，也可以是负的，它们的共同之处在于均能进行数值计算，例如，做加法、减法，求平均值等。在 Excel 中有两类数值：一类为数字；另一类为诸如百分号（%）、货币符号（$）、科学计数符号（E）等的特殊符号。

在 Excel 中，数字是最关键的部分。在单元格中输入数字与输入文本有相同的步骤，都是先选择相应的单元格，再输入数字，接着按【Enter】键或单击其他单元格。在 Excel 表格中输入不同类型的数据时，要对单元格设置不同的数字格式，以便能够准确地显示输入的数据。

例如，要在打开的“员工档案表”工作簿中输入员工工资。这种情况下，单元格的数字格式应为货币，可按照下面的步骤操作。

（1）接着 2.1.1.1 中的操作，如图 2-4 所示，选择相应的单元格，单击“开始”→“数字”组中的“数字格式”下拉按钮，这时会出现一个下拉列表，选择“其他数字格式”。

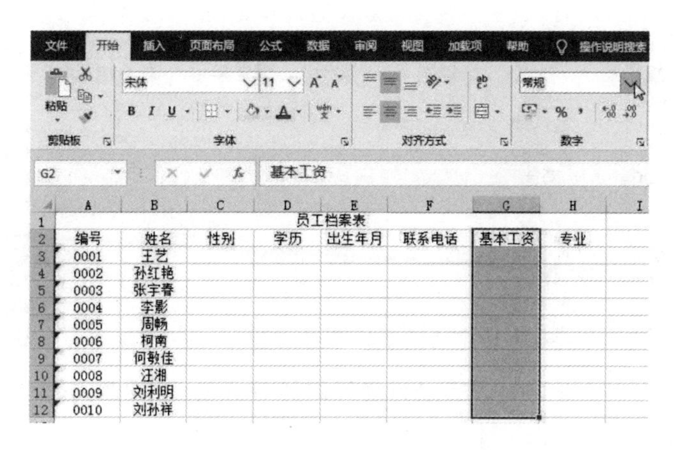

图 2–4　在“基本工资”列打开“设置单元格格式”对话框

（2）在出现的“设置单元格格式”对话框中，单击“数字”→“分类”，选择“货币”，“小数位数”调节框设为 0，在“负数”列表框设置负数的数字格式，如图 2–5 所示，单击“确定”按钮。

图 2–5　设置单元格格式

（3）回到工作表，在设置好数字格式的单元格中输入数值，数据以货币格式呈现，如图 2–6 所示。

1	员工档案表						
2	编号	姓名	性别	学历	出生年月	联系电话	基本工资
3	0001	王艺					¥3,500
4	0002	孙红艳					¥3,600
5	0003	张宇春					¥3,500
6	0004	李影					¥3,800
7	0005	周畅					¥4,000
8	0006	柯南					¥3,500
9	0007	何敏佳					¥3,700
10	0008	汪湘					¥3,600
11	0009	刘利明					¥4,000
12	0010	刘孙祥					¥3,500

图 2-6 在设置好数字格式的单元格输入数值

2.1.1.3 日期型数据

在 Excel 中，将日期、时间等数据保存为特定的数值形式，即序列值。序列值的范围为 0~2958466，因而，人们通常把日期视为属于数值数据的数值区间。

若在单元格中输入时间，可在单元格中以时间格式输入，如“13：20：00”。Excel 的时间默认为 24 小时制，如果需要用 12 小时制表示，那么，在输入的时间后加上 AM 或 PM，表示早上或下午。

若在单元格中输入日期，通常以“/”或“-”来区分年、月、日。如输入“22/11/5”，按【Enter】键后就表示成“2022/11/5”。

若想要用其他格式存储日期或时间，例如，输入日期“2022/11/5”后希望自动显示为“2022 年 11 月 5 日”，这便需要对单元格格式进行设置。例如，打开“员工档案表”工作簿，输入员工出生年月，按照下面的步骤操作。

（1）接着 2.1.1.2 中的操作，选择相应的单元格，单击“开始”→“数字”组的扩展按钮。

（2）在出现的“设置单元格格式”对话框中，单击“数字”→“分类”，选择“日期”，在类型中选择“2012/3/14”选项，如图 2-7 所示。或者在“区域设置”下拉列表中选择采用哪个国家的日期格式，最后单击“确定”按钮。

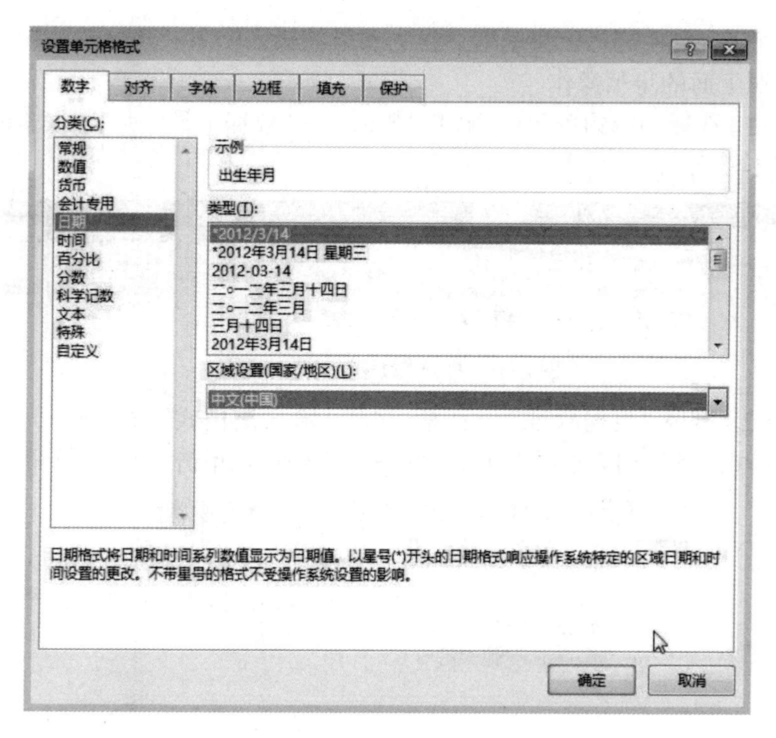

图 2-7　设置单元格格式

（3）回到工作表，在设置好日期格式的单元格输入 95-3-2 等数据，则单元格中数据以 1995/3/2 的形式呈现，如图 2-8 所示。

	A	B	C	D	E	F	G
1	员工档案表						
2	编号	姓名	性别	学历	出生年月	联系电话	基本工资
3	0001	王艺			1995/3/2		¥3,500
4	0002	孙红艳			1995/1/7		¥3,600
5	0003	张宇春			1996/4/1		¥3,500
6	0004	李影			1993/2/1		¥3,800
7	0005	周畅			1994/5/27		¥4,000
8	0006	柯南			1994/4/5		¥3,500
9	0007	何敏佳			1990/5/8		¥3,700
10	0008	汪湘			1993/7/6		¥3,600
11	0009	刘利明			1991/8/5		¥4,000
12	0010	刘孙祥			1996/1/8		¥3,500

图 2-8　在设置好日期格式的单元格中输入数据

2.1.2 自动选择输入法

用户往往有类似经历：在 Excel 中输入不同类型的数据时，有时需要不断地切换输入法，这会明显拖慢输入速度。这时就需要考虑在选择某个单元格后，系统可以自动地切换为预设的输入法。实现这样的功能可以按照下面的步骤操作。

（1）选择相应的单元格，单击“数据”→“数据工具”→“数据验证”，如图 2-9 所示。

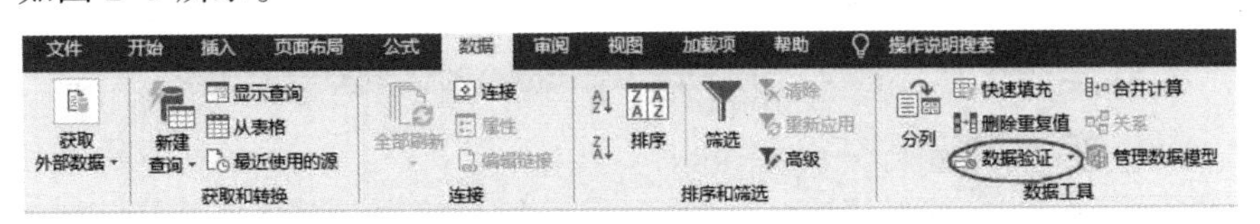

图 2-9　打开“数据验证”对话框

（2）出现“数据验证”对话框，选择“输入法模式”，在“输入法”下的“模式”下拉列表选择“打开”，如图 2-10 所示，单击“确定”按钮。

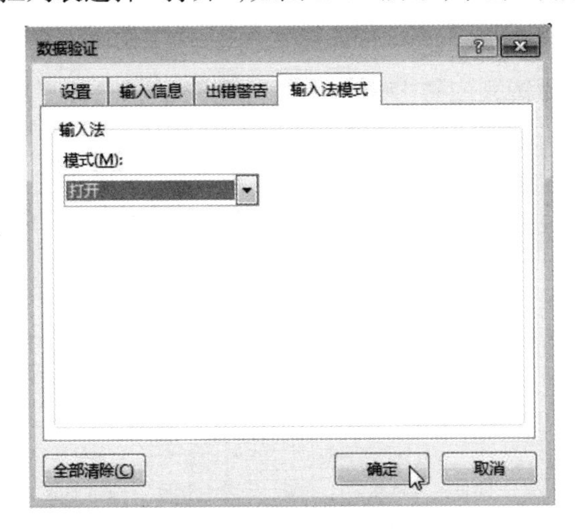

图 2-10　设置数据验证格式

（3）回到工作表，选择设置好输入法格式的单元格，系统则自动切换输入法。

2.1.3 自动将输入的整数改变为小数

用户在 Excel 中输入数据时难免会遇到输入的数据较多且都是小数的情况。对于这样的数据，若直接输入，每个数据均输入零和小数点，如此一来，操作便较为烦琐，极易出错。利用 Excel 可以实现直接输入数值，系统自动转化为小数。这一功能可按照下面的步骤操作。

（1）单击“文件”→“选项”。

（2）在“Excel 选项”左侧列表中选择“高级”，勾选“自动插入小数点”，在“位数”框设置小数位，如设为“2”，如图 2-11 所示，单击“确定”按钮。

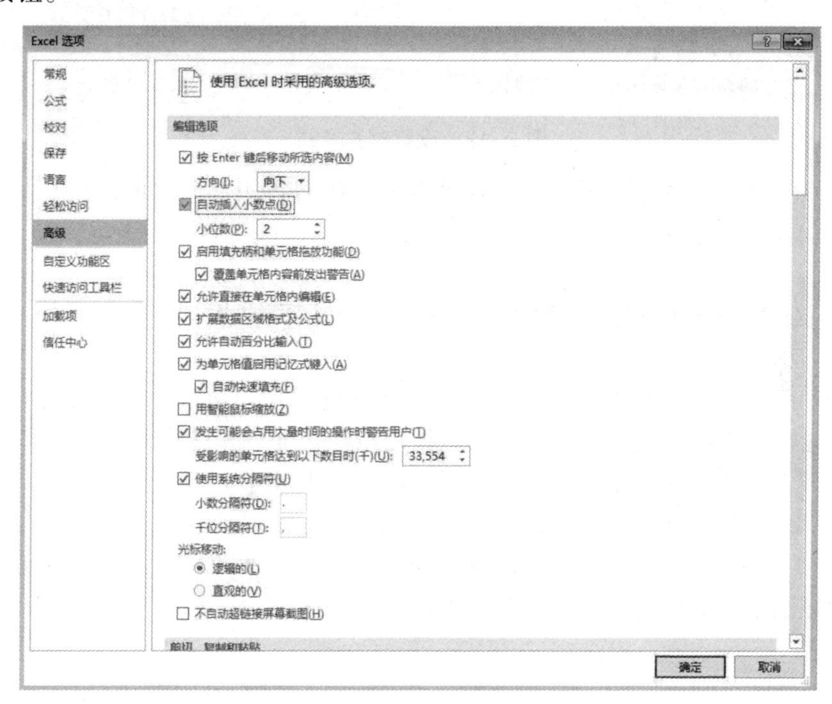

图 2-11　启用“自动插入小数点”

（3）回到工作表，在单元格中输入“25”后按【Enter】键，则数据显示为“0.25”。

【注意】在其他工作簿上输入数据时，应该取消选择“自动插入小数点”。这是由于在这种设定下，输入的整数都会转化为小数形式。

2.1.4 在单元格中输入多行文本

在 Excel 中，默认的是一个单元格显示一行文字。当文本过长时，超出单元格宽度的文本会盖住其右侧单元格中的内容。对于这种情况，按【Enter】键只会自动选中下一单元格，并不能实现在该单元格换行。用户想要实现文本长度超出单元格宽度时的自动换行，需要按照下面的操作进行。

（1）选中相应单元格。

（2）单击“开始”→“对齐方式”→“自动换行”，如图 2-12 所示。

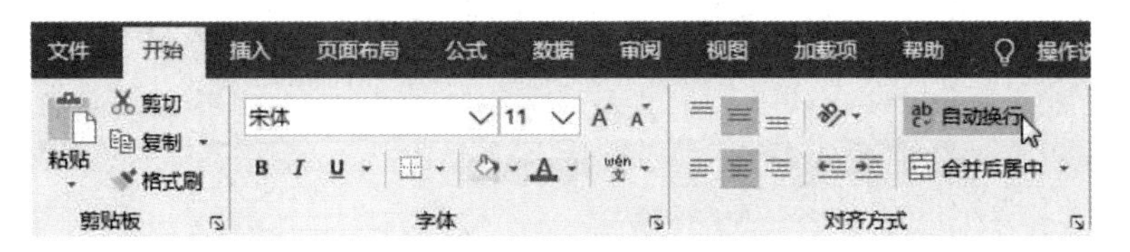

图 2-12　设置对齐方式

用这种方法，在输入的文本到达单元格的右边框时，便能够自动换行，单元格自然会增高。

2.1.5 快速地在不连续单元格中输入相同数据

在不同单元格中分别输入相同数据的过程较为烦琐。利用 Excel 快速地在不连续单元格中输入相同数据需按照下面的步骤操作。

（1）按住【Ctrl】键，单击全部需要输入相同数据的单元格。

（2）松开【Ctrl】键，在“编辑栏”输入该数据，比如“5”。

（3）按下【Ctrl】键的同时按【Enter】键，便会实现在已选择的单元格中显示该数据的效果，如图 2-13 所示。

图 2-13　在不连续单元格输入相同数据

2.1.6 创建下拉菜单来输入数据

在创建工作表的过程中，有的单元格需要输入一些设置好的数据，不能输入除此以外的数据，这便需要通过“数据验证”来实现。可以按照下面的步骤操作。

（1）选取准备创建下拉列表的单元格或单元格区域。

（2）单击“数据”→“数据工具”→“数据验证”，会弹出“数据验证”对话框。

（3）选择“设置”，在“允许”下拉列表选择“序列”，在“来源”框单击右边框上的小图标，如图 2–14 所示，弹出新的窗口。

图 2–14　设置数据验证格式

（4）在该窗口框输入相应数据，如输入“中专，高中，大专，本科，硕士，博士”等，如图 2–15 所示。不同内容一定要以英文逗号隔开。

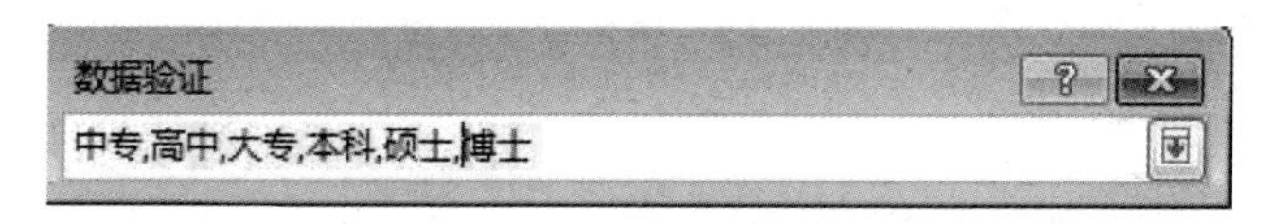

图 2–15　设置数据来源

（5）单击右边框的小图标返回上一界面，勾选“提供下拉箭头”，如图 2–16 所示，单击“确定”按钮。

进行上述操作后，选取的单元格或单元格区域则具有下拉列表，如图 2–17 所示。

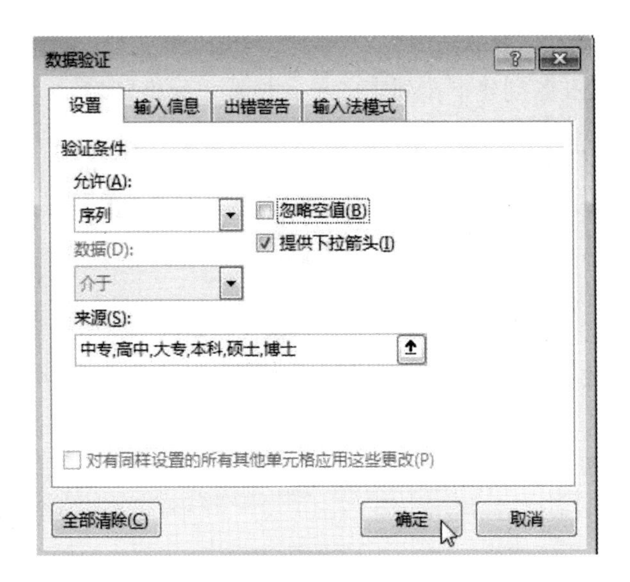

图 2–16 “数据验证”对话框

	A	B	C	D	E	F	G	H
1					员工档案表			
2	编号	姓名	性别	学历	出生年月	联系电话	基本工资	专业
3	0001	王艺			1995/3/2		¥3,500	
4	0002	孙红艳			1995/1/7		¥3,600	中专
5	0003	张宇春			1996/4/1		¥3,500	高中
6	0004	李影			1996/2/1		¥3,800	大专 本科
7	0005	周畅			1994/5/27		¥4,000	硕士
8	0006	柯南			1994/4/5		¥3,500	博士
9	0007	何敏佳			1990/5/8		¥3,700	

图 2–17 设置完成效果

2.1.7 消除缩位后的计算误差

Excel 单元格中的数据经常有小数形式。有些数据有两位以上的小数,但实际精确值仅需要一位。这类问题可以按照以下步骤解决。

(1)单击“文件”→“选项”→“高级”。

(2)在“计算此工作簿时”中勾选“将精度设为所显示的精度”,此时会弹出对话框,单击“确定”按钮,如图 2–18 所示。

图 2–18　启用“将精度设为所显示的精度”

（3）单击“确定”按钮，关闭对话框，则设置好了小数精确位数。

2.1.8 使用“粘贴”选项来快速复制网页上的数据

将网页数据复制到工作表中，能够明显提高数据的输入效率。具体按照下面的步骤操作。①

（1）在网页上选中要复制的数据，右击，选择“复制”。

（2）回到 Excel，单击要粘贴数据的工作表的左上角，接着单击“开始”→“剪贴板”→“粘贴”。

（3）若粘贴后的数据不是正确的格式，则选择如下方法中的一种操作。

①单击“保持源格式”，不修改原来的数据格式。

②单击“匹配目标格式”，使用单元格格式。

③单击“创建可刷新的 Web 查询”，可以创建复制的网页的查询，也可刷新网页稍后要更改的数据。

① 云飞 .EXCEL 数据处理与分析 [M]. 北京：中国商业出版社，2021.

2.1.9 快速为汉字加上拼音

快速为汉字加上拼音的操作步骤如下。①

（1）选定已输入汉字的单元格，单击“开始”→“字体”→“显示或隐藏拼音字段”→“显示拼音字段”，单元格则自动变高。

（2）单击“开始”→“字体”→“显示或隐藏拼音字段”→“编辑拼音”，在汉字的上方输入拼音。

（3）单击“开始”→“字体”→“显示或隐藏拼音字段”→“显示拼音”。

若需要调整汉字与拼音的对齐位置，则单击“开始”→“字体”→“显示或隐藏拼音字段”→“设置拼音”。

2.1.10 快速输入特殊货币符号

快速输入特殊货币符号的操作步骤如下。

（1）选定某个单元格，按【Num Lock】键启动数字小键盘。

（2）按住【Alt】键，用数字小键盘输入 0162 按【Enter】键，则输入了分币符号；输入 0163 按【Enter】键，则输入了英镑符号；输入 0165 按【Enter】键，则输入了日元符号；输入 0128 按【Enter】键，则输入了欧元符号。

2.1.11 复制填充

借助复制填充功能能够在工作表中的任何位置复制某个数据区域。按照下面的步骤操作。

（1）选取准备复制的单元格区域，按住【Shift】键，使鼠标位于数据区域的边界。

（2）按住鼠标左键，将数据区域拖动至目标位置，Excel 会提示数据将被填充的区域，到达指定位置则松开鼠标。

① 云飞 .EXCEL 数据处理与分析 [M]. 北京：中国商业出版社，2021.

2.2　Excel 数据的整理与美化

数据来源不同,导致原始数据可能不太统一,因而,在开展数据分析之前,往往要对数据进行必要的整理与美化,例如对数据的重复值的处理、数据的分列与合并等。

2.2.1 重复数据的处理

如果一个工作簿只存在个别数据重复,那么借助人工操作就可以处理。但是,当大量的数据都重复时,人工操作几乎不可能完成,这就需要借助 Excel 的一系列功能。

2.2.1.1 “删除重复项”功能

若某列数据有重复项,则执行“删除重复项”操作。

(1)选取 A1:A16 单元格,单击“数据”→“数据工具”→“删除重复值”,弹出“删除重复值”对话框。

(2)在“列”区域,选择需删除的列,如图 2-19 所示。

(3)弹出提示对话框,显示删除的重复值的数量,如图 2-20 所示。单击“确定”按钮,便删除了表格中的重复值。

图 2-19 设置删除重复值

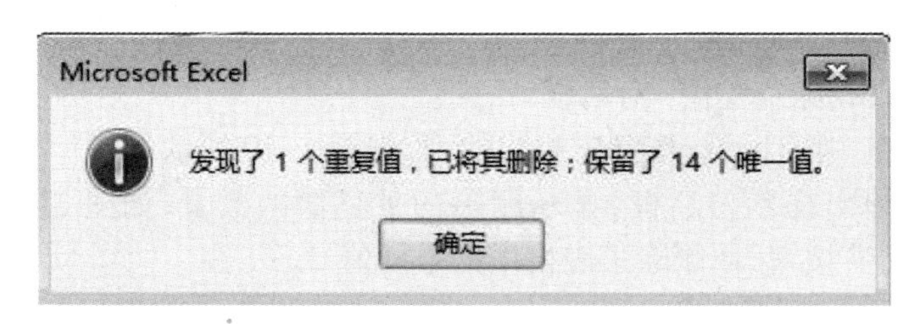

图 2-20 显示删除结果

2.2.1.2 “条件格式”找重复值

利用条件格式功能可以快速查找重复值，发现后可以用特定的格式进行标注，再进行相应的处理。

（1）选择 A2:A15 单元格，单击“开始”→“样式”→“条件格式”，在下拉菜单选择“突出显示单元格规则”子菜单中的“重复值”（图 2-21），弹出“重复值”对话框。

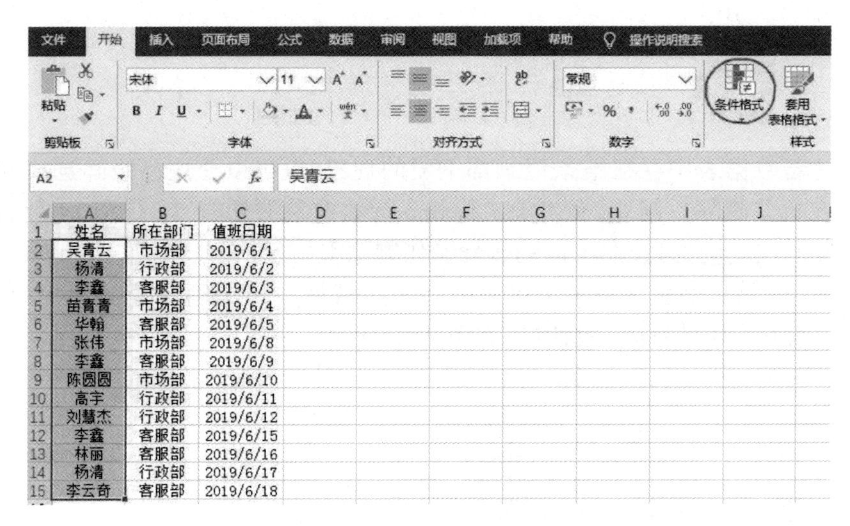

图 2-21　打开“重复值”对话框

（2）在右侧下拉列表中选择填充颜色，如图 2-22 所示。

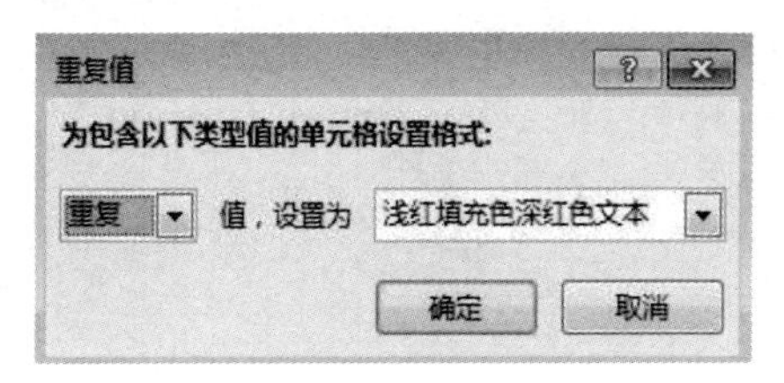

图 2-22　设置重复值格式

（3）单击“确定”按钮，便能用不同的颜色标注重复的数据或者所在单元格，如图 2-23 所示。

	A	B	C
1	姓名	所在部门	值班日期
2	吴青云	市场部	2019/6/1
3	杨清	行政部	2019/6/2
4	李鑫	客服部	2019/6/3
5	苗青青	市场部	2019/6/4
6	华翰	客服部	2019/6/5
7	张伟	市场部	2019/6/8
8	李鑫	客服部	2019/6/9
9	陈圆圆	市场部	2019/6/10
10	高宇	行政部	2019/6/11
11	刘慧杰	行政部	2019/6/12
12	李鑫	客服部	2019/6/15
13	林丽	客服部	2019/6/16
14	杨清	行政部	2019/6/17
15	李云奇	客服部	2019/6/18

图 2-23　显示重复结果

2.2.1.3 高级筛选功能

若数据表中存在整条记录都重复的现象，也可以使用高级筛选找到所在行并删除。例如，表格中 3 行和 6 行数据是重复的，11 行和 14 行的数据是重复的，可按照下面的步骤操作删除重复行。

（1）选中数据区域某个单元格，单击“数据”→“排序和筛选”→“高级”，弹出“高级筛选”对话框，如图 2–24 所示。

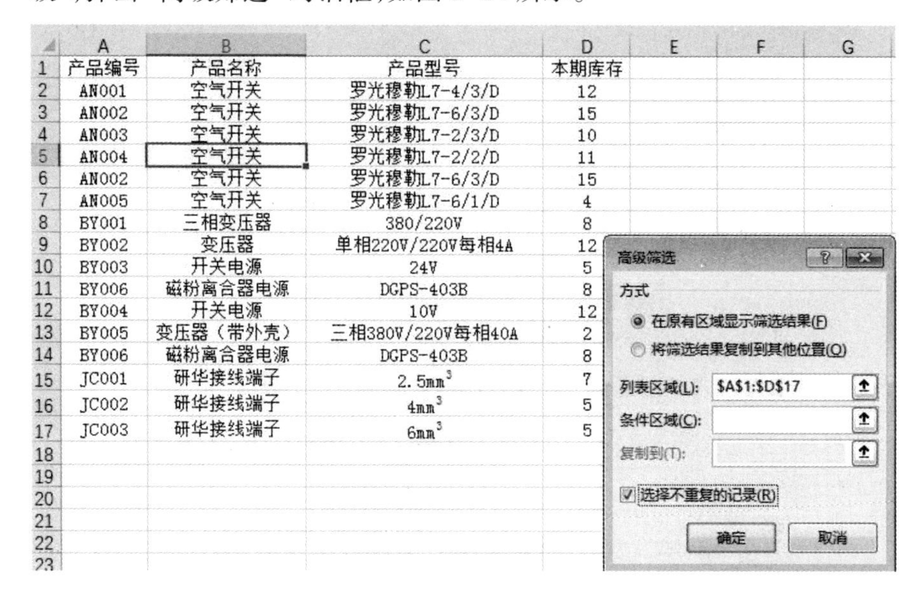

	A	B	C	D
1	产品编号	产品名称	产品型号	本期库存
2	AN001	空气开关	罗光穆勒L7-4/3/D	12
3	AN002	空气开关	罗光穆勒L7-6/3/D	15
4	AN003	空气开关	罗光穆勒L7-2/3/D	10
5	AN004	空气开关	罗光穆勒L7-2/2/D	11
6	AN002	空气开关	罗光穆勒L7-6/3/D	15
7	AN005	空气开关	罗光穆勒L7-6/1/D	4
8	BY001	三相变压器	380/220V	8
9	BY002	变压器	单相220V/220V每相4A	12
10	BY003	开关电源	24V	5
11	BY006	磁粉离合器电源	DGPS-403B	8
12	BY004	开关电源	10V	12
13	BY005	变压器（带外壳）	三相380V/220V每相40A	2
14	BY006	磁粉离合器电源	DGPS-403B	8
15	JC001	研华接线端子	2.5mm³	7
16	JC002	研华接线端子	4mm³	5
17	JC003	研华接线端子	6mm³	5

图 2–24　打开“高级筛选”对话框

（2）勾选如图 2–24 所示的“选择不重复的记录”，单击“确定”按钮，便查找到了重复记录，如图 2–25 所示。

	A	B	C	D
1	产品编号	产品名称	产品型号	本期库存
2	AN001	空气开关	罗光穆勒L7-4/3/D	12
3	AN002	空气开关	罗光穆勒L7-6/3/D	15
4	AN003	空气开关	罗光穆勒L7-2/3/D	10
5	AN004	空气开关	罗光穆勒L7-2/2/D	11
7	AN005	空气开关	罗光穆勒L7-6/1/D	4
8	BY001	三相变压器	380/220V	8
9	BY002	变压器	单相220V/220V每相4A	12
10	BY003	开关电源	24V	5
11	BY006	磁粉离合器电源	DGPS-403B	8
12	BY004	开关电源	10V	12
13	BY005	变压器（带外壳）	三相380V/220V每相40A	2
15	JC001	研华接线端子	2.5mm³	7
16	JC002	研华接线端子	4mm³	5
17	JC003	研华接线端子	6mm³	5

图 2-25　显示重复记录

2.2.2 数据行列位置重新调整

在数据输入完毕后，经常会出现要对行列位置进行调整的情况，也就是列与列、行与行位置互换，通常按下面的方法完成。

2.2.2.1 复制、粘贴法调整数据位置

采用复制、粘贴法能实现快速调整数据位置。例如，把第 3 行调整至第 5 行，按照下面的步骤操作。

（1）选中需要移动的第 3 行，按【Ctrl+X】键，确定要移动到的位置（本例中要调整到第 5 行，那么选中 A5 单元格），如图 2-26 所示。

（2）右击，接着选择“插入剪切的单元格”，如图 2-27 所示，从而将第 3 行调整至第 5 行，如图 2-28 所示。

	A	B	C
1	姓名	所在部门	值班日期
2	杨清	行政部	2019/6/2
3	刘慧杰	行政部	2019/6/12
4	高宇	行政部	2019/6/11
5	杨清	行政部	2019/6/17
6	李鑫	客服部	2019/6/3
7	华翰	客服部	2019/6/5
8	李鑫	客服部	2019/6/9
9	李鑫	客服部	2019/6/15
10	林丽	客服部	2019/6/16
11	李云奇	客服部	2019/6/18
12	吴青云	市场部	2019/6/1
13	苗青青	市场部	2019/6/4
14	张伟	市场部	2019/6/8
15	陈圆圆	市场部	2019/6/10

图 2–26　执行剪切操作

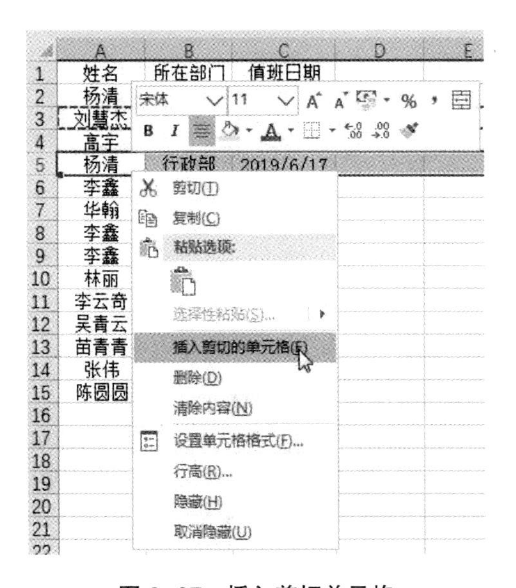

图 2–27　插入剪切单元格

	A	B	C
1	姓名	所在部门	值班日期
2	杨清	行政部	2019/6/2
3	高宇	行政部	2019/6/11
4	刘慧杰	行政部	2019/6/12
5	杨清	行政部	2019/6/17
6	李鑫	客服部	2019/6/3
7	华翰	客服部	2019/6/5
8	李鑫	客服部	2019/6/9
9	李鑫	客服部	2019/6/15
10	林丽	客服部	2019/6/16
11	李云奇	客服部	2019/6/18
12	吴青云	市场部	2019/6/1
13	苗青青	市场部	2019/6/4
14	张伟	市场部	2019/6/8
15	陈圆圆	市场部	2019/6/10

图 2–28　完成调整

2.2.2.2 数据列列互换

当然，可以通过鼠标拖动的方式来完成列列互换或行列互换。例如，将下面表格中的“值班日期”列调整至 A 列。

（1）选中“值班日期”列数据，把鼠标指针移至该列边缘，指针变为✥，如图 2–29 所示。

（2）按住【Shift】键，同时按住鼠标左键向右拖动，水平拖动至要移到的位置，出现一条 L 形的线条，则松开鼠标，便将“值班日期”与“姓名”列数据进行了交换，如图 2–30 所示。

	A	B	C
1	姓名	所在部门	值班日期
2	杨清	行政部	2019/6/2
3	高宇	行政部	2019/6/11
4	刘慧杰	行政部	2019/6/12
5	杨清	行政部	2019/6/17
6	李鑫	客服部	2019/6/3
7	华翰	客服部	2019/6/5
8	李鑫	客服部	2019/6/9
9	李鑫	客服部	2019/6/15
10	林丽	客服部	2019/6/16
11	李云奇	客服部	2019/6/18
12	吴青云	市场部	2019/6/1
13	苗青青	市场部	2019/6/4
14	张伟	市场部	2019/6/8
15	陈圆圆	市场部	2019/6/10

图 2–29　调整鼠标指针

	A	B	C
1	值班日期	姓名	所在部门
2	2019/6/2	杨清	行政部
3	2019/6/11	高宇	行政部
4	2019/6/12	刘慧杰	行政部
5	2019/6/17	杨清	行政部
6	2019/6/3	李鑫	客服部
7	2019/6/5	华翰	客服部
8	2019/6/9	李鑫	客服部
9	2019/6/15	李鑫	客服部
10	2019/6/16	林丽	客服部
11	2019/6/18	李云奇	客服部
12	2019/6/1	吴青云	市场部
13	2019/6/4	苗青青	市场部
14	2019/6/8	张伟	市场部
15	2019/6/10	陈圆圆	市场部

图 2-30　完成列数据交换

2.2.3 数据格式的转换

在获取数据时经常会出现数据显示为文本格式的情况，而文本型格式的数据是无法进行数据计算的，这时就需要对数据格式进行批量转换。

2.2.3.1 文本型数字转换为数值数字

（1）文本型的数据实际就一个文本值，因此它是无法参与数据计算的，可以使用最简易的 SUM 函数来验证，可以看到 D17 单元格虽然使用了求和公式，但并没有得出准确结果，如图 2-31 所示。

（2）若单元格内的数字为文本型，则其左上角会有一个绿色三角形。选择此类单元格区域，单击该三角形，在下拉菜单选择“转换为数字”，如图 2-32 所示。

（3）完成以上操作，便能将该范围中的数据转换为数值型，因而，顺利得出了计算结果。

	A	B	C	D
1	产品编号	产品名称	产品型号	采购数量
2	AN001	空气开关	罗光穆勒L7-4/3/D	102
3	AN002	空气开关	罗光穆勒L7-6/3/D	115
4	AN003	空气开关	罗光穆勒L7-2/3/D	210
5	AN008	空气开关	至全L7-20/3/D	95
6	AN009	空气开关	金泰L7-15/3/D	24
7	AN015	空气开关	罗光穆勒NZM7-20	110
8	BY001	三相变压器	至全380/220V	120
9	BY002	变压器	至全220/220V	110
10	BY003	开关电源	至全24V	240
11	JD001	接触器	罗光穆勒OOMC/22	200
12	DY007	电流表	香源50*50	160
13	KZ011	研华模块	金泰ADAM4017	150
14	KZ012	研华模块	金泰ADAM4018	150
15	PD004	配电箱	基业80*60*25	200
16	PD006	配电箱	基业60*40*23	300
17				=SUM(D2:D16)

图 2-31　无法进行求和计算

	A	B	C	D	E
1	产品编号	产品名称	产品型号	采购数量	
2	AN001	空气开关	罗光穆勒L7-4/	102	
3	AN002	空气开关	罗光穆勒L7-6/		
4	AN003	空气开关	罗光穆勒L7-2/		
5	AN008	空气开关	至全L7-20/3.		
6	AN009	空气开关	金泰L7-15/3.		
7	AN015	空气开关	罗光穆勒NZM7-		
8	BY001	三相变压器	至全380/220		
9	BY002	变压器	至全220/220		
10	BY003	开关电源	至全24V		
11	JD001	接触器	罗光穆勒OOMC/22	200	
12	DY007	电流表	香源50*50	160	
13	KZ011	研华模块	金泰ADAM4017	150	
14	KZ012	研华模块	金泰ADAM4018	150	
15	PD004	配电箱	基业80*60*25	200	
16	PD006	配电箱	基业60*40*23	300	
17				=SUM(D2:D16)	

以文本形式存储的数字
转换为数字(C)
有关此错误的帮助
忽略错误
在编辑栏中编辑(F)
错误检查选项(O)...

图 2-32　转换数字格式

2.2.3.2 文本型日期转换为正规日期

在我们所获取的数据中，往往会碰到一些格式不规范的日期，这些日期无法被 Excel 自动识别，那么在进行数据分析时，Excel 不会将其当作日期来处理。例如，在筛选时不能对日期进行分组，也不能对日期进行年、月、季度的判断。因而，在整理数据时，要把不规范的日期转化成规范日期。

（1）选择相应数据区域，单击“数据”→“数据工具”→“分列”，弹出“文本分列向导 – 第 1 步，共 3 步”对话框，如图 2–33 所示。

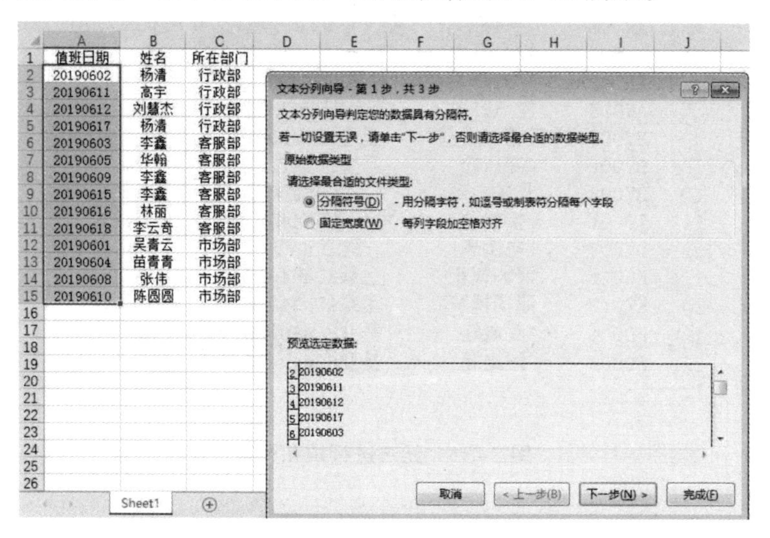

图 2–33　打开“文本分列向导 – 第 1 步，共 3 步”对话框

（2）在不改变默认设置的基础上，单击“下一步”直至弹出“文本分列向导 – 第 3 步，共 3 步”对话框，勾选“日期”，单击其右侧下拉按钮，选择“YMD”，如图 2–34 所示。

（3）单击“完成”按钮，所选数字都会被转化成日期格式，如图 2–35 所示。

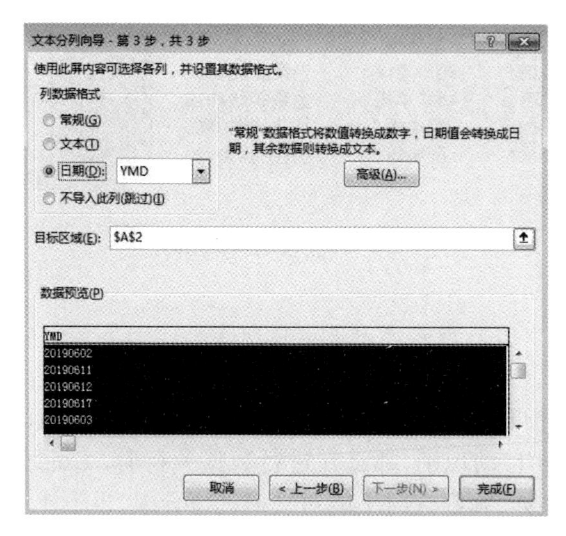

图 2–34　设置日期格式

	A	B	C
1	值班日期	姓名	所在部门
2	2019/6/2	杨清	行政部
3	2019/6/11	高宇	行政部
4	2019/6/12	刘慧杰	行政部
5	2019/6/17	杨清	行政部
6	2019/6/3	李鑫	客服部
7	2019/6/5	华翰	客服部
8	2019/6/9	李鑫	客服部
9	2019/6/15	李鑫	客服部
10	2019/6/16	林丽	客服部
11	2019/6/18	李云奇	客服部
12	2019/6/1	吴青云	市场部
13	2019/6/4	苗青青	市场部
14	2019/6/8	张伟	市场部
15	2019/6/10	陈圆圆	市场部

图 2-35　数字转化成日期格式

2.3　排序表格数据

将数据排序，能够更加迅速、直观地展现数据，加深用户对数据的认识，协助用户整理及搜寻所需要的数据，从而做出合理的决定。Excel 能够对数据进行不同类型的排序，例如，简单排序、复杂排序、自定义排序。下面以 BM 公司员工工资表（图 2-36）为例，具体阐述简单排序、复杂排序和自定义排序的过程。

	A	B	C	D	E	F	G	H	I	J
1	工号	姓名	部门	基本工资	补贴补助	奖金	应发工资	代缴保险	应纳税额	实发工资
2	BM200401	刘青云	技术部	5468	236	308	6012	156	110.6	5745.4
3	BM200402	冯娜	工程部	3790	139	219	4148	178	14.1	3955.9
4	BM200403	陈金芳	财务部	2980	136	210	3326	245	0	3081
5	BM200404	魏南华	客服部	5130	237	220	5587	312	152.5	5122.5
6	BM200405	李春东	销售部	4869	284	267	5420	178	149.2	5092.8
7	BM200406	李彬彬	技术部	3210	178	232	3620	156	0	3464
8	BM200407	黄金铠	工程部	4328	256	304	4888	242	9.38	4636.62
9	BM200408	邓丽	销售部	4674	290	348	5312	156	140.6	5015.4
10	BM200409	吴亚楠	技术部	3872	202	245	4319	321	14.94	3983.06

图 2-36　BM 公司员工工资表

2.3.1 简单排序

在数据列表中将某列数据按递增或递减的顺序排列，即为简单排序，这是最常用的排序方法。

例 2–1 打开“2020 年 6 月 BM 公司员工工资表 .xlsx”工作簿，并根据“部门”字段升序排序。步骤操作如下。

（1）选择数据区域某个单元格，单击“数据”→“排序和筛选”→“排序”，弹出“排序”对话框，Excel 自动选中 A2:J10 全部数据区域，自动对排序功能实施初始设置；在“主要关键字”中选择“部门”，排序依据默认为“单元格值”，次序默认为“升序”，如图 2–37 所示。

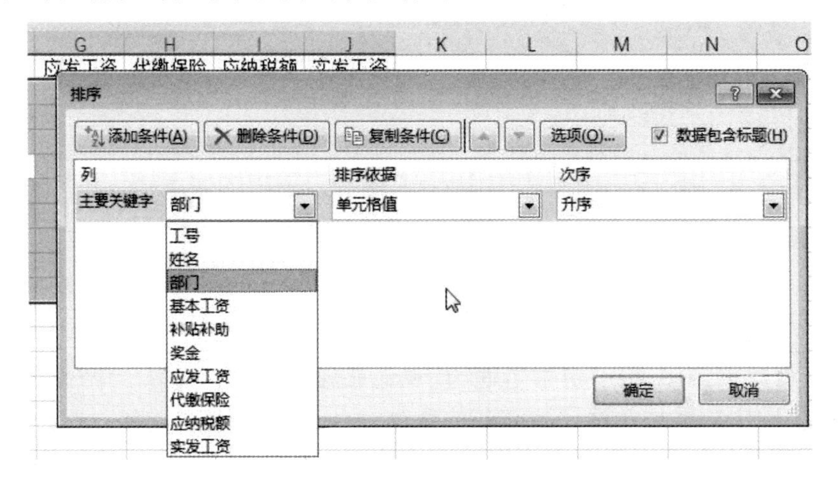

图 2–37 在“排序”对话框中进行设置

（2）单击“确定”按钮，将“排序”对话框关闭，便得到排序结果，如图 2–38 所示。

	A	B	C	D	E	F	G	H	I	J
1	工号	姓名	部门	基本工资	补贴补助	奖金	应发工资	代缴保险	应纳税额	实发工资
2	BM200403	陈金芳	财务部	2980	136	210	3326	245	0	3081
3	BM200402	冯娜	工程部	3790	139	219	4148	178	14.1	3955.9
4	BM200407	黄金铠	工程部	4328	256	304	4888	242	9.38	4636.62
5	BM200401	刘青云	技术部	5468	236	308	6012	156	110.6	5745.4
6	BM200406	李彬彬	技术部	3210	178	232	3620	156	0	3464
7	BM200409	昊亚楠	技术部	3872	202	245	4319	321	14.94	3983.06
8	BM200404	魏南华	客服部	5130	237	220	5587	312	152.5	5122.5
9	BM200405	李春东	销售部	4869	284	267	5420	178	149.2	5092.8
10	BM200408	邓丽	销售部	4674	290	348	5312	156	140.6	5015.4

图 2–38 按“部门”排序的结果

Excel 存在默认的排序规则，如汉字字符的排列规则为按照汉字拼音首字母顺序进行排序。对于简单排序,除了单击“数据”选项卡中的“排序”外,还能单击“开始”→“编辑”→“排序和筛选”进行快速排序。具体操作步骤为:在“部门”列选取某个单元格,单击“开始”→“编辑”→“排序和筛选”,在下拉列表中选择“升序”,得到如图 2–38 所示的排序结果。此外,还能选择某一列或某一区域进行排序,这时会出现“排序提醒”对话框,如图 2–39 所示,在默认情况下,选择的是“扩展选定区域”,这意味着与选择区域相关的其他列中的数据,也会随着排序数据的位置发生改变,从而使已排序的每一条记录都保留了原来的完整度,并且覆盖了整个数据区域。单击“排序”,将获得图 2–38 中的排序结果。若选中“排序提醒”对话框中的“以当前选定区域排序”,那么只会对所选范围内的数据进行排序,而与之相关的其他列中的数据仍是开始的数据,因此,在进行排序之后,整个数据表中各列数据间的对应关系就会被打破。

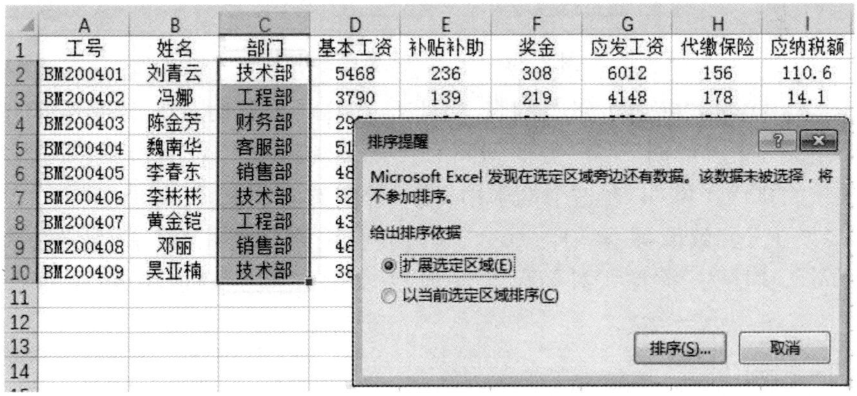

图 2–39　“排序提醒”对话框

2.3.2 复杂排序

有时数据表中的某列会有相同的数据,只进行简单排序无法满足实际要求,便会设置不同关键字对多列开展复杂排序。

例 2–2　打开“BM 公司员工工资表 .xlsx”,根据“部门”字段升序排序,根据“应发工资”字段降序排序。

按照下面的步骤操作。

(1)选中数据区域的某个单元格,单击“数据”→“排序和筛选”→“排序”,弹出“排序”对话框,在“主要关键字”中选择“部门”,排序依据默认为“单元格值”,次序默认为“升序”。

（2）单击“添加条件”，增加次要关键字，在“次要关键字”中选择“应发工资”，次序设为“降序”，如图 2-40 所示。

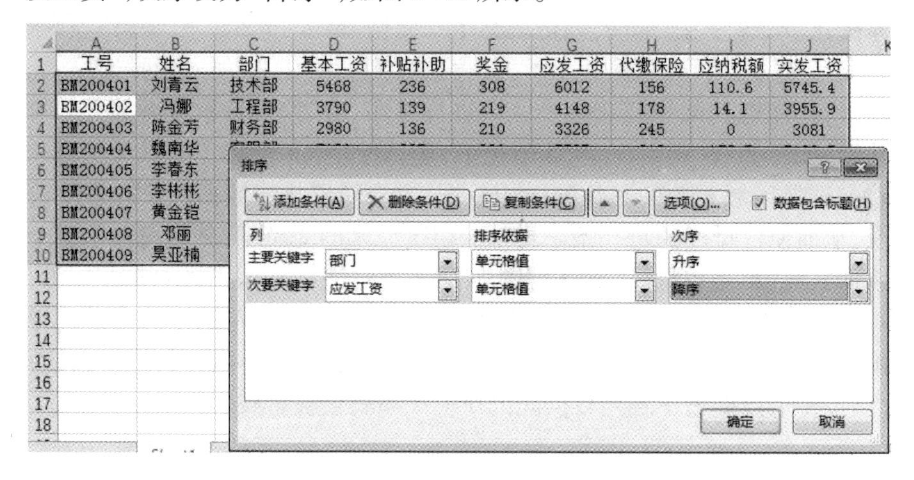

图 2-40　设置“次要关键字”

（3）单击“确定”按钮，“排序”对话框关闭，得到如图 2-41 所示的排序结果。在“部门”字段数据相同时，“次要关键字”就会被用来进行进一步的排序。例如，在这个例子中，同一部门有多个记录，每个“部门”的“应发工资”数值都不一样，那么，系统就会根据“次要关键字”为“应发工资”，次序为“降序”，对“部门”字段数据相同的记录再次排序。

	A	B	C	D	E	F	G	H	I	J
1	工号	姓名	部门	基本工资	补贴补助	奖金	应发工资	代缴保险	应纳税额	实发工资
2	BM200403	陈金芳	财务部	2980	136	210	3326	245	0	3081
3	BM200407	黄金铠	工程部	4328	256	304	4888	242	9.38	4636.62
4	BM200402	冯娜	工程部	3790	139	219	4148	178	14.1	3955.9
5	BM200401	刘青云	技术部	5468	236	308	6012	156	110.6	5745.4
6	BM200409	昊亚楠	技术部	3872	202	245	4319	321	14.94	3983.06
7	BM200406	李彬彬	技术部	3210	178	232	3620	156	0	3464
8	BM200404	魏南华	客服部	5130	237	220	5587	312	152.5	5122.5
9	BM200405	李春东	销售部	4869	284	267	5420	178	149.2	5092.8
10	BM200408	邓丽	销售部	4674	290	348	5312	156	140.6	5015.4

图 2-41　按“部门”和“应发工资”排序的最后结果

对于复杂排序，除了单击“数据”选项卡中的“排序”外，还可以单击“开始”→“编辑”→“排序和筛选”，从而实现快速排序。

具体操作方法如下。

在“应发工资”列内选中某个单元格，单击“开始”→“编辑”→“排序和筛选”，在其下拉列表中选择“降序”，可得如图 2-42 所示的排序结果。

	A	B	C	D	E	F	G	H	I	J
1	工号	姓名	部门	基本工资	补贴补助	奖金	应发工资	代缴保险	应纳税额	实发工资
2	BM200401	刘青云	技术部	5468	236	308	6012	156	110.6	5745.4
3	BM200404	魏南华	客服部	5130	237	220	5587	312	152.5	5122.5
4	BM200405	李春东	销售部	4869	284	267	5420	178	149.2	5092.8
5	BM200408	邓丽	销售部	4674	290	348	5312	156	140.6	5015.4
6	BM200407	黄金铠	工程部	4328	256	304	4888	242	9.38	4636.62
7	BM200409	吴亚楠	技术部	3872	202	245	4319	321	14.94	3983.06
8	BM200402	冯娜	工程部	3790	139	219	4148	178	14.1	3955.9
9	BM200406	李彬彬	技术部	3210	178	232	3620	156	0	3464
10	BM200403	陈金芳	财务部	2980	136	210	3326	245	0	3081

图 2–42　先按“应发工资”列降序排序得到的结果

在“部门”列内选中某个单元格，单击“开始”→“编辑”→“排序和筛选”，在其下拉列表中选择“升序”，可得如图 2–41 所示的排序结果。

需要强调的是，使用工具栏按钮实现快速排序时，务必先对较次要（排序优先级较低）的数据列进行排序，再对较主要（排序优先级较高）的数据列进行排序。在上面的例子中，先按照“应发工资”（较次要）降序排序，再按照“部门”（较主要）升序排序。

2.3.3 自定义排序

Excel 的默认排序是根据数字的大小、英文或者拼音字母的先后次序进行的，但是在某些情况下，用户可按照某些特殊的规律进行排序。例如，物流公司的货物包装规格分为“大箱”“中箱”“小箱”“小编织袋”等，若需要对其按包装规格大小排序，通过 Excel 默认的排序规则不能实现，这就产生了自定义排序。具体来说，用户可根据实际需要建立相应的排序规则，Excel 根据该原则排序。

例 2–3　打开“SD 物流公司 2019 上半年订单详情表 .xlsx”，如图 2–43 所示，E 列为货物的“包装”规格，根据“包装”规格的大小排序。

按照下面的步骤操作。

（1）创建自定义序列，在 Excel 中输入“包装”大小的顺序信息，具体方法如下。

①单击“文件”→“选项”，打开“Excel 选项”对话框。

②单击“Excel 选项”对话框左侧的“高级”，单击“编辑自定义列表”，如图 2–44 所示，打开“自定义序列”对话框。

	A	B	C	D	E
1	订单号	品牌	日期	运输方式	包装
2	S-130001	伟奥	2019/4/20	供应商来货	小编织袋
3	S-130002	哥特	2019/5/9	中转仓来货	中箱
4	S-130003	力高	2019/5/18	供应商来货	小编织袋
5	S-130004	力高	2019/6/9	中转仓来货	大箱
6	S-130005	伟奥	2019/6/17	供应商来货	中箱
7	S-130006	哥特	2019/6/18	市内运输	小箱
8	S-130007	伟奥	2019/6/20	供应商来货	小编织袋
9	S-130008	雅丽	2019/6/21	市内运输	中箱
10	S-130009	伟奥	2019/6/23	供应商来货	小编织袋
11	S-130010	哥特	2019/6/24	中转仓来货	中箱
12	S-130011	雅丽	2019/6/26	供应商来货	小编织袋
13	S-130012	哥特	2019/6/28	供应商来货	小箱

图 2-43 速达物流公司订单详情表

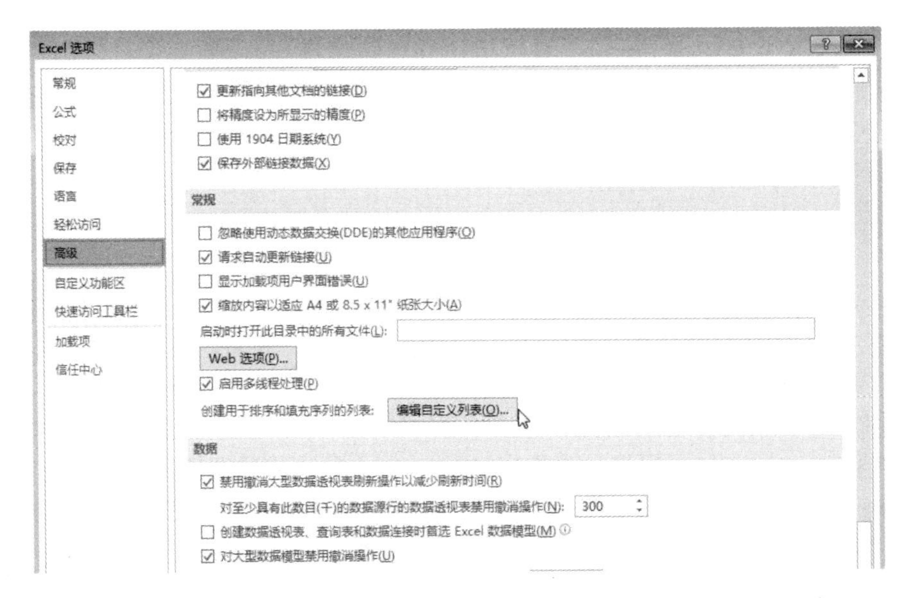

图 2-44 启用“编辑自定义列表”

③在“自定义序列”对话框左侧的“自定义序列”框中选择“新序列”，在“输入序列”文本框中按“包装”大小顺序输入自定义序列：大箱、中箱、小箱、小编织袋。不同序列元素用英文输入状态下的逗号隔开，还可以换行输入各元素。全部输入后，单击“添加”按钮，便完成了自定义序列的创建。左侧的“自定义序列”框则显示出该序列，如图 2-45 所示。单击“确定”按钮，关闭对话框。

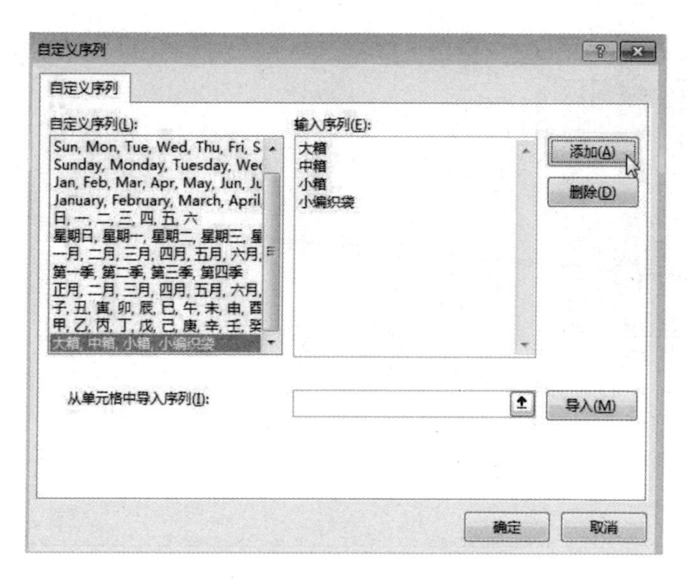

图 2–45　创建自定义序列

（2）在创建了自定义序列后，便能够按照“包装”的大小排序，具体操作步骤如下。

①选中数据区域某一单元格，单击“数据”→“排序与筛选”→“排序”，打开“排序”对话框。

②在“主要关键字”中选择“包装”，次序设为“自定义序列”，如图 2–46 所示。

图 2–46　在“排序”对话框中设置“排序”

③打开“自定义序列”对话框，在“自定义序列”中选择“包装”序列，如图 2–47 所示。

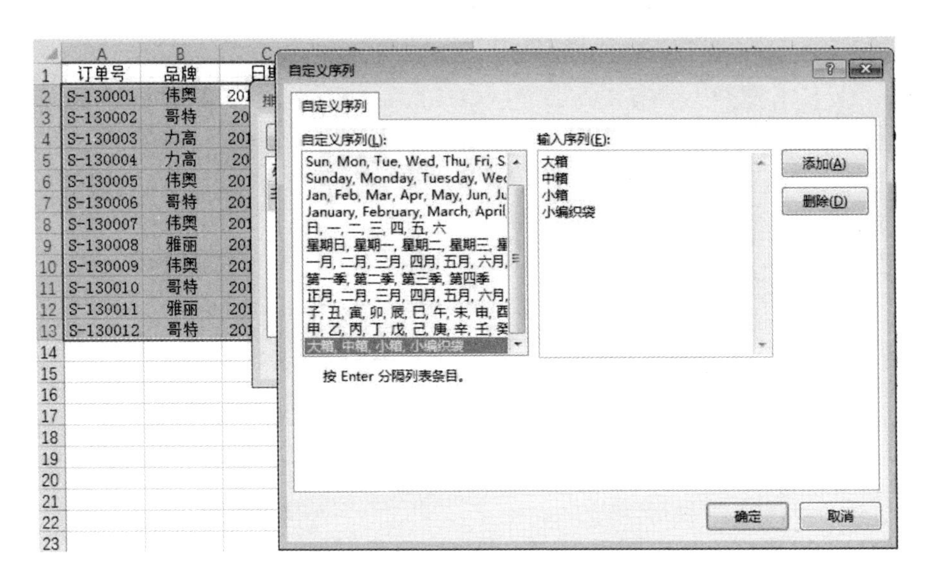

图 2-47 选择“自定义序列”排序

④单击“确定”按钮，将“自定义序列”对话框关闭。再单击“确定”按钮，将“排序”对话框关闭，完成排序设置。表格中的数据则按照“包装”由大到小的顺序排列，如图 2-48 所示。

	A	B	C	D	E
1	订单号	品牌	日期	运输方式	包装
2	S-130004	力高	2019/6/9	中转仓来货	大箱
3	S-130002	哥特	2019/5/9	中转仓来货	中箱
4	S-130005	伟奥	2019/6/17	供应商来货	中箱
5	S-130008	雅丽	2019/6/21	市内运输	中箱
6	S-130010	哥特	2019/6/24	中转仓来货	中箱
7	S-130006	哥特	2019/6/18	市内运输	小箱
8	S-130012	哥特	2019/6/28	供应商来货	小箱
9	S-130001	伟奥	2019/4/20	供应商来货	小编织袋
10	S-130003	力高	2019/5/18	供应商来货	小编织袋
11	S-130007	伟奥	2019/6/20	供应商来货	小编织袋
12	S-130009	伟奥	2019/6/23	供应商来货	小编织袋
13	S-130011	雅丽	2019/6/26	供应商来货	小编织袋

图 2-48 按“包装”大小排序的最终结果

需要注意的是，按照自定义序列排序，并不能同时为多个关键字分别设置各自的自定义序列。若表格中的若干数据列要按不同的自定义序列排序，那么，应执行多次排序操作，每次在“排序”对话框中选择一种自定义排列次序。

2.4　筛选表格数据

Excel 的数据筛选功能能够帮助使用者在面对庞大的数据量时，能迅速而准确地筛选出所需要的数据，方便使用者进行数据分析。

2.4.1 单条件筛选

筛选不同于排序的一点在于，并不会重新排列表格中的数据，而是临时将那些不需要被显示出来的行隐藏起来。每执行一次筛选操作，只能筛选工作表中的一个数据清单。

筛选是快速查找和处理数据子集的手段。筛选得到的结果中只包含符合标准的行，这个标准是使用者针对某列所设定的。自动筛选包含了根据所选内容进行筛选，其仅对简单的条件可行。

以 BM 公司员工工资表为例，具体操作步骤如下。

（1）打开“BM 公司员工工资表 .xlsx”。

（2）选择任意单元格，单击“数据”→“排序与筛选”→“筛选”。

（3）每个单元格的列标题出现下拉箭头，如图 2-49 所示。

	A	B	C	D	E	F	G	H	I	J
1	工号	姓名	部门	基本工	补贴补	奖金	应发工	代缴保	应纳税	实发工
2	BM200401	刘青云	技术部	5468	236	308	6012	156	110.6	5745.4
3	BM200402	冯娜	工程部	3790	139	219	4148	178	14.1	3955.9
4	BM200403	陈金芳	财务部	2980	136	210	3326	245	0	3081
5	BM200404	魏南华	客服部	5130	237	220	5587	312	152.5	5122.5
6	BM200405	李春东	销售部	4869	284	267	5420	178	149.2	5092.8
7	BM200406	李彬彬	技术部	3210	178	232	3620	156	0	3464
8	BM200407	黄金铠	工程部	4328	256	304	4888	242	9.38	4636.62
9	BM200408	邓丽	销售部	4674	290	348	5312	156	140.6	5015.4
10	BM200409	昊亚楠	技术部	3872	202	245	4319	321	14.94	3983.06

图 2-49　启用“筛选”功能

（4）单击“应发工资”的下拉箭头，得到下拉列表对话框，单击“数字筛选”→“大于或等于”。

（5）在弹出的“自定义自动筛选方式”对话框中，“大于或等于”后输入筛选条件，如 5000，如图 2-50 所示。

图 2-50 设置“自定义自动筛选方式”

（6）单击“确定”按钮，得到符合要求的数据记录，如图 2-51 所示。

	A	B	C	D	E	F	G	H	I	J
1	工号	姓名	部门	基本工	补贴补	奖金	应发工	代缴保	应纳税	实发工
2	BM200401	刘青云	技术部	5468	236	308	6012	156	110.6	5745.4
5	BM200404	魏南华	客服部	5130	237	220	5587	312	152.5	5122.5
6	BM200405	李春东	销售部	4869	284	267	5420	178	149.2	5092.8
9	BM200408	邓丽	销售部	4674	290	348	5312	156	140.6	5015.4

图 2-51 符合要求的数据记录

2.4.2 按照字数筛选

实际应用中有时需要从工作簿中筛选出两个字的姓名，或者三个字的姓名。若筛选两个字的姓名，在筛选框中输入“?? ”；若筛选三个字的姓名，在筛选框中输入“??? ”。注意，需要先将输入法转换成英文状态，再输入问号。

以 BM 公司员工工资表为例，具体操作步骤如下：

（1）打开“BM 公司员工工资表 .xlsx”。

（2）选择任意单元格，单击“数据”→“排序与筛选”→“筛选”，单击“姓名”列标题右侧的下拉箭头，在出现的对话框中的“文本筛选”文本框中输入“?? ”，如图 2-52 所示，单击“确定”按钮。

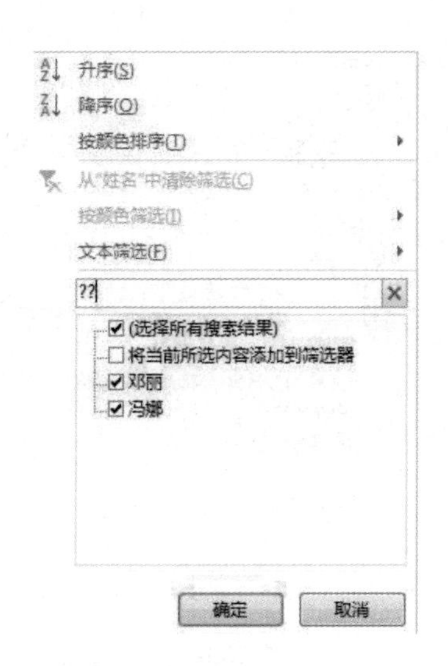

图 2-52　筛选设置

（3）获得姓名只有两个字的信息，如图 2-53 所示。

	A	B	C	D	E	F	G	H	I	J
1	工号	姓名	部门	基本工	补贴补	奖金	应发工	代缴保	应纳税	实发工
3	BM200402	冯娜	工程部	3790	139	219	4148	178	14.1	3955.9
9	BM200408	邓丽	销售部	4674	290	348	5312	156	140.6	5015.4

图 2-53　筛选出相应信息

2.4.3 按关键词筛选

当工作簿中的数据量太多时，想要查询满足一定条件的数据是一项不容易实现的工作，而按关键词筛选能够大大提升查询效率。

以 BM 公司员工工资表为例，具体操作步骤如下。

（1）打开“BM 公司员工工资表 .xlsx”。

（2）选择任意单元格，单击“数据”→“排序与筛选”→“筛选”，单击“姓名”列标题右侧的下拉箭头，在出现的对话框中的“文本筛选”文本框中输入“李”，如图 2-54 所示，单击“确定”按钮。

图 2-54 筛选设置

（3）获得所有李姓员工的信息，如图 2-55 所示。

	A	B	C	D	E	F	G	H	I	J
1	工号	姓名	部门	基本工	补贴补	奖金	应发工	代缴保	应纳税	实发工
6	BM200405	李春东	销售部	4869	284	267	5420	178	149.2	5092.8
7	BM200406	李彬彬	技术部	3210	178	232	3620	156	0	3464

图 2-55 筛选出相应信息

2.4.4 多条件筛选

若要求根据多个条件进行筛选，通过单击对应列的筛选按钮便能实现。

以 BM 公司员工工资表为例，具体操作步骤如下。

（1）打开“BM 公司员工工资表 .xlsx”。

（2）选择任意单元格，单击“数据”→“排序与筛选”→“筛选”。

（3）单击“部门”右边的箭头，出现对话框，在“文本筛选”中输入“技术部”。

（4）单击“奖金”右边的箭头，出现对话框，在“数字筛选”中选择“大于或等于”，在弹出的“自定义自动筛选方式”对话框中，“大于或等于”后输入筛选条件，如 300，单击“确定”按钮。

（5）得到符合要求的数据记录，如图 2-56 所示。

	A	B	C	D	E	F	G	H	I	J
1	工号	姓名	部门	基本工	补贴补	奖金	应发工	代缴保	应纳税	实发工
2	BM200401	刘青云	技术部	5468	236	308	6012	156	110.6	5745.4

图 2–56　筛选出相应信息

2.5　分类汇总表格数据

分类汇总指的是对表格中的数据加以归类，这不但使表格更易读，而且有助于用户更容易地分析和判断表格中的数据，从而有效地对数据进行管理。该功能对工作表的实际统计分析发挥着非常重要的作用。当然，对数据进行分类汇总离不开数据排序，这两方面通常会同时进行。

2.5.1 数据的简单分类汇总

数据的简单分类汇总指的是根据单个字段对数据进行分类汇总。

例 2–4　汇总 YK 公司 2019 年各季度的电器销售额。

按下面的步骤操作。①

（1）根据“季度”字段排序。选择“季度”列中某个单元格，单击“开始”→“编辑”→“排序和筛选”，选择“升序”，得到如图 2–57 所示的排序结果。

（2）单击“数据”→“分级显示”→“分类汇总”，打开“分类汇总”对话框。“分类字段”选择“季度”，“汇总方式”选择“求和”，“选定汇总项”选择“销售额(万元)”，并勾选“汇总结果显示下数据下方”，如图 2–58 所示。

（3）单击“确定”按钮，自动生成季度汇总项和总计项，并且分级显示。YK 公司按季度汇总的电器销售额如图 2–59 所示。

① 雷金东，朱丽娜 .Excel财经数据处理与分析[M].北京：北京理工大学出版社，2019.

	A	B	C	D	E	F	G
1	年度	季度	产品类型	销售点	销售额（万元）	数量	区域
2	2019	1	LED液晶电视	航洋店	54.5	127	青秀区
3	2019	1	燃气热水器	大学店	16.2	35	西乡塘区
4	2019	1	冰箱	长湖店	13.4	48	青秀区
5	2019	1	平板电脑	淡村店	41.5	77	江南区
6	2019	1	洗衣机	航洋店	37.5	88	青秀区
7	2019	2	LED液晶电视	朝阳店	45.9	259	兴宁区
8	2019	2	燃气热水器	淡村店	57.1	68	江南区
9	2019	2	冰箱	南棉店	26.4	66	兴宁区
10	2019	2	平板电脑	长湖店	56.2	88	青秀区
11	2019	2	洗衣机	朝阳店	27.9	55	兴宁区
12	2019	3	LED液晶电视	南棉店	38.8	86	兴宁区
13	2019	3	燃气热水器	朝阳店	41.5	106	兴宁区
14	2019	3	冰箱	航洋店	55.2	132	青秀区
15	2019	3	平板电脑	朝阳店	42.8	76	兴宁区
16	2019	3	洗衣机	南棉店	31.6	96	兴宁区
17	2019	4	LED液晶电视	大学店	30.2	46	西乡塘区
18	2019	4	燃气热水器	友爱店	52.3	74	西乡塘区
19	2019	4	冰箱	友爱店	48.9	87	西乡塘区
20	2019	4	平板电脑	大学店	77.9	133	西乡塘区
21	2019	4	洗衣机	淡村店	25.5	68	江南区

图 2–57　按照“季度”进行排序的结果

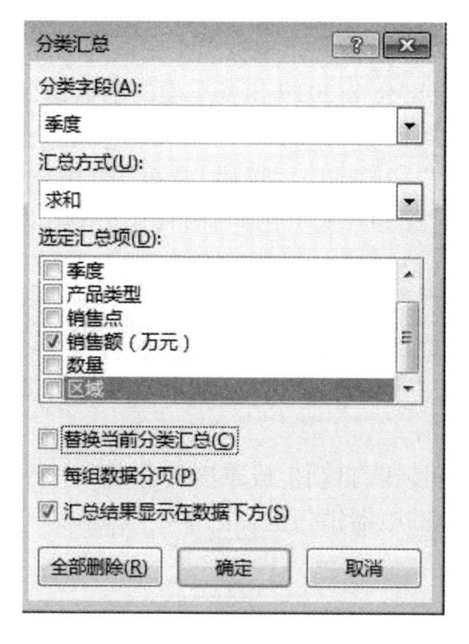

图 2–58　在“分类汇总”对话框中设置条件

	A	B	C	D	E	F	G
1	年度	季度	产品类型	销售点	销售额（万元）	数量	区域
2	2019	1	LED液晶电视	航洋店	54.5	127	青秀区
3	2019	1	燃气热水器	大学店	16.2	35	西乡塘区
4	2019	1	冰箱	长湖店	13.4	48	青秀区
5	2019	1	平板电脑	淡村店	41.5	77	江南区
6	2019	1	洗衣机	航洋店	37.5	88	青秀区
7		1 汇总			163.1		
8	2019	2	LED液晶电视	朝阳店	45.9	259	兴宁区
9	2019	2	燃气热水器	淡村店	57.1	68	江南区
10	2019	2	冰箱	南棉店	26.4	66	兴宁区
11	2019	2	平板电脑	长湖店	56.2	88	青秀区
12	2019	2	洗衣机	朝阳店	27.9	55	兴宁区
13		2 汇总			213.5		
14	2019	3	LED液晶电视	南棉店	38.8	86	兴宁区
15	2019	3	燃气热水器	朝阳店	41.5	106	兴宁区
16	2019	3	冰箱	航洋店	55.2	132	青秀区
17	2019	3	平板电脑	朝阳店	42.8	76	兴宁区
18	2019	3	洗衣机	南棉店	31.6	96	兴宁区
19		3 汇总			209.9		
20	2019	4	LED液晶电视	大学店	30.2	46	西乡塘区
21	2019	4	燃气热水器	友爱店	52.3	74	西乡塘区
22	2019	4	冰箱	友爱店	48.9	87	西乡塘区
23	2019	4	平板电脑	大学店	77.9	133	西乡塘区
24	2019	4	洗衣机	淡村店	25.5	68	江南区
25		4 汇总			234.8		
26		总计			821.3		

图 2–59　按季度分类汇总的结果

在分级显示模式下，单击不同显示级别对应的数字按钮，数据列表便显示不同层级的数据。单击第 2 级数据按钮后的数据列表，如图 2–60 所示。

	A	B	C	D	E	F	G
1	年度	季度	产品类型	销售点	销售额（万元）	数量	区域
7		1 汇总			163.1		
13		2 汇总			213.5		
19		3 汇总			209.9		
25		4 汇总			234.8		
26		总计			821.3		

图 2–60　分级显示下的汇总项

如果需要将图 2–60 的分类汇总结果复制到其他区域，就不能简单地执行复制、粘贴操作，否则未显示的明细数据也会被复制，应按下面的步骤进行操作。

（1）在图 2–60 的分级显示结果中选择 A1:G26。

（2）按【F5】键打开“定位”对话框，单击“定位条件”，打开“定位条件”对话框。

（3）在“定位条件”对话框中选择“可见单元格”，如图 2–61 所示，再单击“确定”按钮。经这样设置后,便能只选择目前区域中的全部可见单元格,而不会选择隐藏单元格。

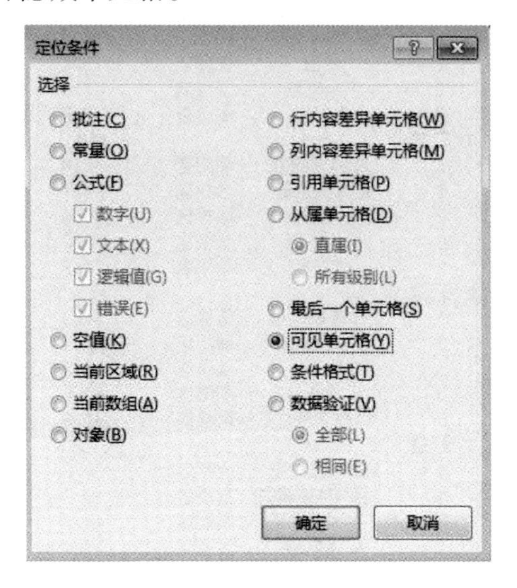

图 2-61 “定位条件”对话框

(4)按【Ctrl+C】键复制。

(5)单击工作表标签选择某个工作表,如 Sheet2,再选择工作表中的任意单元格,如 A1 单元格,再按【Ctrl+V】粘贴,如图 2-62 所示。

	A	B	C	D	E	F	G
1	年度	季度	产品类型	销售点	售额（万元	数量	区域
2		1 汇总			163.1		
3		2 汇总			213.5		
4		3 汇总			209.9		
5		4 汇总			234.8		
6		总计			821.3		

图 2-62 在新表格中粘贴汇总数据

需要注意的是,在对数据表进行分类汇总前,一定要根据分类字段对数据表中的数据进行排序。一个工作表仅可以在行方向或列方向上创建一个分级显示。

2.5.2 数据的嵌套分类汇总

根据多个字段对数据列表进行分类汇总,必须根据分类次序进行多次分类汇总操作,称为嵌套分类汇总。对分类字段进行排序后,才能实施嵌套分类汇总。

例 2–5　以 2019 年 YK 公司电器销售表为例，要求分别汇总该公司在各季度的销售总额和各区域在各季度的销售总额，具体来说，先按“季度”字段汇总“销售额（万元）”，再按“区域”字段汇总“销售额（万元）”。

按照下面的步骤操作。[①]

（1）选中数据区域某个单元格，单击“数据”→“排序和筛选”→“排序”，弹出“排序”对话框。“主要关键字”选择“季度”；单击“添加条件”，“次要关键字”选择“区域”；排序依据均默认设为“单元格值”，次序均默认设为“升序”，单击“确定”按钮，则对表中数据进行了排序。

（2）单击“数据”→“分级显示”→“分类汇总”，弹出“分类汇总”对话框。“分类字段”选择“季度”，“汇总方式”选择“求和”，“选定汇总项”选择“销售额（万元）”，并勾选“汇总结果显示在数据下方”，单击“确定”按钮，获得第 1 层分类汇总。

（3）选中数据区域某个单元格，单击“数据”→“分级显示”→“分类汇总”，弹出“分类汇总”对话框。“分类字段”选择“区域”，“汇总方式”选择“求和”，“选定汇总项”选择“销售额（万元）”，不勾选“替换当前分类汇总”。第 2 层分类汇总的设置见图 2–63 所示。

	A	B	C	D	E	F	G
1	年度	季度	产品类型	销售点	销售额（万元）	数量	区域
2	2019	1	平板电脑	淡村店	41.5	77	江南区
3	2019	1	LED液晶电视	航洋店	54.5	127	青秀区
4	2019	1	冰箱	长湖店	13.4	48	青秀区
5	2019	1	洗衣机	航洋店	37.5		
6	2019	1	燃气热水器	大学店	16.2		
7		1 汇总			163.1		
8	2019	2	燃气热水器	淡村店	57.1		
9	2019	2	平板电脑	长湖店	56.2		
10	2019	2	LED液晶电视	朝阳店	45.9		
11	2019	2	冰箱	南棉店	26.4		
12	2019	2	洗衣机	朝阳店	27.9		
13		2 汇总			213.5		
14	2019	3	冰箱	航洋店	55.2		
15	2019	3	LED液晶电视	南棉店	38.8		
16	2019	3	燃气热水器	朝阳店	41.5		
17	2019	3	平板电脑	朝阳店	42.8		
18	2019	3	洗衣机	南棉店	31.6		
19		3 汇总			209.9		
20	2019	4	洗衣机	淡村店	25.5		
21	2019	4	LED液晶电视	大学店	30.2		
22	2019	4	燃气热水器	友爱店	52.3		
23	2019	4	冰箱	友爱店	48.9		
24	2019	4	平板电脑	大学店	77.9		
25		4 汇总			234.8		
26		总计			821.3		
27							

分类汇总
分类字段(A):
区域
汇总方式(U):
求和
选定汇总项(D):
季度
产品类型
销售点
销售额（万元）
数量
区域
替换当前分类汇总(C)
每组数据分页(P)
汇总结果显示在数据下方(S)
全部删除(R)　确定　取消

图 2–63　设置第 2 层分类汇总

（4）单击“确定”按钮，得到嵌套分类汇总的最终结果，如图 2–64 所示。

① 雷金东，朱丽娜.Excel 财经数据处理与分析[M].北京：北京理工大学出版社，2019.

	A	B	C	D	E	F	G
1	年度	季度	产品类型	销售点	销售额（万元）	数量	区域
2	2019	1	平板电脑	淡村店	41.5	77	江南区
3					41.5		**江南区 汇总**
4	2019	1	LED液晶电视	航洋店	54.5	127	青秀区
5	2019	1	冰箱	长湖店	13.4	48	青秀区
6	2019	1	洗衣机	航洋店	37.5	88	青秀区
7					105.4		**青秀区 汇总**
8	2019	1	燃气热水器	大学店	16.2	35	西乡塘区
9					16.2		**西乡塘区 汇总**
10		**1 汇总**			163.1		
11	2019	2	燃气热水器	淡村店	57.1	68	江南区
12					57.1		**江南区 汇总**
13	2019	2	平板电脑	长湖店	56.2	88	青秀区
14					56.2		**青秀区 汇总**
15	2019	2	LED液晶电视	朝阳店	45.9	259	兴宁区
16	2019	2	冰箱	南棉店	26.4	66	兴宁区
17	2019	2	洗衣机	朝阳店	27.9	55	兴宁区
18					100.2		**兴宁区 汇总**
19		**2 汇总**			213.5		
20	2019	3	冰箱	航洋店	55.2	132	青秀区
21					55.2		**青秀区 汇总**
22	2019	3	LED液晶电视	南棉店	38.8	86	兴宁区
23	2019	3	燃气热水器	朝阳店	41.5	106	兴宁区
24	2019	3	平板电脑	朝阳店	42.8	76	兴宁区
25	2019	3	洗衣机	南棉店	31.6	96	兴宁区
26					154.7		**兴宁区 汇总**
27		**3 汇总**			209.9		
28	2019	4	洗衣机	淡村店	25.5	68	江南区
29					25.5		**江南区 汇总**
30	2019	4	LED液晶电视	大学店	30.2	46	西乡塘区
31	2019	4	燃气热水器	友爱店	52.3	74	西乡塘区
32	2019	4	冰箱	友爱店	48.9	87	西乡塘区
33	2019	4	平板电脑	大学店	77.9	133	西乡塘区
34					209.3		**西乡塘区 汇总**
35		**4 汇总**			234.8		
36		**总计**			821.3		

图 2-64　嵌套分类汇总的最终结果

进行分类汇总的主要目的在于，Excel 为数据列表自动生成汇总项，按分类字段加以汇总计算，并采用分级显示视图。在汇总要求较简单的情况下，利用分类汇总功能能够很方便地对数据进行分析处理；在数据列表的数量过多，并且汇总要求较复杂的情况下，就要用到数据透视表进行分类汇总。

2.6　合并计算表格数据

在实际处理数据时，往往要对结构相似、内容相近的不同表格进行汇总。Excel 的合并计算功能可完成这项工作。合并计算指的是把具有相似格式的工作表或数据区域，采用一定方式进行自动匹配计算。合并计算的数据源可以属于相同的工作表，也可以属于同一工作簿中的多个工作表。

2.6.1 对同一个工作表的数据进行合并计算

合并计算就是按照一定的方法，对多个具有相似格式的工作表或数据区域进行自动匹配计算。若全部数据处于同一工作表中，便能在同一工作表中进行合并计算。

例如，对“家电销售汇总”工作簿中的数据进行合并计算，可按照下面的步骤操作。

（1）打开“家电销售汇总 .xlsx”，选择汇总数据所在的起始单元格。单击“数据 " →“数据工具”→“合并计算”。

（2）弹出“合并计算”对话框，“函数”选择“求和”；在“引用位置”参数框中，拖动鼠标选择工作表中进行计算的区域，如 A1:C13 区域。单击“添加”，“标签位置”勾选“首行”和“最左列”，如图 2-65 所示，单击“确定”按钮。

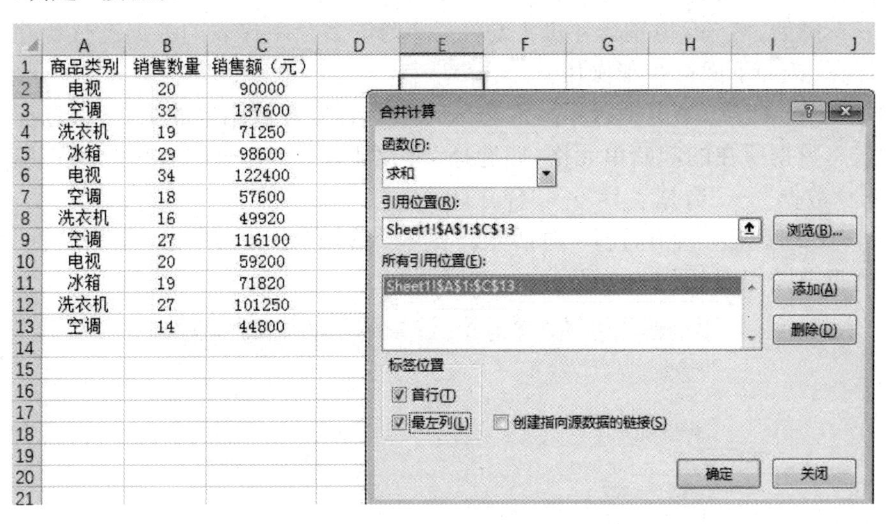

图 2-65　“合并计算”对话框

（3）回到工作表，便显示出合并计算后的数据，如图 2-66 所示。

	A	B	C	D	E	F	G
1	商品类别	销售数量	销售额（元）				
2	电视	20	90000			销售数量	售额（元
3	空调	32	137600		电视	74	271600
4	洗衣机	19	71250		空调	91	356100
5	冰箱	29	98600		洗衣机	62	222420
6	电视	34	122400		冰箱	48	170420
7	空调	18	57600				
8	洗衣机	16	49920				
9	空调	27	116100				
10	电视	20	59200				
11	冰箱	19	71820				
12	洗衣机	27	101250				
13	空调	14	44800				

图 2-66　合并计算结果

2.6.2 对多个工作表的数据进行合并计算

在制作销售报表、汇总报表等表格时，为了更好地显示数据，通常需要将多个工作表中的数据进行合并计算。

例如，对“家电销售年度汇总”工作簿的多个工作表的数据进行合并计算，按照下面的步骤操作。

（1）打开“家电销售年度汇总 .xlsx”，选择要存放结果的工作表，选择汇总数据所在的起始单元格，如选择“年度汇总”工作表的 A2 单元格，单击“数据”→“数据工具”→“合并计算”。

（2）弹出“合并计算”对话框，“函数”选择“求和”，单击“引用位置”的折叠按钮，如图 2-67 所示。

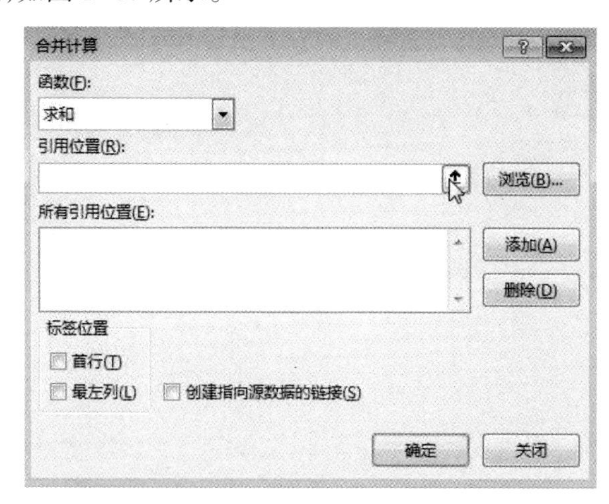

图 2-67　“合并计算”对话框

（3）在“一季度”工作表中选择 A1：C5，单击“合并计算 – 引用位置”中的展开按钮，如图 2–68 所示。

	A	B	C	D	E	F	G
1	品名	销售数量	销售额				
2	电视	1302	4557000				
3	冰箱	2360	9680720				
4	空调	1262	3914724				
5	洗衣机	2100	5262600				

合并计算 - 引用位置:

一季度!$A$1:$C$5

图 2–68　选择引用位置

（4）在“合并计算”对话框中，单击“添加”按钮，在“所有引用位置”列表框中添加数据区域，如图 2–69 所示。

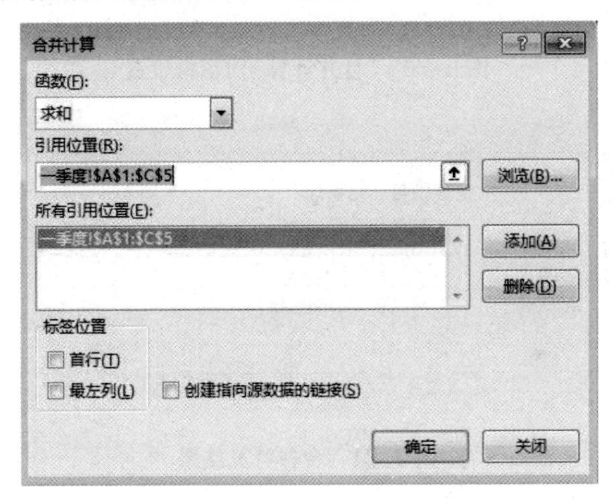

图 2–69　添加引用数据区域

（5）采用同样的方式，添加其他需要计算的数据区域，勾选“首行”和“最左列”，单击“确定”按钮，如图 2–70 所示。

（6）回到工作表，就可以得到合并计算后的结果，如图 2–71 所示。

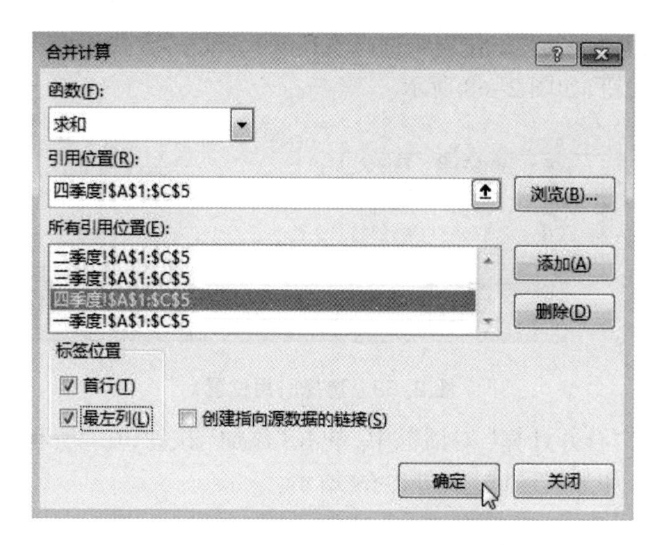

图 2-70 “合并计算”对话框设置

	A	B	C	D	E	F
1						
2		销售数量	销售额			
3	电视	4943	17300500			
4	冰箱	9185	37676870			
5	空调	5244	16266888			
6	洗衣机	8219	20596814			
7						
8						

一季度 | 二季度 | 三季度 | 四季度 | 年度汇总

图 2-71 合并计算结果

如果对多个工作表执行合并运算，请选中“创建指向源数据的链接”。选中后，若原始数据中的数据有变更，合并计算得到的结果也会自动更新。

第 3 章　Excel 公式与函数

Excel 函数是学习 Excel 的必学内容。它主要包括函数名、参数以及用途三个部分。建议初学者先横向学习再纵向学习,即先横向熟悉几个常用的 Excel 函数,例如 VLOOKUP 和 COUNTIFS 等,熟悉函数中每个参数的条件和功能,并不断地应用到工作中,以充分了解函数的用途。熟悉常用的函数后再纵向不断地尝试使用更多的函数。

3.1　使用公式计算数据的方法与技巧

公式是指为解决某个问题而设定的计算式,Excel 中的公式是工作表中的单元格对值进行计算的等式。公式设定后 Excel 就会按照指定的规则进行计算并返回计算结果。

3.1.1 运算符

函数是 Excel 公式最基本的组成元素,此外还有等号、函数、运算符、函数参数,以及单元格地址等。

等号:所有公式都需要以等号作为开头,等号可以看作是 Excel 公式的标志,在单元格中输入等号,Excel 自动识别这是一个公式。

函数:函数是 Excel 公式的重要组成部分,Excel 公式可以通过函数实现很多复杂的计算。

运算符:运算符和函数一样为公式计算提供计算规则,Excel 运算符具体可以分为四类。

(1)算术运算符。主要用于各种常规的算术运算,结果返回数值。

常用的算术运算符有 +（加号）、-（减号）、*（乘号）以及 /（除号）。

（2）比较运算符。主要功能是比较数据的大小，包括数值、逻辑值，以及字符串，返回逻辑值，常用的比较运算符有 <>（不等号）、>（大于号）、<（小于号）、>=（大于或等于号）和 <=（小于或等于号）。

（3）文本运算符。例如“&”，功能是将多个文本字符串进行拼接，返回拼接文本值。作用等同于 CONCATENATE 函数，对比而言文本运算符书写更简单直接。

（4）引用运算符。是 Excel 特有的运算符，主要作用是对工作表的单元格或单元格区域引用，如区域运算符 :（冒号），冒号两端两个单元格形成的连续矩形区域，如图 3-1 所示。

SUM =SUM(C2:C7)

	A	B	C	D	E	F
1		区域	销量		销量和	
2		华北	4321		=SUM(C2:C7)	
3		华南	1946			
4		东北	1536			
5		西北	1872			
6		西南	1369			
7		华东	2109			
8						

E3

	A	B	C	D	E	F
1		区域	销量		销量和	
2		华北	4321		13153	
3		华南	1946			
4		东北	1536			
5		西北	1872			
6		西南	1369			
7		华东	2109			
8						

图 3-1　引用计算符

函数参数：每个函数都需要参数，函数中括号中的部分称为参数，不同的参数通过逗号进行分隔，熟悉参数的用法是熟悉函数的基础。参数的数量取决于函数，有些函数需要插入多个参数（VLOOKUP 函数），有些需要一个（SUM 函数），有些无需参数（TODAY 函数）。同时参数的内容类型也可能不同，例如 VLOOKUP 函数第一个参数是单元格地址，第二个参数是单元格区域，第三个参数可以是单元格也可以是常量，第四个参数则是一个逻辑值（True/False）。

单元格地址：是 Excel 函数最重要的参数，函数通过单元格地址引用单元格内的内容，进而引用工作表中的各处的数据。在 Excel 中，将公式拉拽或是复制，参数单元格地址发生变化，参数内容就会变化，这样公式返回的结果也不一样。

除了单元格地址，Excel 函数参数还可以是常量、数组、逻辑值、错误值、定义名称以及嵌套函数。

Excel 公式一旦设定完成，只要计算逻辑不变，就无需再编辑公式，当公式引用的单元格内容发生变化时，Excel 会自动重新计算，并快速返回最新的计算结果。

3.1.2 公式的输入方式

Excel 函数中输入和编辑公式的方法有两种——公式编辑栏输入和单元格直接输入。选中要输入公式的单元格后，可以选择在功能区中下方的编辑栏输入公式，或者在单元格内直接输入公式。需要修改公式时，单击单元格可在编辑栏直接修改，单元格内修改需要双击单元格才能进入公式修改状态。

Excel 还提供了窗口对话框的方式插入函数，采用对话框可视化的输入方式，将需要填写的内容全部展示出来，即使用户不熟悉该函数，只要记住函数的基本用法就能完成输入，学习函数初期可以使用这种方式，如图 3-2 所示。

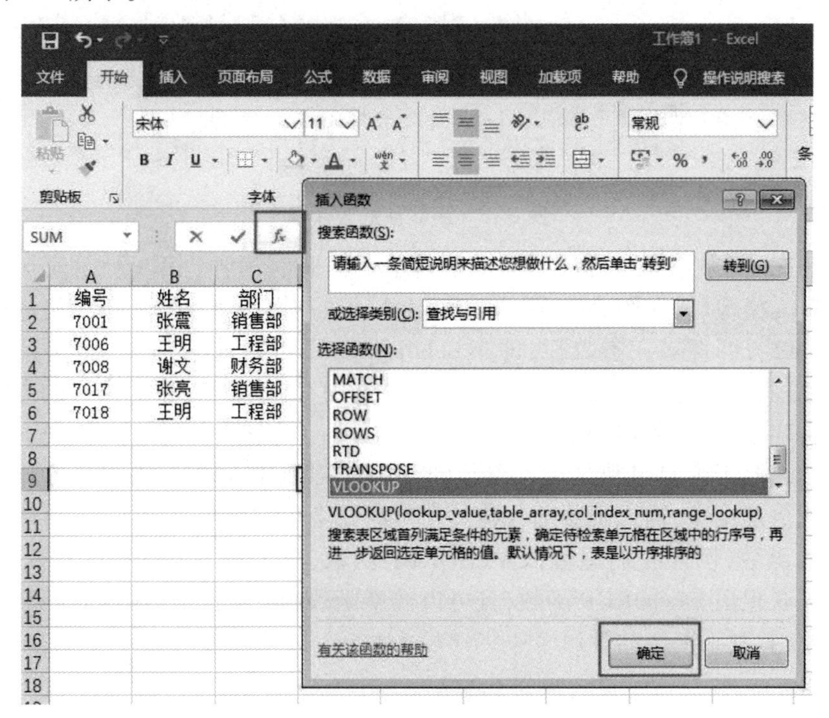

图 3-2　插入函数对话框

选中要插入公式的单元格,单击编辑栏的“*fx*”按钮,在弹出的“插入函数”对话框内选择“函数”组选择要插入的函数名,选中函数名后单击“确定”按钮后转到“函数参数”对话框,如图 3-3 所示。

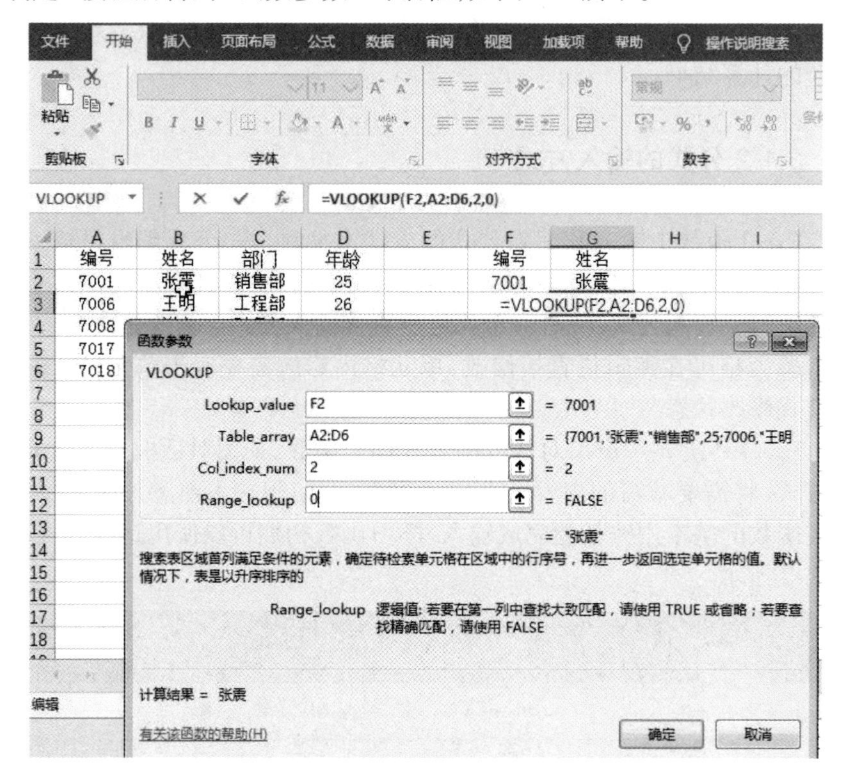

图 3-3 函数参数对话框

在“函数参数”对话框内添加参数的方式有两种:第一种是直接输入单元格地址,在图 3-3 中,VLOOKUP 函数的第一个参数的单元格地址是“F2”,可直接在参数栏,即“Lookup_value”框中输入“F2”,也可单击参数栏右侧的向上的黑色箭头按钮“↥”选中 F2 单元格,这时窗口的内容也会变成 F2 单元格的地址。

相比于窗口可视化插入参数的方式,在编辑栏和单元格内直接输入公式更加快速,输入函数前几位的字母时就会出现联想框,提示你可能需要的函数,例如我们想输入 VLOOKUP 函数,只要输入“VL”两个字母,就可联想出 VLOOKUP 函数,且可以熟悉函数的参数组成,加深对函数的印象,有利于函数的学习。

3.1.3 单元格引用

使用 Excel 函数输入公式几乎都需要引用单元格地址，公式引用工作表单元格地址可分为相对引用、绝对引用和混合引用。合理地使用 Excel 引用方式可以使公式实现更多的复杂功能。

在 Excel 中，一般使用“S”符号区分绝对引用和相对引用。使用【F4】键，可以快速进行绝对引用和相对引用的切换。那么到底什么是相对引用，什么又是绝对引用呢？

不管是相对引用还是绝对引用，它们都是针对一个单元格引用另外一个单元格的情况。

在介绍三种引用方式前首先看一下 Excel 是如何记录一个单元格的内容的。Excel 的每一个工作表纵向都会有一列数值，横向会有一行字母，它们的作用是标记单元格的地址信息，如图 3-4 所示。选中“Excel”字符串所在的单元格，在左上角位置坐标显示为“C3”，表示该单元格处于 C 列第 4 行，在编辑栏和单元格显示“SUM”即内容是“SUM”。

图 3-4　Excel 单元格位置信息

有些 Excel 公式需要通过拖动（将鼠标移动至有公式的单元格右下角，待出现黑色十字，拖住鼠标就可以将公式拖动至其他单元格）或者复制至其他单元格实现批量使用。当 Excel 公式所在单元格位置发生变化时，公式内单元格地址参数也会发生变化，而根据需要有时需要单元格地址参数发生变化有时不需要，这就需要通过添加绝对引用限制单元格地址的变化。

3.1.3.1 绝对引用

有时在复制或拖动公式时需要单元格地址不发生变化，这时就需要添加绝对引用，即在单元格地址的行号和列标前添加“$”，将单元格地址“锁住”。如图 3-5 所示，G6 单元格的公式为“=$B$3”，将公式复制至 G7、H6、H7，单元格公式都未发生变化，即在单元格地址添加绝对引用后，引用位置被固定，无论公式复制到哪里，公式引用的位置都不会变。

=$B$3

	A	B	C	D	E	F	G	H
1		数据源						
2	编号	姓名	部门	年龄		G3处公式	相对引用	
3	7001	张震	销售部	25		张震	张震	销售部
4	7006	王明	工程部	26			王明	工程部
5	7008	谢文	财务部	32		G6处公式	绝对引用	
6	7017	张亮	销售部	27		=$B$3	张震	张震
7	7018	王明	工程部	47			张震	张震
8								

图 3-5　绝对引用和相对引用

3.1.3.2 相对引用

在复制或拖动建立好的公式时，公式内的单元格地址参数也会发生变化，如图 3-5 中，G3 单元格公式为“=B3”，将公式向右拖动至 H3 时，纵坐标发生了变化，单元格公式为“=C3”，内容为“销售部”；将公式向下拖动至 G4 时，横坐标发生了变化，单元格公式为“=B4”，内容为“王明”；将公式复制至 H4 时，横坐标和纵坐标都发生了变化，单元格公式变为“=C4”，内容为“工程部”。

对比上面的左右拉拽公式都会发生变化，在横纵坐标都加绝对引用时，无论怎么拉拽，公式引用的单元格位置都是固定的，所以公式返回的结果也都是一致的。

3.1.3.3 混合引用

只在行号或列标前面加锁定符号“$”，例如“C$3”和“$B2”，即在公式中只对添加“$”的行号或列标使用绝对引用，未添加的列标或行号使用相对引用，这种一半绝对引用一半相对引用的引用方式称为混合引用。

如图 3–6 所示，在 G3 单元格的公式内对行号添加绝对引用，公式为“=B$3”，内容为“张震”。将单元格公式向右侧拖动，行号在使用相对引用时也不改变，只改变列标，H3 单元格公式为“=C$3”，内容为“销售部”，所以向右拖动公式时行号使用绝对引用和相对引用效果都是一样的。向下拖动时，列标不发生变化，如果使用相对引用行号会增大，添加绝对引用后无论下拉多少个单元格都是 3，所以公式“=B$3”下拉至 G4 单元格还是“=B$3”，单元格位置和内容都不变化。将公式复制至 H4 单元格，相对引用下列标和行号都会增大，而这里因为行号使用绝对引用保持不变，公式为“=C$3”，内容为“销售部”与上方的 H3 单元格一致。

=$B3

	A	B	C	D	E	F	G	H	I	J
1		数据源								
2	编号	姓名	部门	年龄		G3处公式	相对引用		对应公式	
3	7001	张震	销售部	25		张震	张震	销售部	B$3	C$3
4	7006	王明	工程部	26			王明	工程部	B$3	C$3
5	7008	谢文	财务部	32		G6处公式	绝对引用		对应公式	
6	7017	张亮	销售部	27		=$B3	张震	张震	$B3	$B3
7	7018	王明	工程部	47			王明	王明	$B4	$B4
8										

图 3–6　混合引用对比

混合引用的另外一种方式是对列标添加绝对引用。如图 3–6 所示，在 G6 单元格的公式内对列标添加绝对引用，公式为“=$B3”，内容为“张震”。将单元格公式向右侧拖动，行号不变，由于添加了绝对引用列标也不变，H6 单元格公式为“=$B3”，内容为“张震”，与 G6 单元格一致。向下拖动时，列标在相对引用下也不变化，行号增大，G7 单元格公式为“=$B4”，内容为“王明”，所以向下拖动公式时，对列标使用绝对引用和相对引用效果都是一样的。将公式复制至 H7 单元格，相对引用下列标和行号都会增大，而这里因为列标使用绝对引用保持不变，公式为“=$B4”，内容为“王明”，与左侧的 G7 单元格一致。

例 3–1　显示九九乘法表。

（1）简单九九乘法表。可以看到，图 3–7 中没有显示完整的九九乘法表，只是显示了九九乘法表的结果。填充原理就是：从左往右，用第一行分别与每一列相乘；从上往下，用第一列分别与每一行相乘。

B3 =$A3*B$2

	A	B	C	D	E	F	G	H	I	J	K
1											
2		1	2	3	4	5	6	7	8	9	
3	1	1	2	3	4	5	6	7	8	9	
4	2	2	4	6	8	10	12	14	16	18	
5	3	3	6	9	12	15	18	21	24	27	
6	4	4	8	12	16	20	24	28	32	36	
7	5	5	10	15	20	25	30	35	40	45	
8	6	6	12	18	24	30	36	42	48	54	
9	7	7	14	21	28	35	42	49	56	63	
10	8	8	16	24	32	40	48	56	64	72	
11	9	9	18	27	36	45	54	63	72	81	

图 3–7　九九乘法表结果

可以看出，B3 单元格中输入了公式“=$A3*B$2”。这个公式表示 B3 单元格分别引用了 A3 和 B2 这两个单元格。可以思考：为什么是在 A2 前面加上“$”符号呢？这个我们需要好好琢磨一下。

可以先想象一下：当单元格 B3 从左往右进行拖拉填充的时候，想要保持的是列变化、行不变；当单元格 B3 从上往下进行拖拉填充的时候，想要保持的是行变化、列不变。综上所述，左右填充，列变化，行不变；上下填充，行变化，列不变。最终的效果就是 $A3*B$2。

（2）显示下三角形式的九九乘法表。使用“&”连接符显示较全的九九乘法表。其实整个原理还是一样，只不过使用了“&”连接符将行、列的数字拼接起来。注意每一行、每一列数字的变化，恰当使用相对引用和绝对引用就可以很好地完成。

配合 IF 函数显示下三角形式的九九乘法表。前面我们已经很好地展示九九乘法表了，但是并不是传统意义上的那种下三角形式的九九乘法表。因此需要配合 IF 函数，不显示相关单元格的数字，如图 3–8 所示。

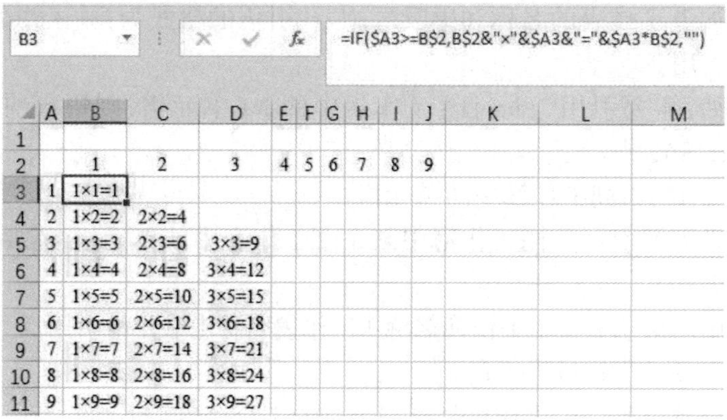

B3　=IF($A3>=B$2,B$2&"×"&$A3&"="&$A3*B$2,"")

	A	B	C	D	E	F	G	H	I	J	K	L	M
1													
2		1	2	3	4	5	6	7	8	9			
3	1	1×1=1											
4	2	1×2=2	2×2=4										
5	3	1×3=3	2×3=6	3×3=9									
6	4	1×4=4	2×4=8	3×4=12									
7	5	1×5=5	2×5=10	3×5=15									
8	6	1×6=6	2×6=12	3×6=18									
9	7	1×7=7	2×7=14	3×7=21									
10	8	1×8=8	2×8=16	3×8=24									
11	9	1×9=9	2×9=18	3×9=27									

图 3–8　下三角形式的九九乘法表

3.1.3.4 切换引用类型

切换引用类型的方式有两种：第一种是直接输入，在“编辑栏”中找到单元格地址，在需要的行号或列标前添加“$”（英文模式下，按【Shift+4】键）；第二种方式是通过【F4】键快速切换，选中“编辑栏”中的单元格地址按【F4】键，按第一下【F4】键是添加绝对引用，按第二下切换至只对行号添加绝对引用，按第三下切换至只对列标添加绝对引用，按第四下切换回相对引用，以此循环，参考表 3–1 所列。对比两种方式，【F4】键可快速切换模式，效率更高。

表 3–1　使用【F4】键切换引用方式

初始状态	按 1 次【F4】	按 2 次【F4】	按 3 次【F4】	按 4 次【F4】
=B3	=$B$3	=B$3	=$B3	=B3
无绝对引用	横纵坐标绝对引用	横坐标绝对引用	纵坐标绝对引用	无绝对引用

仅针对行使用“$”符号时，将引用单元格朝下边拖拉填充的时候，引用单元格不会发生任何变化，因为行此时被锁死了。仅针对列使用“$”符号时，将引用单元格朝右边拖拉填充的时候，引用单元格不会发生任何变化，因为列此时被锁死了。

3.1.3.5 外部地址引用

（1）引用不同工作表中的单元格。

如果需要引用同一个工作簿中其他工作表中的单元格，则需要在单元格前加上工作表的名称和感叹号“!”。引用的格式为：= 工作表名称！单元格引用。

例如，需要引用“Sheet1”工作表中的 A2 单元格，则输入的公式为“=Sheet1!$A$2”。

（2）引用不同工作簿中的单元格。

如果需要引用不同工作簿中某一个工作表中的单元格，需要包含工作簿的名称。

引用的格式为：=[工作簿名称] 工作表名称！单元格引用。

例 3-2 汇总员工工资。

工作簿中第一个工作表是第一个月的工资表，如图 3-9 所示，第二个工作表是第二个月的工资表，如图 3-10 所示，要求对第一个月的工资和第二个月的工资进行统计求和。

	A	B	C	D
1		姓名	第一个月工资/元	总计/元
2		甲	6000	
3		乙	20000	
4		丙	30000	
5		丁	70000	
6		戊	40000	
7		己	10000	
8		庚	60000	
9		辛	60000	

图 3-9 第一个月的工资表

	A	B	C	D
1		姓名	第二个月工资/元	总计/元
2		甲	50000	
3		乙	20000	
4		丙	30000	
5		丁	11111	
6		戊	40000	
7		己	50005	
8		庚	50006	
9		辛	60000	

图 3-10 第二个月的工资表

首先在第一个工作表中甲的总计单元格 D2 中输入“=”，然后单击甲的第一个月工资单元格 C2，输入加号；再单击第二个工作表，单击甲的第二个月工资单元格 C2，之后回到第一个工作表中，此时公式如图 3-11 所示，然后按【Enter】键，甲两个月工资之和就求出来了。以此方法再填充所有的求和单元格，如图 3-12 所示。

D2　=C2+Sheet2!C2

	A	B	C	D
1		姓名	第一个月工资/元	总计/元
2		甲	6	=C2+Sheet2!C2
3		乙	20000	40000
4		丙	30000	60000

图 3–11　在 D2 单元格中输入公式

	A	B	C	D
1		姓名	第一个月工资/元	总计/元
2		甲	6000	56000
3		乙	20000	40000
4		丙	30000	60000
5		丁	70000	81111
6		戊	40000	80000
7		己	10000	60005
8		庚	60000	110006
9		辛	60000	120000

图 3–12　计算员工两个月的工资和

3.1.3.6 三维地址引用

如果需要引用同一个工作簿中多个工作表上的同一个单元格的数据，可以采用三维地址引用的方式。使用引用运算符指定工作表的范围。

三维地址引用的格式为：工作表名称！单元格地址。

例如，Sheet1:Sheet3!B2，Sheet2:Sheet5!B2:G6。

例 3–3　计算 Sheetl~Sheet4 这 4 个工作表中 A1 单元格的数据的总和并存入 Sheet5 的 A1 单元格中。

在 Sheet5 的 A1 单元格中输入公式“=SUM（Sheet1:Sheet4!A1）”，该公式表示计算 Sheet1、Sheet2、Sheet3 和 Sheet4 这 4 个工作表中 A1 单元格的数据的总和，如图 3–13 所示。

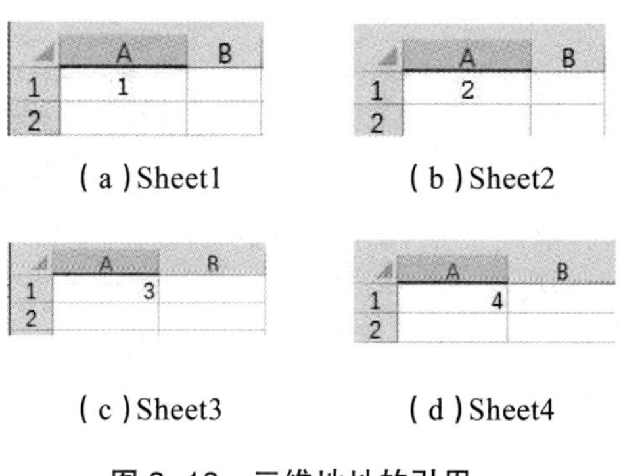

（a）Sheet1　（b）Sheet2

（c）Sheet3　（d）Sheet4

图 3–13　三维地址的引用

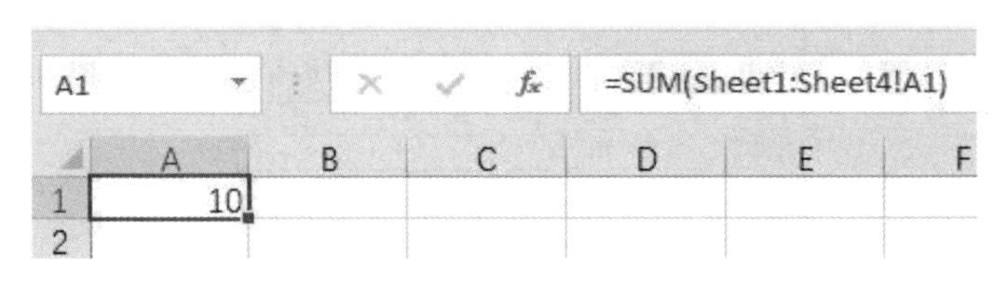

(e) Sheet5

图 3-13 三维地址的引用(续)

3.2 使用函数计算数据方法与技巧

在 Excel 中,函数是一些预先定义好的公式,是一种在需要时可以直接调用的表达式。本节主要对 Excel 常用函数的参数及用法进行介绍。

3.2.1 SUMIFS

SUMIFS 函数的作用是对满足给定条件的数值单元格求和, SUMIFS 是 SUMIF 函数的拓展,可以同时设定多个条件。

SUMIFS 与 COUNTIFS 用法相近,前者用于条件求和,如果添加一列值都等于 1 的辅助列,那么 SUMIFS 也可以实现 COUNTIFS 条件计数功能。相比于 COUNTIFS 参数一定是成对出现的, SUMIFS 还需要指定数值求和列作为第一个参数。可以对比学习两个函数,增加印象。

1. 参数说明

COUNTIFS 可以有多个参数,参数个数取决于需要求和条件的个数,一个条件需要两个条件参数,一个求和参数;两个条件需要四个条件参数,一个求和参数,依此类推,即每添加一个条件就需要指定条件区域和条件值,增加两个参数。

以基于两个条件进行统计计数为例, SUMIFS 需要五个参数,第一个参数是求和区域,第二个参数是条件 1 所在数据区域,第三个参数是条件

1，第四个参数是条件 2 所在数据区域，第五个参数为条件 2，如图 3–14 所示。

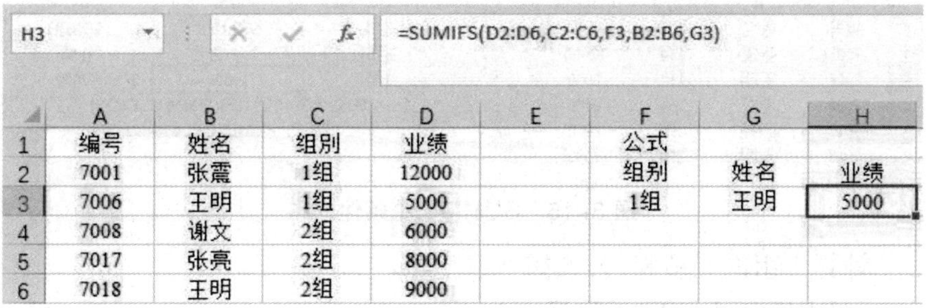

H3 =SUMIFS(D2:D6,C2:C6,F3,B2:B6,G3)

	A	B	C	D	E	F	G	H
1	编号	姓名	组别	业绩		公式		
2	7001	张震	1组	12000		组别	姓名	业绩
3	7006	王明	1组	5000		1组	王明	5000
4	7008	谢文	2组	6000				
5	7017	张亮	2组	8000				
6	7018	王明	2组	9000				

图 3–14 SUMIFS 参数

SUMIFS 的参数说明见表 3–2 所列。

表 3–2 SUMIFS 的参数说明 SUMIFS (sum_range, criteria_range1, criteria1, [criteria_range2, criteria2]...)

参数名称	说明	参数类型
sum_range	求和单元格区域	数值、单元格区域引用
criteria_range1	条件区域	单元格区域引用、数组
criteria1	条件值，如条件区域符合条件值，将对应的 sum_range 求和	单元格引用、数字、文本、嵌套公式
criteria_range N	可选，$2 \leqslant N \leqslant 127$，用法同 Criteria_range1	
criteria N	可选，$2 \leqslant N \leqslant 127$，用法同 Criteria1	

2. 单条件求和

与 COUNTIF 一样，加不加 “$” 都可以单条件统计，如果使用两个条件及以上就需要使用加 “$” 的 SUMIFS，为方便维护这里同样建议条件求和公式都使用 SUMIFS 函数。同时需要注意的是，SUMIF 与 SUMIFS 的参数位置分布稍有不同，SUMIF 的求和区域作为第三个参数放在最后，语法为：SUMIF (CritCriteria_range1, Criteria1, Sum_range)，如图 3–15 所示。SUMIF 和 SUMIFS 都能实现单条件求和。

G3 =SUMIFS(D2:D6,C2:C6,F3)

	A	B	C	D	E	F	G	H
1	编号	姓名	组别	业绩		公式	SUMIFS	SUMIF
2	7001	张震	1组	12000		组别	业绩	业绩
3	7006	王明	1组	5000		1组	17000	17000
4	7008	谢文	2组	6000		G3处公式=SUMIFS(D2:D6,C2:C6,F3)		
5	7017	张亮	2组	8000		H3处公式=SUMIF(C2:C6,F3,D2:D6)		
6	7018	王明	2组	9000				

图 3-15　SUMIFS 单条件求和

计算 1 组的业绩和，公式如下：

=SUMIFS（D2:D7，C2:C7，F3）

公式含义：

=SUMIFS（求和数据区域，条件区域，条件）

公式解析：

=SUMIFS（求和区域业绩列，条件区域组别列，组别“1 组”所在单元格）

3. 多条件求和

多条件求和实例如图 3-16 所示。

H3 =SUMIFS(D2:D6,C2:C6,F3,B2:B6,G3)

	A	B	C	D	E	F	G	H
1	编号	姓名	组别	业绩		公式		
2	7001	张震	1组	12000		组别	姓名	业绩
3	7006	王明	1组	5000		1组	王明	5000
4	7008	谢文	2组	6000				
5	7017	张亮	2组	8000				
6	7018	王明	2组	9000				

图 3-16　SUMIFS 多条件求和

SUMIFS 多条件求和即是在单条件求和的公式基础上，后面添加条件 2 区域和条件 2 作为 SUMIFS 函数的第四个和第五个参数。计算 1 组的王明业绩和，公式如下：

=SUMIFS（D3:D7，C3:C7，F3，B3:B7，G3）

公式含义：

=SUMIFS（求和区域，条件 1 所在区域，条件 1，条件 2 所在区域，条件 2）

公式解析：

=SUMIFS（求和业绩列，条件 1“1 组”所在列组别，条件 1“1 组”所在单元格，条件 2 姓名“王明”所在列，条件 2 姓名“王明”所在单元格）

4. 模糊条件求和

有时在条件统计中的条件是模糊的，例如需要统计“张”姓的业绩和，这时就需要使用 Excel 中的通配符“*”，代表一串不限字符个数的字符串，例如“张 *”可以表示以“张”开头的一切字符串，例如“张麻子”“张图表”“张 Excel”等，我们要统计“张”姓的业绩和就可以使用“张 *”作为 SUMIFS 的条件，如图 3-17 所示。

F3　=SUMIFS(D2:D6,B2:B6,"张*")

	A	B	C	D	E	F
1	编号	姓名	组别	业绩		公式
2	7001	张震	1组	12000		业绩
3	7006	王明	1组	5000		20000
4	7008	谢文	2组	6000		
5	7017	张亮	2组	8000		
6	7018	王明	2组	9000		

图 3-17　SUMIFS 模糊条件求和

计算姓张的员工的业绩和，公式如下：

=SUMIFS（D2:D6，B2:B6，" 张 *"）

公式含义：

=SUMIFS（求和列，条件区域，条件字符串 +"*"）

公式解析：

=SUMIFS（求和区域业绩列 D2:D6，条件区域姓名列 B2:B6，要匹配姓张的员工使用 " 张 *" 字符串）

COUNTIFS、VLOOKUP 等函数也可以将通配符“*”和字符串组合结果作为参数实现模糊匹配。

5. 范围条件求和

在 COUNTIFS 和 SUMIFS 等函数中也可以将大于等于号输入至参数

作为判断条件，如图 3–18 所示，通过 SUMIFS 计算业绩大于等于 9000 的业绩和。

F3 =SUMIFS(D2:D6,D2:D6,">=9000")

	A	B	C	D	E	F	G
1	编号	姓名	组别	业绩		公式	
2	7001	张震	1组	12000		业绩	
3	7006	王明	1组	5000		21000	
4	7008	谢文	2组	6000			
5	7017	张亮	2组	8000			
6	7018	王明	2组	9000			

图 3–18　SUMIFS 多条件求和

统计业绩列中业绩大于等于 9000 的业绩和，公式如下：

=SUMIFS（D3:D7，D3:D7，">=9000"）

公式含义：

=SUMIFS（求和列，条件所在区域，“比较运算符 + 数值”）

公式解析：

=SUMIFS（统计求和业绩列 D2:D6，条件区域业绩列 D2:D6，判断条件是大于等于 9000）

3.2.2 统计函数

3.2.2.1 COUNT 函数

使用 COUNT 函数可以获取某单元格区域或数字数组中数字字段的输入项的个数。其语法结构为 COUNT（value1，[value2]，...），其中的 value1 为必需参数，value2 为可选参数。例如，在“员工奖金表”工作表中使用 COUNT 函数统计获得奖金的人数。具体操作方法如下。

（1）单击 A20，并输入“有奖金的人数：”文本。

（2）选择 B20 单元格，输入公式“COUNT（C2:C17）”，按 [Enter] 键计算出获得奖金的人数，结果如图 3–19 所示。

B18　=COUNT(C2:C16)

	A	B	C
1	员工编号	所在部门	奖金数目/元
2	1001	行政部	300
3	1002	财务部	200
4	1003	财务部	400
5	1004	人事部	150
6	1005	行政部	350
7	1006	人事部	没有奖金
8	1007	行政部	400
9	1008	人事部	没有奖金
10	1009	财务部	200
11	1010	人事部	550
12	1011	人事部	400
13	1012	行政部	300
14	1013	财务部	200
15	1014	人事部	没有奖金
16	1015	人事部	100
17			
18	有奖金的人数：	12	

图 3-19　COUNT 函数的使用实例

3.2.2.2 COUNTA 函数

用 COUNTA 函数可以获取某单元格区域内非空单元格的个数。注意：非空单元格还包括内容为返回值为空值的公式或错误值的单元格，其语法结构为 COUNTA(value1,[value2],…),其中的 value1 为必需参数，value2 为可选参数。

图 3-20 所示的单元格区域内有一些内容，统计单元格区域内非空单元格的个数。

B6　=COUNTA(B1:B5)

	A	B	C	D	E
1		111			
2					
3					
4		#DIV/0!			
5		非空			
6		4			

图 3-20　COUNTA 函数的使用实例

B1 单元格内为普通数字；B2 单元格为空单元格；B3 单元格内为公式，但是返回的结果为空；B4 和 B5 两个单元格中则分别是错误值和文本。使用 COUNTA 函数来统计一下非空单元格个数，公式为 =COUNTA（B1:B5）。结果是 4 个，除了空单元格外，所有有内容的单元格都被统计进去了。另外，公式里面也可以带多个参数，最多 255 个。例如，统计两个不连续区域里面的非空单元格个数，公式为"=COUNTA（B1:B5，F1:F4）"，返回的结果是总的非空单元格个数。

3.2.2.3 COUNTBLANK 函数

COUNTBLANK 函数用来计算指定单元格区域中空单元格的个数。其语法结构为 COUNTBLANK（range），使用 COUNTBLANK 函数可以快速找到总的空缺数量。

需要计算图 3-21 所示的成绩表中缺考的人次，可以搜索在 E2:G7 单元格区域里一共有多少个空单元格，使用 COUNTBLANK 函数后可以发现一共有 2 个空单元格。插入公式"=COUNTBLANK（E2:G7）"，计算出实际空白单元格数为 2，即缺考的人次为 2。

D9 =COUNTBLANK(E2:G7)

	A	B	C	D	E	F	G
1	班级	姓名	性别	出生日期	自动化原理	线性代数	大学英语
2	电气02	蓝天	男	3/7/2003	87	94	86
3	电气03	李梅	女	5/6/2003	76	90	80
4	电气01	林家仪	女	5/4/2003		65	87
5	电气02	刘丽丽	女	18/10/2003	67	78	90
6	电气01	熊建国	男	12/9/2002	67	70	
7	电气01	章乐	男	23/12/2002	89	93	93
8							
9	缺考人次：			2			

图 3-21 COUNTBLANK 函数的使用实例

3.2.2.4 COUNTIF 函数

COUNTIF 函数用于对单元格区域中满足单个指定条件的单元格进行计数，其语法结构为 COUNTIF（range，criteria），其中的 criteria 参数表示统计的条件，可以是数字、表达式、单元格引用或文本字符串。

COUNTIFS 的用法和功能与 COUNTIF 一样，但 COUNTIF 只适用于单一条件，而 COUNTIFS 可以实现多条件计数，所以需要进行条件计数时可以直接使用 COUNTIFS，且有时需要将单条件计数改为多条件计数，使用 COUNTIFS 也方便维护。

1. 参数说明

COUNTIFS 可以有多个参数，取决于计数条件的个数，一个条件需要两个参数，两个条件需要四个参数，依此类推，即每添加一个条件就需要指定条件区域和条件值，增加两个参数。

以基于两个条件统计计数为例，COUNTIFS 需要四个参数，第一个参数为条件 1 所在数据区域，第二个参数为条件 1，第三个参数为条件 2 所在数据区域，第四个参数为条件 2，如图 3-22 所示。

H3　=COUNTIFS(C3:C7,F3,B3:B7,G3)

	A	B	C	D	E	F	G	H
1	数据源						公式	
2	编号	姓名	组别	业绩		组别	姓名	人数
3	7001	张震	1组	12000		1组	王明	1
4	7006	王明	1组	5000				
5	7008	谢文	2组	6000				
6	7017	张亮	2组	8000				
7	7018	王明	2组	9000				

图 3-22　COUNTIFS 参数

COUNTIFS 的参数具体说明见表 3-3 所列。

表 3-3　COUNTIFS 参数说明 COUNTIFS (criteria_range1，criteria1，[criteria_range2，criteria2]…)

参数	说明	参数类型
criteria_range1	条件值所在数据区域	单元格区域引用、数组
criteria1	条件值	单元格引用、数字、文本、嵌套公式
criteria_rangeN	可选，2 ≤ N ≤ 127，用法同 Criteria_range1	
criteriaN	可选，2 ≤ N ≤ 127，用法同 Criteria1	

【注意】在多条件计数时，条件区域的大小须一致。例如，条件区域 1 是 “C3:C7”，而条件区域 2 是 “B2:B8”，公式就会返回错误值 “#VALUE”，将条件区域 2 改为 “B3:B7” 就是正确的。

2. 单条件计数

对于单条件计数情况，使用 COUNTIFS 和 COUNTIF 都能实现需求，如图 3–23 所示，两者都可计算 1 组的人数。

H3 =COUNTIF(C3:C7,F3)

	A	B	C	D	E	F	G	H
1	数据源					公式		
2	编号	姓名	组别	业绩		组别	人数	人数
3	7001	张震	1组	12000		1组	2	2
4	7006	王明	1组	5000		G3处公式=COUNTIFS(C3:C7,F3)		
5	7008	谢文	2组	6000		H3处公式=COUNTIF(C3:C7,F3)		
6	7017	张亮	2组	8000				
7	7018	王明	2组	9000				

图 3–23 COUNTIFS 单条件计数

计算 1 组有多少个员工，公式如下：

=COUNTIFS（C3:C7，F3）

公式含义：

=COUNTIFS（条件所在区域，条件）

公式解析：

=COUNTIFS（条件“1 组”所在数据区域，条件“1 组”所在单元格）

例 3–4 某公司决定在妇女节当天为公司女员工派发一些小礼物，要求财务根据员工档案表统计该公司的女员工人数。

操作步骤如下。

（1）在 A19 单元格中输入“女员工人数：”文本。

（2）在 B19 单元格中输入公式“=COUNTIF（C3:C18，“女”）”，按【Enter】键，Excel 会自动统计 C3:C18 单元格区域中所有符合条件的数据个数，并将最后结果显示出来，如图 3–24 所示。

B19 =COUNTIF(C3:C18,"女")

	A	B	C	D	E	F	G	H
1					员工信息表			
2	编号	姓名	性别	出生年月	学历	职称	联系地址	联系电话
3	AS0001	左代	男	################	大学	高级	吉林长春	1339***2
4	AS0002	王进	女	################	大学	中级	新疆库尔勒	1349***3
5	AS0003	杨柳书	女	################	大学	高级	上海南京路	1339***4
6	AS0004	任小义	女	################	大学	高级	上海南京路	1329***5
7	AS0005	刘诗琦	男	################	大学	高级	上海南京路	1399***6
8	AS0006	袁中星	男	################	大学	高级	上海南京路	1339***7
9	AS0007	邢小勤	男	################	大专	初级	上海南京路	1379***8
10	AS0008	代敏浩	男	################	大专	初级	北京人民路	1389***9
11	AS0009	陈晓龙	男	################	研究生	高级	重庆解放碑	1369***10
12	AS0010	杜春梅	女	################	研究生	高级	江苏无锡	1339***11
13	AS0011	董弦韵	男	################	研究生	高级	浙江京华	1359***12
14	AS0012	白丽	女	################	研究生	高级	厦门	1339***13
15	AS0013	陈娟	女	################	大学	中级	暂无	1339***14
16	AS0014	杨丽	女	################	大学	中级	暂无	1339***15
17	AS0015	邓华	男	################	大学	中级	四川西昌	1319***16
18	AS0016	陈玲玉	女	################	大学	中级	重庆朝天门	1339***17
19	女员工人数：	8						
20								

图 3-24　COUNTIF 函数的使用实例

3. 多条件计数

多条件计数实例如图 3-25 所示。

计算 1 组中叫王明的人数，公式如下：

=COUNTIFS（C3:C7，F3，B3:B7，G3）

公式含义：

=COUNTIFS（条件 1 所在区域，条件 1，条件 2 所在区域，条件 2）

公式解析：

=COUNTIFS（条件 1“1 组”所在区域 C3:C7，条件 1“1 组”所在单元格 F3，条件 2“王明”所在区域 B3:B7，条件 2“王明”所在单元格 G3）

H3 =COUNTIFS(C3:C7,F3,B3:B7,G3)

	A	B	C	D	E	F	G	H
1	数据源					公式		
2	编号	姓名	组别	业绩		组别	姓名	人数
3	7001	张震	1组	12000		1组	王明	1
4	7006	王明	1组	5000				
5	7008	谢文	2组	6000				
6	7017	张亮	2组	8000				
7	7018	王明	2组	9000				

图 3-25　COUNTIFS 多条件计数

4. 判断唯一

如何进行数据去重是处理数据过程中经常遇到的问题，Excel 中有很多判断方法实现，COUNTIFS 函数法就是其中之一。COUNTIFS 的功能是条件计数，要判断某列数据是否唯一，只要以数据列作为条件区域，以数据列的每个单元格作为条件，计数大于 1 的单元格就是重复的。筛选计数为 1 的会把重复的数据全部漏掉，而数据去重需要将重复数据也保留一条。那么我们就可以在条件计数的基础上将公式功能改为计算累计条件计数，统计单元格值第几次在数据列中出现。这就需要借助单元格绝对引用的方式，在 COUNTIFS 第一个参数数据列第一个单元格地址的行号前加上绝对引用，将行号锁住，这样随着公式向下拖动，统计范围越来越大，进而实现累计条件计数，如图 3-26 所示。

	A	B	C	D	E	F	G	H
1	编号	姓名	组别	业绩	判断		公式	
2	7001	张震	1组	12000	1		=COUNTIFS($B1:B2,B2)	
3	7006	王明	1组	5000	1		=COUNTIFS($B1:B3,B3)	
4	7008	谢文	2组	6000	1		=COUNTIFS($B1:B4,B4)	
5	7017	张亮	2组	8000	1		=COUNTIFS($B1:B5,B5)	
6	7018	王明	2组	9000	2		=COUNTIFS($B1:B6,B6)	

图 3-26 COUNTIFS 判断唯一

计算每个人姓名在姓名列第几次出现（筛选判断列数值等于 1 为唯一值），公式如下：

=COUNTIFS (B$1:B2, B2)

公式含义：

=COUNTIFS（包含条件值范围逐渐增大的条件区域，条件所在单元格地址）

公式解析：

=COUNTIFS（在开始坐标行号前添加绝对引用实现随着公式向下拖动条件区域逐渐增加，姓名列从第一行单元格开始作为条件）

在条件区域的开始坐标添加绝对引用，公式向下拖动时只有结束坐标逐渐变大，这就实现了累计计数的效果。如图 3-26 所示，姓名是王明的员工在第一个判断单元格中（F3）统计范围是 B1:B3，计数出现一次，到最后的判断单元格（F6）统计范围变成 B1:B6，符合条件的姓名就是 2 次，此时过滤判断结果为 1 的数据即为非重复的数据。

5. 排名和分组排名

排名是数据统计过程中经常遇到的问题，有时还需要分组排名，例如，每月按照销售组对员工的业绩进行排名，Excel 中的 COUNTIFS 可以实现分组排名。首先我们分析一下排名究竟是什么，如果一个销售组有三个员工，排名第一的员工，业绩一定大于其他两个员工，也就是自己的业绩大于等于最大的业绩，计数为 1。对于最后一名，三个员工业绩都大于自己的业绩，计数为 3。这样，通过 COUNTIFS 统计到的计数值就可以作为排名，如图 3–27 所示。

H9

	A	B	C	D	E	F–G
1	编号	姓名	组别	业绩	排名	公式
2	7001	张震	1组	12000	1	=COUNTIFS($D$2:$D$6,">="&D2)
3	7006	王明	1组	5000	5	=COUNTIFS($D$2:$D$6,">="&D3)
4	7008	谢文	2组	6000	4	=COUNTIFS($D$2:$D$6,">="&D4)
5	7017	张亮	2组	8000	3	=COUNTIFS($D$2:$D$6,">="&D5)
6	7018	王明	2组	9000	2	=COUNTIFS($D$2:$D$6,">="&D6)

图 3–27　COUNTIFS 实现排名

统计业绩列内业绩排名，公式如下：

=COUNTIFS（$D$2:$D$6, ">="&D2）

公式含义：

=COUNTIFS（条件区域需要添加绝对引用，使用“&”字符串拼接符将”>=”和条件所在单元格地址拼接作为条件）

公式解析：

=COUNTIFS（条件业绩所在数据区域 $D$2:$D$6，使用 & 将“>=”与业绩单元格拼接作为条件）

COUNTIFS 第二个参数可以用公式作为参数输入，所以可以使用“&”将大于等于号与单元格地址拼接起来作为计数条件之一。

COUNTIFS 是多条件计数，那么可以增加一个条件，实现每个组别内排名，如图 3–28 所示。

	A	B	C	D	E	F–H
1	编号	姓名	组别	业绩	分组排名	公式
2	7001	张震	1组	12000	1	=COUNTIFS($C$2:$C$6,C5,$D$2:$D$6,">="&D2)
3	7006	王明	1组	5000	2	=COUNTIFS($C$2:$C$6,C5,$D$2:$D$6,">="&D3)
4	7008	谢文	2组	6000	3	=COUNTIFS($C$2:$C$6,C5,$D$2:$D$6,">="&D4)
5	7017	张亮	2组	8000	2	=COUNTIFS($C$2:$C$6,C5,$D$2:$D$6,">="&D5)
6	7018	王明	2组	9000	1	=COUNTIFS($C$2:$C$6,C6,$D$2:$D$6,">="&D6)

图 3–28　COUNTIFS 实现分组排名

计算每个人业绩在组内的排名，公式如下：

=COUNTIFS（$C$2:$C$6，C2，$D$2:$D$6，">=" &D6）

公式含义：

=COUNTIFS（条件 1 所在区域添加绝对引用，条件 1，条件 2 所在区域添加绝对引用，条件 2）

公式解析：

=COUNTIFS（条件 1 组别所在数据区域 $C$2:$C$6 需要添加绝对引用，条件 1 组别所在单元格，条件 2 业绩列 $D$2:$D$6 需要添加绝对引用，使用"&"字符串拼接符将">="和条件 2 所在单元格地址拼接作为条件）

3.2.2.5 RANK 函数

在对 Excel 的实际应用中，用户往往需要对现有的数据进行比较，生成新的排名数据。RANK 函数可以通过对某区域的数据内容进行比较，生成新的排名。RANK 函数的语法结构为 RANK（number，ref，[order]），其中，number 表示需要进行排名的数值 / 引用单元格中的值；ref 表示需要排名的数据区域；order 表示排序的方式，如果为 0 则为降序排名，如果为 1 则为升序排名。

对学生的期末考试成绩进行降序排名，可运用 RANK 函数、绝对引用，实现成绩的排序，如图 3-29 所示。

F2　=RANK(E2,$E$2:$E$7,0)

	A	B	C	D	E	F
1	班级	姓名	性别	出生日期	自动化原理	成绩排名
2	电气02	蓝天	男	3/7/2003	87	4
3	电气03	李梅	女	5/6/2003	76	5
4	电气01	林家仪	女	5/4/2003	98	1
5	电气02	刘丽丽	女	18/10/2003	67	
6	电气01	熊建国	男	12/9/2002	90	
7	电气01	章乐	男	23/12/2002	89	

图 3-29　RANK 函数的使用实例

3.2.3 IF 函数

IF 是判断函数，作用是判断是否满足给定条件，如果满足（条件为真）

返回一个值,不满足(条件为假)返回另一个值。例如,IF (1=1, A, B)返回 A, IF (1=2, A, B)返回 B。

1. 参数说明

IF (判断公式是不是对的,是对的要返回的值,是错的要返回的值)

IF 函数有三个参数,都是必填项,第一个参数是一个逻辑值,判断对错,如果对,函数返回第二个参数,如果错,函数返回第三个参数,如图 3-30 所示。

D2　=IF(C2>=18,"成年","未成年")

	A	B	C	D	E	F
1	编号	姓名	年龄	是否成年		
2	7001	张震	25	成年		
3	7006	王明	26	成年		
4	7008	谢文	32	成年		
5	7017	张亮	27	成年		
6	7018	王明	47	成年		
7	7020	周泉	17	未成年		

图 3-30　IF 函数参数

IF 函数的参数说明见表 3-4 所列。

表 3-4　IF 函数的参数说明 IF (logical_test, value_if_true, value_if_false)

参数名称	说明	参数类型
logical_test	条件判断	逻辑值、单元格引用
value_if_true	条件成立返回值	单元格引用、数字、文本、嵌套公式
value_if_false	条件不成立返回值	单元格引用、数字、文本、嵌套公式

2. 判断

IF 是 EXCEL 中使用频率最多的函数之一,最基础的方式就是通过判断一个条件的真假返回结果值,如图 3-31 所示。

L9 fx

	A	B	C	D	E	F	G
1	编号	姓名	年龄	是否成年	公式		
2	7001	张震	25	成年	=IF(C2>=18,"成年","未成年")		
3	7006	王明	26	成年	=IF(C3>=18,"成年","未成年")		
4	7008	谢文	32	成年	=IF(C4>=18,"成年","未成年")		
5	7017	张亮	27	成年	=IF(C5>=18,"成年","未成年")		
6	7018	王明	47	成年	=IF(C6>=18,"成年","未成年")		
7	7020	周泉	17	未成年	=IF(C7>=18,"成年","未成年")		

图 3-31 IF 函数

判断根据年龄判断是否成年,公式如下:

=IF (C2>=18, " 成年 ", " 未成年 ")

公式含义:

=IF (判断条件,参数 1 成立返回值,参数 1 不成立返回值)

公式解析:

=IF (判断年龄所在单元格 C2 是否大于 18,如果年龄大于等于 18 返回“成年”,如果年龄不大于等于 18 返回“未成年”)

3. 嵌套判断

IF 函数还通过公式嵌套的方式(以一个包含 IF 函数的公式作为参数)实现更为复杂的功能,如图 3-32 所示。根据年龄判断年龄范围,公式如下:

=IF (C2<=20, "<=20", IF (C2<=30, "21-30", ">30"))

公式含义:

=IF (判断条件 1,条件 1 成立返回值, IF (判断条件 2,条件 2 成立返回值,条件 2 不成立返回值))

公式解析:

=IF (判断年龄是否小于等于 20,如果年龄小于等于 20 公式返回“<=20”,(判断年龄是否小于等于 30,如果年龄小于等于 30 公式返回“21-30”,如果年龄不小于等于 30 公式返回“>30”))

D2 | =IF(C2<=20,"<=20",IF(C2<=30,"21-30",">30"))

	A	B	C	D	E	F	G
1	编号	姓名	年龄	是否成年			
2	7001	张震	25	21-30			
3	7006	王明	26	21-30			
4	7008	谢文	32	>30			
5	7017	张亮	27	21-30			
6	7018	王明	47	>30			
7	7020	周泉	17	<=20			

图 3-32　IF 函数嵌套判断

例如，在“员工出勤统计表”工作表中根据各员工的出勤情况，使用 IF 函数计算应扣工资，其中，病假扣除 20 元，事假扣 40 元，婚假产假不扣工资，具体操作步骤如下。

选中 E3 单元格，输入公式“=IF（F3="病假",20,40）”，按 [Enter] 键计算出该员工需要扣除的工资，如图 3-33 所示。

G3 | =IF(F3="病假",20,40)

	A	B	C	D	E	F	G
1	员工出勤统计表						
2	员工编号	员工姓名	员工工资	所在部门	请假日期	请假类别	应扣工资/元
3	1001	江雨薇	¥3,000	人事部	2022/9/2	病假	20
4	1012	乔小麦	¥3,000	财务部	2022/9/2	事假	
5	1006	尹南	¥2,000	业务部	2022/9/2	婚假	
6	1008	柳小林	¥3,000	人事部	2022/9/2	事假	
7	1012	乔小麦	¥3,000	财务部	2022/9/4	事假	
8	1010	沈沉	¥3,000	行政部	2022/9/4	病假	
9	1006	尹南	¥2,000	业务部	2022/9/4	病假	
10	1004	陈露	¥3,000	业务部	2022/9/4	事假	
11	1009	杨清清	¥2,500	行政部	2022/9/4	病假	
12	1002	郝思嘉	¥3,000	营销部	2022/9/4	病假	
13	1008	柳小林	¥3,000	人事部	2022/9/15	事假	
14	1006	尹南	¥2,000	业务部	2022/9/15	事假	
15	1007	林晓彤	¥2,500	财务部	2022/9/15	事假	
16	1011	曾云儿	¥2,000	行政部	2022/9/16	婚假	
17	1010	沈沉	¥3,000	行政部	2022/9/16	病假	
18	1004	陈露	¥3,000	业务部	2022/9/16	事假	
19	1006	尹南	¥2,000	业务部	2022/9/30	事假	
20	1009	杨清清	¥2,500	行政部	2022/9/30	病假	
21	1002	郝思嘉	¥3,000	营销部	2022/9/30	病假	
22	1003	薛婧	¥2,500	业务部	2022/9/30	产假	

图 3-33　IF 函数的使用实例（1）

②拖动控制柄复制公式到 E4:E13 单元格区域，计算出其他员工需要扣除的工资。

例 3-5 请根据学生成绩表判断学生成绩等级，并转换成相应的绩点成绩。

①计算成绩等级。

在 G2 单元格中插入公式“=IF（E2>=90, "A", IF（E2>=80, "B", IF（E2>=70, "C", IF（E2>=60, "D", "E""））））”，即可计算出相应的成绩等级，再用填充方式填充公式计算出的所有成绩等级，结果如图 3-34 所示。

D2 =IF(C2>=90,"A",IF(C2>=80,"B",IF(C2>=70,"C",IF(C2>=60,"D","E""")))

	A	B	C	D	E	F	G	H	I
1	编号	姓名	网络维护	成绩等级					
2	1001	江雨薇	86	B					
3	1002	郝思嘉	84	B					
4	1003	林晓彤	89	B					
5	1004	曾云儿	92	A					
6	1005	邱月清	86	B					
7	1006	沈沉	80	B					
8	1007	蔡小蓓	90	A					
9	1008	尹南	69	D					
10	1009	陈小旭	84	B					
11	1010	薛婧	85	B					
12	1011	萧煜	70	C					

图 3-34 IF 函数多层嵌套判断成绩等级

②计算绩点成绩。

在 H2 单元格中插式“=IF（E2>=90, 4, IF（E2>=80, 3, IF（E2>=70, 2, IF（E2>=60, 1, 0））））”，即可得出绩点成绩，再用填充方式填充公式计算出的所有绩点成绩，结果如图 3-35 所示。

E2 =IF(C2>=90,4,IF(C2>=80,3,IF(C2>=70,2,IF(C2>=60,1,0))))

	A	B	C	D	E	F	G	H
1	编号	姓名	网络维护	成绩等级	绩点			
2	1001	江雨薇	86	B	3			
3	1002	郝思嘉	84	B	3			
4	1003	林晓彤	89	B	3			
5	1004	曾云儿	92	A	4			
6	1005	邱月清	86	B	3			
7	1006	沈沉	80	B	3			
8	1007	蔡小蓓	90	A	4			
9	1008	尹南	69	D	1			
10	1009	陈小旭	84	B	3			
11	1010	薛婧	85	B	3			
12	1011	萧煜	70	C	2			

图 3-35 IF 函数多层嵌套计算绩点成绩

3.2.4 文本函数

文本类型是 Excel 中最为常见的数据类型，同时文本类型的数据内容组成相对复杂，因此 Excel 中有很多用于处理文本字符串的函数，这类函数一般被称为文本函数。

处理文本字符串的需求有很多，如合并、拆分、大小写转换等。在对数据处理和分析过程中最常见的是对字符串进行拆分或截取，方便进一步分析。例如，将详细地址信息拆分为省市区三列数据，或是通过人员的身份证号获取户籍地区、出生日期以及性别等信息，这就需要使用字符串提取函数。

3.2.4.1 LEFT 函数

作用：用于从一个文本字符串中从左向右提取指定个数的字符。

语法结构：LEFT（text，num_chars）。

参数说明：text 代表文本字符串；num_chars 指从左开始往右数要截取几个字符，如截取 2 个字符、3 个字符等。

例如，将表格中学生的身份证号码中的省份信息提取出来。

操作：在 B2 单元格中输入公式"=LEFT（A2,2）"，按 Enter 键，即可提取出最左边的两位数字，这两个数字是 21，代表"辽宁省"，如图 3-36 所示。

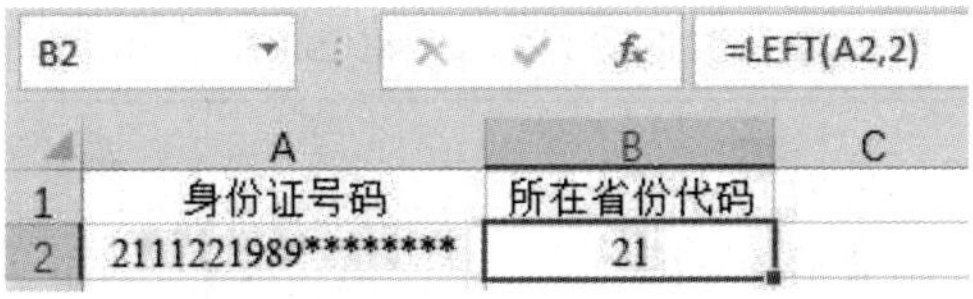

B2　=LEFT(A2,2)

	A	B	C
1	身份证号码	所在省份代码	
2	2111221989********	21	

图 3-36　LEFT 函数的使用实例

3.2.4.2 RIGHT 函数

作用：从文本字符串右端开始，从右往左截取指定个数的字符。

语法结构：RIGHT（text，num_chars）。

参数说明：text 代表文本字符串；num_chars 指从右开始往左数要截取几个字符，如截取 2 个字符、3 个字符等。

例如，现有客户信息，需要从中提取出邮编信息。

操作：在相应的单元格（B3）中输入公式“=RIGHT（A3,6）”，按【Enter】键，即可获得该客户信息中的邮编信息，如图 3-37 所示。

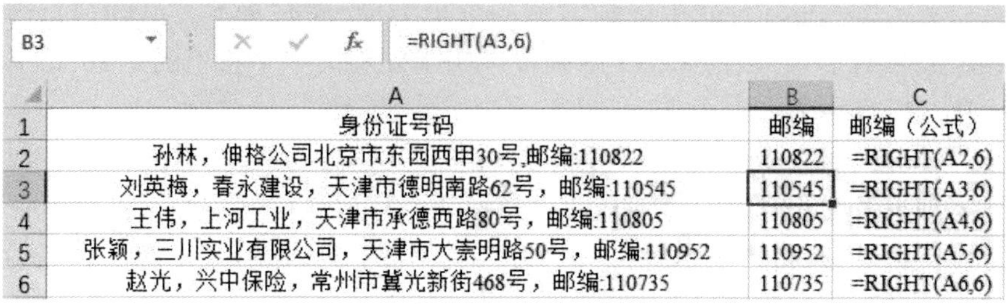

B3 =RIGHT(A3,6)

	A	B	C
1	身份证号码	邮编	邮编（公式）
2	孙林，伸格公司北京市东园西甲30号,邮编:110822	110822	=RIGHT(A2,6)
3	刘英梅，春永建设，天津市德明南路62号，邮编:110545	110545	=RIGHT(A3,6)
4	王伟，上河工业，天津市承德西路80号，邮编:110805	110805	=RIGHT(A4,6)
5	张颖，三川实业有限公司，天津市大崇明路50号，邮编:110952	110952	=RIGHT(A5,6)
6	赵光，兴中保险，常州市冀光新街468号，邮编:110735	110735	=RIGHT(A6,6)

图 3-37 RIGHT 函数的使用实例

3.2.4.3 MID 函数

提取文本信息时需要从指定位置提取，而 LEFT 函数和 RIGHT 函数都是从左侧或右侧第一个字符开始提取，这时候就需要用到 MID 函数，MID 函数作用是从一个字符串中指定位置提取指定个字符。

MID 函数有三个参数，比 LEFT 函数和 RIGHT 函数多一个参数用于指定提取开始位置，详见表 3-5 所列。第一个参数是指定要提取的文本字符串，第二个参数为提取开始位置，如果设置 1，则与 LEFT 函数作用一样，第三个参数用于指定提取字符串的长度，例如公式“=MID(‘张震’,2,1)”返回“震”，如图 3-38 所示。

表 3-5 MID 函数参数说明 MID（text，start_num，num_chars）

参数名称	说明	参数类型
text	要提取的字符串	文本字符串、单元格引用
start_num	左起第几位开始截取，>=1	正整除常量、单元格引用
num_chars	指定要提取的字符数	正整除常量、单元格引用

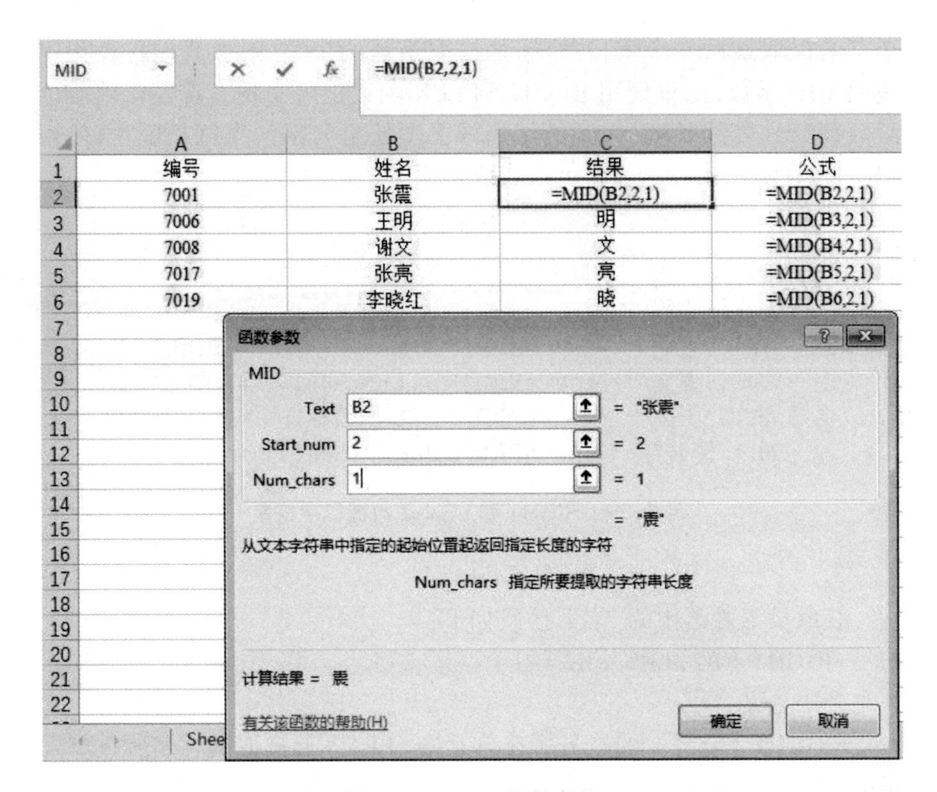

图 3–38　MID 函数参数

获取员工姓名中间名，公式如下：

=MID（B6，2，1）

公式含义：

=MID（要提取的字符串所在单元格，从第几位开始提取，提取字符数）

公式解析：

=MID（提取姓名“张黄河”所在单元格 B6，从第 2 位开始提取，提取 1 个字符数）

3.2.4.4 LEN 函数

LEN 函数的功能是计算文本字符串的字符数。LEN 函数只有一个参数，参数类型可以是常量、名称、单元格引用以及公式，语法为 LEN(text)。例如，公式“=LEN（‘张黄河’）”返回“3”。

LEN 函数可与字符串提取函数组合使用，用于提取一列数据中字符长度不一致的数据。如图 3–39 所示，需要截取员工的名字，即姓名是两个字的提取最后一个字,三个字的提取最后两个字,对此我们首先想到使用 MID 函数,这里使用 RIGHT 和 LEN 函数也可实现。首先使用 LEN 函数判断姓名的长度,得到的结果减去 1 就是名字的字符长度,再使用 RIGHT 函数或 MID 函数就可以获取名字了。

	A	B	C	D	E
1	编号	姓名	结果	RIGHT	MID
2	7001	张震	震	=RIGHT(B2,LEN(B2)-1)	=MID(B2,2,2)
3	7006	王明	明	=RIGHT(B3,LEN(B3)-1)	=MID(B3,2,2)
4	7008	谢文	文	=RIGHT(B4,LEN(B4)-1)	=MID(B4,2,2)
5	7017	张亮	亮	=RIGHT(B5,LEN(B5)-1)	=MID(B5,2,2)
6	7019	李晓红	晓红	=RIGHT(B6,LEN(B6)-1)	=MID(B6,2,2)

图 3-39 RIGHT 和 LEN 函数提取字符串

获取员工姓名中的“名”,公式如下:

=RIGHT(B2,LEN(B2)-1)

公式含义:

=RIGHT(要提取的姓名所在单元格,LEN(要提取的姓名所在单元格)-1)

公式解析:

=MID(提取姓名“张黄河”所在单元格 B6,使用 LEN 函数获取的姓名长度减 1 得到名的长度)

该公式作用等同于公式“=MID(B2,2,2)”。使用 MID 函数和 RIGHT 函数并未考虑复姓的情形,如果有复姓需要使用 IF 函数对几种情况进行判断。

由于 LEN 函数也能统计到空格,所以 LEN 函数还可以用于检查字符串中是否存在空格,如图 3-40 所示,姓名列中“王明”和“张震”单元格中分别在前后有一个空格,如果使用带空格数据统计就可能会出现问题,但是只通过观察很难判断,这时就可以使用 LEN 函数来判断。公式“=LEN(B2)”返回值是 3,可以判定两个字的姓名左右两侧有一个空格。或者使用公式“=LEN(B2)-LEN(TRIM(B2))”,返回值大于 1 的都是两侧存在空格情况,其中 TRIM 函数功能是将字符串两侧的空格剔除。

	A	B	C	D	E	F
1	编号	姓名	结果	LEN公式	判断结果	判断公式
2	7001	张震	3	=LEN(B2)	1	=LEN(B2)-LEN(TRIM(B2))
3	7006	王明	3	=LEN(B3)	1	=LEN(B3)-LEN(TRIM(B3))
4	7008	谢文	2	=LEN(B4)	0	=LEN(B4)-LEN(TRIM(B4))
5	7017	张亮	2	=LEN(B5)	0	=LEN(B5)-LEN(TRIM(B5))
6	7019	李晓红	3	=LEN(B6)	0	=LEN(B6)-LEN(TRIM(B6))

图 3–40　LEN 函数统计空格

3.2.5 查找函数

3.2.5.1 LOOKUP 函数

在 Excel 表格的单行区域或单列区域中，如果要从向量中寻找一个值，可以使用 LOOKUP 函数。

函数的语法结构：

LOOKUP（lookup_value，lookup_vector，result_vector）

各个参数的含义如下。

lookup_value：函数在第一个向量中搜索的值。

lookup_vector：指定查找范围，只包含一行或一列区域。

result_vector：指定函数返回值的单元格区域，只包含一行或一列区域。

例如，使用 LOOKUP 函数根据员工姓名查找银行卡号。

分析：要在表格中查找李四的银行卡号，谢文则为需要搜索的第三个向量，并且需要在 B 列中查找此向量，所以 lookup_vector 的值为 B2:B6，通过相应的行标确定向量的位置，返回相应的单元格内容，故在单元格 B9 中输入相应的公式“=LOOKUP（A9，B2:B6，E2:E6）”，即可查找到谢文的银行卡号，如图 3–41 所示。

B9 =LOOKUP(A9,B2:B6,E2:E6)

	A	B	C	D	E
1	编号	姓名	基本工资/元	实发工资/元	银行卡号
2	7001	张震	2550	6600	*********1234567001
3	7006	王明	2450	8000	*********1234567006
4	7008	谢文	2550	7450	*********1234567008
5	7017	张亮	2250	6520	*********1234567017
6	7019	李晓红	2400	5500	*********1234567019
7					
8	姓名	银行卡号			
9	谢文	*********1234567008			

图 3-41　LOOKUP 函数的使用实例

3.2.5.2 VLOOKUP 函数

VLOOKUP 是使用 Excel 办公经常被使用的函数之一，其主要的功能是查询匹配，查找指定值同行不同列的另一个值。数据匹配是用户在办公中经常遇到的问题，人工匹配不但耗时长且准确性难以保证，这时就可以使用 VLOOKUP 函数按列查找的功能，函数返回该行所需查询列对应的值，并且复制公式可以实现批量查找，这种查找方式被称为 VLOOKUP 精确匹配。

可以将 VLOOKUP 函数的计算过程理解为查字典的过程，将查找一个词语的含义分成以下几步：明确要查找的词语（要查询什么数据）；在哪本字典中查找（查找数据的区域）；词语所在字典中的位置（要返回的数据在查找范围内的列数）；只要词语本身含义还是同时需要相近词语的含义。

1.VLOOKUP 参数说明

VLOOKUP 有四个参数，第一个参数是要查询数据的单元格地址，第二个参数是查找数据区域，第三个参数是数值变量，指定返回数据相对位置，第四个参数是一个逻辑值，指定匹配方式，如图 3-42 所示、见表 3-6 所列。

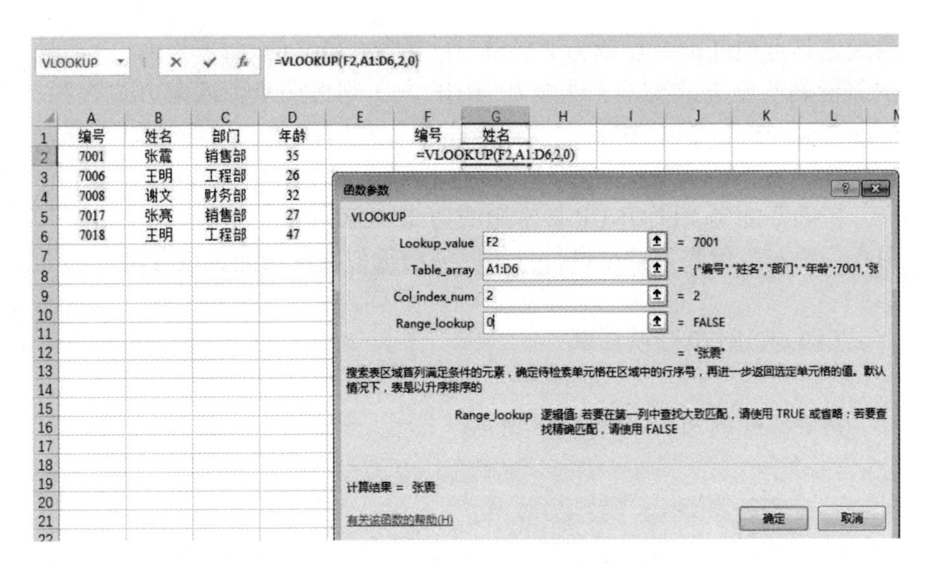

图 3–42　VLOOKUP 函数参数说明

表 3–6　VLOOKUP 函数参数说明

参数	说明	参数类型
lookup_value	要查找的值	单元格引用、数值、文本、嵌套公式
table_array	要查找的区域	数据区域、嵌套公式
col_index_num	返回数据位于查找区域的第几列	整数变量、嵌套公式
range_lookup	近似匹配 / 精确匹配	FALSE（0、空格或不填写内容但需逗号古位）或 TRUE（1 或不填写内容且无逗号占位）

VLOOKUP（lookup_value，table_array，col_index_num，range_lookup）

注意事项：

①在第二个参数 table_array 数据区域中，第一列的单元格内容需要包含第一个参数 lookup_value，否则会返回错误值“#N/A”。

②第三个参数 col_index_num 为 1 时返回第一列对应的数据，即返回查找值本身，这个功能可用于比较两列数据之间的数据差异。col_index_num 为 2 时返回第二列对应的值，依此类推。所以 col_index_num 必须大于等于 1，且小于等于 table_array 数据区域的最大列数，否则公式都会返回错误值。

③ range_lookup 需要设置一个逻辑值，指定 VLOOKUP 函数是精确

匹配还是近似匹配。设置为 FALSE、0、空格或者空值(需逗号占位)都是按照精确匹配方式查找;设置为 TRUE 或 1 则按照近似匹配方式查找。range_lookup 也可以省略(无需逗号占位),此时函数会按照近似匹配方式查找。

精确匹配是 VLOOKUP 最常用的功能,也就是我们常说的"V 一下",但在需要对数值类型数据进行分组时使用近似匹配功能也很方便。

2.VLOOKUP 精确匹配

精确匹配的例子如图 3-43 所示。

G2 =VLOOKUP(F2,A1:D6,2,0)

	A	B	C	D	E	F	G
1	编号	姓名	部门	年龄		编号	姓名
2	7001	张震	销售部	35		7001	张震
3	7006	王明	工程部	26			
4	7008	谢文	财务部	32			
5	7017	张亮	销售部	27			
6	7018	王明	工程部	47			

图 3-43 VLOOKUP 精确匹配

查找编号 8001 对应的姓名,公式如下:

=VLOOKUP(F3,A2:D7,2,0)

公式含义:

=VLOOKUP(要查找的值,查找区域,返回值在查找范围内的列数,精确匹配输入 0)

公式解析:

=VLOOKUP(编号 8001 所在单元格位置 F3,查询区域为 A2:D7,需要查询名字处于查找范围的第二列,精确匹配输入 0 或者 FALSE)

3.VLOOKUP 近似匹配

使用 Excel 对数据进行处理时有时需要对数值类型数据进行分段,例如,年龄分层,将年龄分为 0~17,18~59,60 以上三段。首先想到的是判断函数 IF,然而如果分段较多,IF 层层嵌套导致公式很长且不方便维护,这时就可以使用 VLOOKUP 的近似匹配功能。

近似匹配首先需要建立一个参考数据区域,如图 3-44 所示。参考数据区域需要两列数据,第一列是开始数值,即分段范围中的最小数值,例如“18–24”分段对应的开始数值为“18”，第二列数据即分段名称。

E2 =VLOOKUP(D2,$H$2:$I$7,2,1)

	A	B	C	D	E	F	G	H	I
1	编号	姓名	部门	年龄	年龄段			参考区域	
2	7001	张震	销售部	35	35-39			开始数值	年龄范围
3	7006	王明	工程部	26	25-29			18	18-24
4	7008	谢文	财务部	32	30-34			25	25-29
5	7017	张亮	销售部	27	25-29			30	30-34
6	7018	王明	工程部	47	>=40			35	35-39
7								40	>=40

图 3–44 VLOOKUP 近似匹配

年龄数据分段，公式如下：

=VLOOKUP（D7，$H$2:$I$7，2，1）

公式含义：

=VLOOKUP（要查找的值，参考区域，一般是 2，近似匹配设置为 1）

公式解析：

=VLOOKUP（左侧数据源区域中 46 所在单元格，参考区域 $G$2:$H$7 需要注意加上绝对引用，位于第 2 列，近似匹配填 1）

上述公式等同于使用 IF 函数公式：

=IF（D7<=24，"18–24"，IF（D7<=29，"25–29"，IF（D7<=34，"30–34"，IF（D7<=39，"35–39"，">=40"））））

4. 反向匹配

前面介绍过 VLOOKUP 函数第三个参数需大于等于 1，即从左向右查找。但有时需要从右向左查找，这时使用 IF 函数把数据源位置转换，以实现 VLOOKUP 的反向查找，如图 3–45 所示。

G3 =VLOOKUP(F3,IF({0,1},A2:A6,B2:B6),2,0)

	A	B	C	D	E	F	G
1	编号	姓名	部门	年龄		公式	
2	7001	张震	销售部	35		姓名	编号
3	7006	王明	工程部	26		张震	7001
4	7008	谢文	财务部	32			
5	7017	张亮	销售部	27			
6	7019	李晓红	财务部	24			

图 3–45 VLOOKUP 反向匹配

根据姓名张震查找对应的编号值，公式如下：

=VLOOKUP（F3，IF（{0，1}，A2:A6，B2:B6），2，0）

公式含义：

=VLOOKUP（要查找的值，IF（{0，1}，匹配结果值所在列，查找值所在列），固定值为 2，精确匹配设置 0）

公式解析：

=VLOOKUP（右侧查找值张震所在单元格 F3，IF（{0，1}，匹配结果值 7001 所在列，查找值张震所在列），固定值直接填 2，精确匹配直接填 0）

VLOOKUP 反向匹配与常规匹配的区别是，第二个参数需要借助 IF 函数把数据源倒置，且第三个函数必须是 2。IF 函数内第一个参数是 {1，0}，第二个参数是匹配结果值所在列，第三个参数是查找值所在列。

如果结果值处于查找值左侧，最简单的方式是将结果值所在列复制到查找值的右侧；或者在查找值右侧建立一个辅助列，输入公式等于结果值所在列。

5. 相邻列同时匹配

在匹配数据过程中，有时需要根据指定值同时匹配连续列的值，例如，根据编号查找对应的员工姓名、部门以及年龄。为了让公式可以提升工作效率，可以对公式稍加修改。先将姓名和部门的匹配公式写出来：

匹配姓名公式为 =VLOOKUP（F3，A3:D7，2，0）

匹配部门公式为 =VLOOKUP（F3，A3:D7，3，0）

对比两个公式，只有第三个参数是不同的，那么将第三个参数指定为一个动态变化的值就可以通过一个公式实现多值匹配，且姓名对应“2”，部门对应“3”，以此类推，公式越靠右值越大，那么可以使用 COLUMN 函数实现动态参数，如图 3-46 所示。COLUMN 函数的作用是返回某个单元格的对应的列数，它只需要一个单元格地址作为参数，返回这个单元格对应的列数，例如，公式“=COLUMN（D1）”返回结果为 4。

	B	C	D	E	F	G	H
1	姓名	部门	年龄		公式		
2	张震	销售部	35		编号	姓名	部门
3	王明	工程部	26		7001	张震	销售部
4	谢文	财务部	32		公式	=VLOOKUP($F3,$A$2:$D$6,COLUMN(B2),0)	=VLOOKUP($F3,$A$2:$D$6,COLUMN(C2),0)
5	张亮	销售部	27				
6	李晓红	财务部	24				

图 3-46　VLOOKUP 匹配多列

根据编号 7001 查找对应的姓名、部门、年龄，公式如下：

=VLOOKUP（$F3, $A$2:$D$6, COLUMN（B2）,0）

公式含义：

=VLOOKUP（要查找的值并在列标前添加绝对引用保证公式拖动时列标不变，添加绝对引用的数据区域，COLUMN（B2）返回值为 2 表示查找范围的第 2 列，精确匹配设置为 0）

公式解析：

=VLOOKUP（右侧查找值张震所在单元格 “F3” 并在列标前添加绝对引用，添加绝对引用的数据源区域 $A$2:$D$7，COLUMN 函数和参数 B2 表示从第二列开始查找，精确匹配直接填 0）

例如，查找每个学生的综合实践成绩对应的等级，在 C2 单元格中输入 “=VLOOKUP（C2, F:G,2,1）”，得到第一个学生的成绩等级，拖曳填充柄可获得所有同学的成绩等级，如图 3–47 所示。

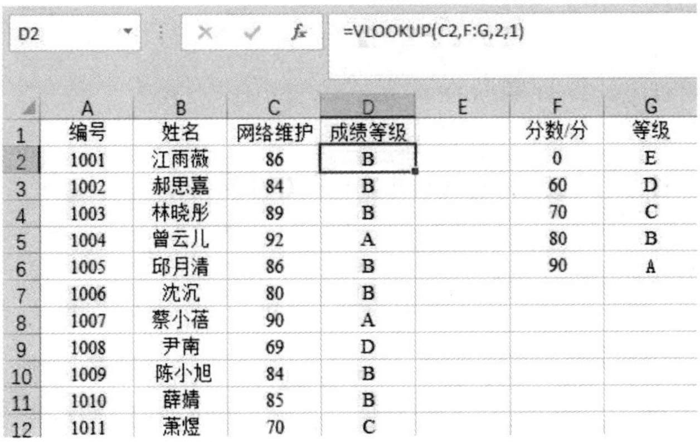

D2 =VLOOKUP(C2,F:G,2,1)

	A	B	C	D	E	F	G
1	编号	姓名	网络维护	成绩等级		分数/分	等级
2	1001	江雨薇	86	B		0	E
3	1002	郝思嘉	84	B		60	D
4	1003	林晓彤	89	B		70	C
5	1004	曾云儿	92	A		80	B
6	1005	邱月清	86	B		90	A
7	1006	沈沉	80	B			
8	1007	蔡小蓓	90	A			
9	1008	尹南	69	D			
10	1009	陈小旭	84	B			
11	1010	薛婧	85	B			
12	1011	萧煜	70	C			

图 3–47　VLOOKUP 函数的使用实例

3.2.6 日期函数

日期类型是 Excel 数据类型之一，日期函数是指那些用于处理日期类型数据的函数，如常用的获取年、月、日的 YEAR 函数、MONTH 函数、DAY 函数以及用于计算日期差的 DATEDIF 函数。

3.2.6.1 年、月、日函数

年、月、日函数都只有一个参数，参数可以是一个单元格位置或是直

接输入日期，函数返回对应的年、月、日。这里以月份函数——MONTH函数为例介绍函数用法，YEAR 函数和 DAY 函数的用法相同，如图 3-48所示。

F2 =YEAR(E2)

	A	B	C	D	E	F	G	H
1	编号	姓名	组别	业绩	统计时间	年	月	日
2	7001	张震	1组	12000	11月5日	2023	11	5
3	7006	王明	1组	5000	11月6日	2023	11	6
4	7008	谢文	2组	6000	11月10日	2023	11	10
5	7017	张亮	2组	8000	11月5日	2023	11	5
6	7018	王明	2组	9000	10月5日	2023	10	5
7					上一行的公式	=YEAR(D6)	=MONTH(D6)	=DAY(D6)

图 3-48 年月日函数

计算 D6 单元格内日期对应月份，公式如下：

=MONTH（D6）

公式含义：

=MONTH（计算日期所在单元格位置）

公式解析：

=MONTH（第 6 行数据统计时间所在的单元格）

3.2.6.2DATEDIF

DATEDIF 函数用于计算两个日期之间的相隔天数、月数或者年数。DATEDIF 函数一共需要三个参数，分别是一段时间周期的开始日期、结束日期，以及函数返回的时间类型的代码，如图 3-49 所示。

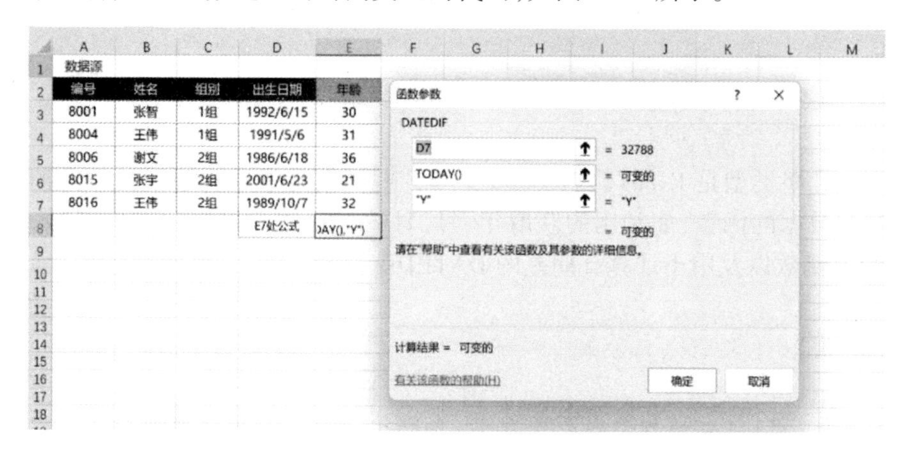

图 3-49 DATEDIF 参数

DATEDIF 函数的参数说明见表 3–7 所列。

表 3–7　DATEDIF 函数的参数说明 DATEDIF（Start_date，End_date，Unit）

参数名称	说明	参数类型
Start_date	起始日期(大于 1900 年)	日期、单元格引用
End_date	结束日期(大于 Start_date)	日期、单元格引用
Unit	时间单位代码: "Y"/"M"/"D"	固定字符

DATEDIF 函数的第三个参数是 Excel 规定的时间单位代码,通过时间单位代码字符串表示不同的计算时间间隔方式,如果输入其他字符,函数返回错误值 #NAME？。其中 "Y"/"M"/"D" 是最常使用的时间单位代码,三个代码对应不同的函数返回结果。

"Y":返回两个日期之间的整年数。

"M":返回两个日期之间的整月数。

"D":返回两个日期之间的整天数。

计算编号是 8016 员工的年龄,公式如下:

=DATEDIF（D7,TODAY（）,"Y"）

公式含义:

=DATEDIF（开始日期,结束日期即今天的日期,计算年龄即统计开始和结束间隔多少年）

公式解析:

=DATEDIF（8016 号员工生日日期对应 D6 单元格,使用日期函数 TODAY（）获取今天的日期作为结束日期,使用代码“Y”计算年龄即统计间隔多少年）

TODAY 函数也属于时间函数,该函数无须指定参数,括号内为空即可,函数直接返回今天日期。

3.2.7 函数进阶

Excel 公式主要功能是通过函数对工作表中的数据进行处理和统计。在日常办公中可能存在使用函数基本功能难以解决的问题,例如,使用函数统计唯一值数量。函数进阶即通过合理调整函数内的参数以实现更多的功能。

3.2.7.1 引用方式

绝对引用和混合引用的用法和功能前面已经做过详细介绍。合理地使用引用方式可以用函数实现需要的复杂功能，例如，前面介绍的使用COUNTIFS函数筛选唯一值（混合引用），使用VLOOKUP函数模糊匹配实现数据分组（绝对引用）等。

3.2.7.2 嵌套函数

单一的函数可以称为公式，但更多的情况下，公式是由运算符、常量、单元格引用以及函数共同组成的。当以函数作为参数的时候，称为函数的嵌套。公式中最多可以包含64级嵌套函数。通过基础函数的相互嵌套，可以实现相对复杂的功能。

嵌套函数是指多个函数之间的配合使用，将一个函数返回的结果作为另外一个函数的参数传入，如前面介绍的VLOOKUP函数和COLUMN函数配合使用实现多列数据匹配。较复杂的嵌套函数可能需要几个函数配合，进而实现功能。

使用复合函数一般是由外向内的，例如VLOOKUP函数匹配多列时，首先是使用固定的参数匹配一个值，如果需要同时匹配多列时，可以改变第三个参数为公式，而其他的参数不需要改变，这就是由外向内的编写方法，首先将最外层的函数参数输入再修改其中的某个参数为某个公式。也可以由内向外添加IF判断函数返回两个公式的结果。

Excel中有很多经典的嵌套函数，例如INDEX函数和MATCH函数可以实现比VLOOKUP函数更加灵活的数据匹配功能。

1. 在公式中套用函数

例如，在学生成绩表中，求每个学生的数据结构成绩与该课程的平均成绩之差。

操作：单击D2单元格，输入公式“=C2-AVERAGE（$C$2:$C$12）”，确认后将公式填充到D2:D12单元格区域即可，结果如图3-50所示。

D2 =C2-AVERAGE($C$2:$C$12)

	A	B	C	D
1	编号	姓名	网络维护	与网络维护平均成绩之差
2	1001	江雨薇	86	2.818181818
3	1002	郝思嘉	84	0.818181818
4	1003	林晓彤	89	5.818181818
5	1004	曾云儿	92	8.818181818
6	1005	邱月清	86	2.818181818
7	1006	沈沉	80	-3.181818182
8	1007	蔡小蓓	90	6.818181818
9	1008	尹南	69	-14.18181818
10	1009	陈小旭	84	0.818181818
11	1010	薛婧	85	1.818181818
12	1011	萧煜	70	-13.18181818

图 3–50　在公式中套用函数的实例

（2）在函数中套用函数

当以一个函数作为另一个函数的参数时，称为函数的嵌套。当把函数 B 用作函数 A 的参数时，函数 B 称为二级函数。如果函数 B 中还有函数 C 作为参数，则函数 C 称为三级函数。

例如，在学生成绩表中，当学生 3 门课的平均成绩低于 60 分时记为“不通过”，大于等于 60 分时则返回 3 门课的总成绩。

操作：单击 G2 单元格，输入公式“=IF（AVERAGE（C2:E2）>=60，SUM（C2:E2），" 不通过 "）”，然后将公式填充到 F2:F12 单元格区域，结果如图 3–51 所示。

公式的含义：用 AVERAGE 函数计算出 C2:E2 单元格区域的平均值，并将它与 60 比较，当返回值为 TRUE 时，即用 SUM 函数求 C2:E2 单元格区域数据的和，否则返回“不通过”。

F11 =IF(AVERAGE(C11:E11)>=60,SUM(C11:E11),"不通过")

	A	B	C	D	E	F	G	H
1	编号	姓名	网络维护	操作系统	大学英语	判断结果		
2	1001	江雨薇	86	91	97	274		
3	1002	郝思嘉	84	93	93	270		
4	1003	林晓彤	89	65	87	241		
5	1004	曾云儿	92	70	78	240		
6	1005	邱月清	86	88	83	257		
7	1006	沈沉	80	94	86	260		
8	1007	蔡小蓓	90	58	65	213		
9	1008	尹南	69	93	80	242		
10	1009	陈小旭	84	90	80	254		
11	1010	薛婧	62	58	59	不通过		
12	1011	萧煜	70	78	71	219		

图 3–51　函数的二级嵌套

公式中使用了嵌套的 AVERAGE 函数和 SUM 函数。在此示例中，AVERAGE 函数和 SUM 函数为二级函数。

又如，在学生成绩表中，根据学生的平均成绩计算出每个学生的成绩等级，并填写在“总评”列中。成绩等级的评判标准是：90 分以上（含 90 分）为“优秀”，80~90 分（含 80 分，不含 90 分）为“良好”，60~80 分（含 60 分，不含 80 分）为“通过”，60 分以下（不含 60 分）为“不通过”。

具体操作如下：

单击 H2 单元格，输入公式“=IF（F2>=90，" 优秀 "，IF（F2>=80，" 良好 "，IF（F2>=60，" 通过 "，" 不通过 "）））”，再将该公式填充到 G2:G12 单元格区域即可，结果如图 3–52 所示。

G2　=IF(F2>=90,"优秀",IF(F2>=80,"良好",IF(F2>=60,"通过","不通过")))

	A	B	C	D	E	F	G
1	编号	姓名	网络维护	操作系统	大学英语	平均成绩	总评
2	1001	江雨薇	86	91	97	91.333333	优秀
3	1002	郝思嘉	84	93	93	90	优秀
4	1003	林晓彤	89	65	87	80.333333	良好
5	1004	曾云儿	92	70	78	80	良好
6	1005	邱月清	86	88	83	85.666667	良好
7	1006	沈沉	80	94	86	86.666667	良好
8	1007	蔡小蓓	90	58	65	71	通过
9	1008	尹南	69	93	80	80.666667	良好
10	1009	陈小旭	84	90	80	84.666667	良好
11	1010	薛婧	62	58	59	59.666667	不通过
12	1011	萧煜	70	78	71	73	通过

图 3–52　函数的三级嵌套

公式中使用了三级 IF 函数的嵌套。最外层 IF 函数的含义是，如果判断 G2 大于等于 90，则返回“优秀”，小于 90 时，还不能确定等级，需要进一步判断；最外层 IF 函数的第二个表达式又是一个 IF 函数，即二级函数，在这个嵌套的 IF 函数中，如果表达式“G2>=80”成立，说明此时成绩大于等于 80 且小于 90，该 IF 函数的返回值是“良好”，否则还需要进一步判断；最外层 IF 函数的第三个表达式也是一个嵌套的 IF 函数，这个 IF 函数就是第三级 IF 函数；同理，如果第三级 IF 函数的表达式“G2>=60”成立，说明成绩大于等于 60 且小于 80，该 IF 函数的返回值是“通过”，否则不需要再进一步判断，返回值为“不通,过"。

3.2.7.3 位置关系

位置关系引用一般用于上、下行级有关系的情况，有时也用于左、右列级关系。例如,使用 IF 函数判断值是否唯一,首先对列数据进行排序,再通过 IF 函数判断上下相邻单元格内容是否相同。

例 3-6　闰年判定。

如何在数据表中判断年份是否为闰年?

分析:判断某年是否为闰年,有两个判断角度。

角度一:可以看年份。根据闰年规则“四年一闰,百年不闰,四百年再闰”,年份满足下列条件之一则为闰年。

①能被 4 整除且不能被 100 整除(如 2004 年是闰年,而 1900 年不是)。

②能被 400 整除(如 2000 年是闰年)。

角度二:可以看 2 月的天数。2 月有 29 天的年份是闰年。

求解:根据这两个判断角度,有如下几种方法用于判定闰年。

(1)从年份判断

方法一:MOD 函数

在 C2 单元格中输入公式

“=IF((MOD(B2,400)=0)+(MOD(B2,4)=0)*(MOD(B2,100)<>0),"闰年","平年")”,拖动填充柄向下填充公式,结果如图 3-53 所示。

C2　=IF((MOD(B2,400)=0)+(MOD(B2,4)=0)*(MOD(B2,100)<>0),"闰年","平年")

	A	B	C	D	E	F	G	H	I	J
1		年份	闰年或平年							
2		2021	平年							
3		1956	闰年							
4		1897	平年							
5		2014	平年							
6		2015	平年							
7		1999	平年							
8		2005	平年							
9		2004	闰年							
10		2012	闰年							
11		2017	平年							
12		1756	闰年							
13		1864	闰年							
14		1952	闰年							

图 3-53　闰年、平年判断实例

在 C2 单元格中输式“=IF(MOD(B1,4)=0, IF(MOD(B1,100)=0, IF(MOD(B1,400)=0, "闰年", "平年"), "闰年"), "平年")”,拖动填充柄向下填充公式。

方法二:MOD+AND+OR 函数

在 C2 单元格输公式“=IF(OR((MOD(B2,400)=0),AND((MOD

(B2,4)=0),(MOD(B2,100)<>0))),"闰年","平年")",拖动填充柄向下填充公式。

MOD 函数为取余函数。MOD(B2,4)返回 B2 单元格的数值被 4 除后的余数。如果 B2 单元格的数值能被 4 整除,则 MOD(B2,4)=0。对于 AND 函数,如果所有条件参数的逻辑值都为真,则返回 TRUE;只要有一个参数的逻辑值为假,就返回 FALSE。AND((MOD(B2,4)=0),(MOD(B2,100)<>0))表示只有当 B2 单元格的数值只能被 4 整除且不能被 100 整除时, AND 函数才返回 TRUE。对于 OR 函数,如果所有条件参数的逻辑值都为假,则返回 FALSE;只要有一个参数的逻辑值为真,就返回 TRUE。

(OR((MOD(B2,400)=0),AND((MOD(B2,4)=0),(MOD(B2,100)<>0)))表示只要年份满足上述判断条件之一,就是闰年。

(2)从 2 月是否有 29 天判断

方法一:DATE+DAY 函数

在 C2 单元格中输入公式"=IF(DAY(DATE(B2,3,0))=29,"闰年","平年")",拖动填充柄向下填充公式。

DATE 函数用于返回指定年月日的日期,如 DATE(2000,3,1)的返回结果为"2000/3/1"。DATE(B2,3,0)表示返回 2000 年 2 月的最后一天的日期。DAY 函数用于返回一个日期中的第几天,DAY("2021/10/21")的返回结果为 21。DAY(DATE(B2,3,0))表示返回 2 月的最后一天。如果是闰年,DAY(DATE(B2,3,0))=29,否则 DAY(DATE(B2,3,0))=28。

方法二:DATE+MONTH 函数

在 C2 单元格中输入公式"=IF(MONTH(DATE(B2,2,29))=2,"闰年","平年")",拖动填充柄向下填充公式。

MONTH 函数用于返回月份,如 MONTH("2021/10/21")的返回结果为 10。例如,2000 年是闰年,2 月有 29 天,那么 DATE(B2,2,29)=2000/2/29, MONTH(DATE(B2,2,29))=2;2001 年是平年,2 月只有 28 天,那么 DATE(B3,2,29)=2001/3/1, MONTH(DATE(B3,2,29))=3。因此,当公式返回的数值为 3 时为平就返回 TRUE。

(OR((MOD(B2,400)=0),AND((MOD(B2,4)=0),(MOD(B2,100)<>0)))表示只要年份满足上述判断条件之一,就是闰年。

（3）从2月是否有29天判断

方法一：DATE+DAY函数

在C2单元格中输入公式“=IF(DAY(DATE(B2,3,0))=29,"闰年","平年")”，拖动填充柄向下填充公式。

DATE函数用于返回指定年、月、日的日期，如DATE（2000,3,1）的返回结果为“2000/3/1”。DATE（B2,3,0）表示返回2000年2月的最后一天的日期。DAY函数用于返回一个日期中的第几天，DAY（"2021/10/21"）的返回结果为21。DAY（DATE（B2,3,0））表示返回2月的最后一天。如果是闰年，DAY(DATE(B2,3,0))=29，否则DAY(DATE(B2,3,0))=28。

方法二：DATE+MONTH函数

在C2单元格中输入公式“=IF（MONTH（DATE（B2,2,29））=2,"闰年","平年")”，拖动填充柄向下填充公式。

MONTH函数用于返回月份，如MONTH（"2021/10/21"）的返回结果为10。例如，2000年是闰年，2月有29天，那么DATE（B2,2,29）=2000/2/29，MONTH（DATE（B2,2,29））=2；2001年是平年，2月只有28天，那么DATE（B3,2,29）=2001/3/1，MONTH（DATE（B3,2,29））=3。因此，当公式返回的数值为3时为平年，返回的数值为2时则为闰年。

方法三：EOMONTH+DAY函数

在C2单元格输式“=IF（DAY（EOMONTH（DATE（B2,2,1),0））=29,"闰年","平年")”，拖动填充柄向下填充公式。

EOMONTH函数用于返回指定月份之前或之后月份的最后一天。

EOMONTH（DATE（B2,2,1),0）表示返回2月最后一天的日期。如果为闰年，2月最后一天为29日，则DAY（EOMONTH（DATE（B2,2,1),0））=29。

3.2.7.4 数组公式

数组公式是将数组作为Excel函数的参数，是Excel对公式的一种扩充。数组公式最重要的功能是可以返回多值数据或对一组值而不是单个值进行操作。

数组是指一行、一列或多行多列排序的数据元素的集合，数组公式返回一个数组，即可能有多值，所以一般选择单元格区域作为数组公式存放的位置。

数组公式在输入方式上也与普通公式不一样，数组公式在编辑栏输入公式时需要按【Ctrl+Shift+Enter】组合键，Excel 将在公式两边自动加上花括号“{ }”以便于表明这是一个数组公式。

数组公式一般结合 SUMIFS、COUNTIFS、SUM 等函数以数组作为参数。正确地使用数组公式可以用一个公式替代多个普通公式实现需求。

第 4 章 Excel 图表的制作方法与技巧

在使用图表之前，了解图表的结构和特点是很有必要的。选择合适的图表来展示数据至关重要，如果使用了不正确的图表，就可能无法准确传达数据中的信息。

4.1 绘制 Excel 图表的方法与技巧

4.1.1 创建图表

创建图表的方法主要有三种。

（1）智能图表推荐功能。Excel 2016 为那些未确定合适图表类型的用户提供了极大的帮助。此功能可根据用户输入的数据类型，自动分析并推荐适合的图表，从而节省了用户研究应使用哪种图表的时间。

（2）通过直接点击具体的图表类型按钮来创建图表。对于那些熟悉图表或具备使用经验的用户来说，这是一种更为快捷的方式。例如，若要深入了解公司各部门的开支状况，一种有效的方法是通过图表来进行直观的数据对比。对于这种情况，柱状图是一种理想的选择，它可以横向对比各个部门的数据，从而让用户能够轻易发现哪些部门的支出存在不合理之处。

具体的操作步骤：先在打开的工作簿中选择要生成图表的数据区域，这里选择 A2:F22 单元格区域。接着，在“插入”选项卡的“图表”组中，点击“插入柱状图或条形图”下拉按钮，在弹出的下拉列表中选择适合的图表类型。如图 4-1 所示，通过这样的操作方式，即可成功创建一个图表。①

① 王晓均 .Excel 2016 商务技能训练应用大全 [M]. 北京：中国铁道出版社，2019.

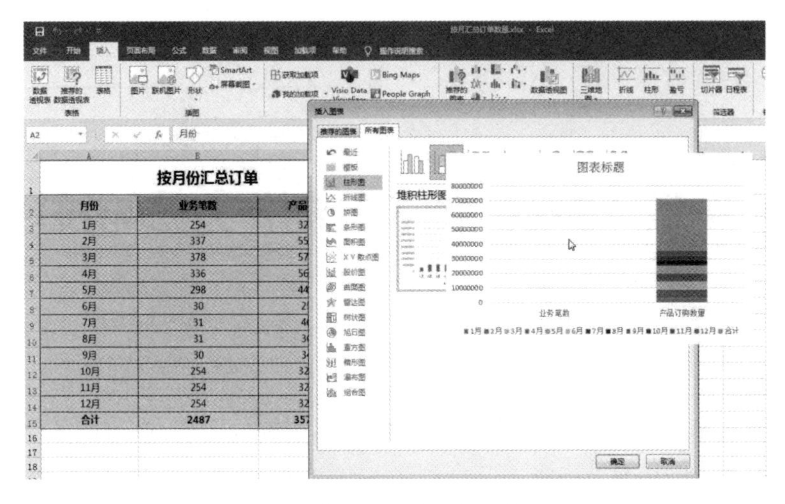

图 4-1 单击具体按钮插入柱形图

（3）通过快速分析功能创建图表。“快速分析”功能是 Excel 2013 新增的，在 Excel 2016 中得以保留并进一步发展。当用户选择的单元格区域包含两个或更多非空单元格时，所选区域的右下角就会出现一个“快速分析”按钮，用户可通过此按钮轻松对数据进行图表化，如图 4-2 所示。这个功能为用户提供了快速、便捷的创建图表的方法，尤其对需要迅速了解数据状况的用户来说非常实用。

“快速分析”按钮简化了操作步骤，提高了工作效率，点击该按钮可以选择对所选区域进行格式、图表、汇总或迷你图等不同方式的分析。在图表选项卡中，用户可以选择堆积条形图来展示数据。如图 4-3 所示，选择该选项后，系统将自动生成相应的图表。

4.1.2 图表的简单编辑和调整

新创建的图表可能需要进一步调整以适应用户的具体使用需求，包括调整其大小、位置和标题等。这些调整操作与插入图片的调整方法相似，主要是通过“图片工具格式”选项卡下的“大小”组进行调整。用户可以轻松调整图表的大小。此外，用户还可以将鼠标光标移动到图表的边缘控制点上，当鼠标光标变为双向箭头时，按下鼠标并拖动，即可实现图表的缩放。如图 4-4 所示，通过这些操作可以使图表更加符合用户的使用需求，从而提高工作效率。

文件 开始 插入 页面布局 公式 数据 审阅 视图 加载项 帮助 操作说明搜索

A2 月份

按月份汇总订单

月份	业务笔数	产品订购数量
1月	254	3237505
2月	337	5580177
3月	378	5772377
4月	336	5611245
5月	298	4444559
6月	30	252029
7月	31	404133
8月	31	361470
9月	30	343657
10月	254	3237505
11月	254	3237505
12月	254	3237505
合计	**2487**	**35719667**

快速分析(Ctrl+Q)
使用快速分析工具可通过一些最有用的 Excel 工具(例如，图表、颜色代码和公式)快速、方便地分析数据。

订单 按月汇总订单 Sheet3

图 4-2 “快速分析”按钮

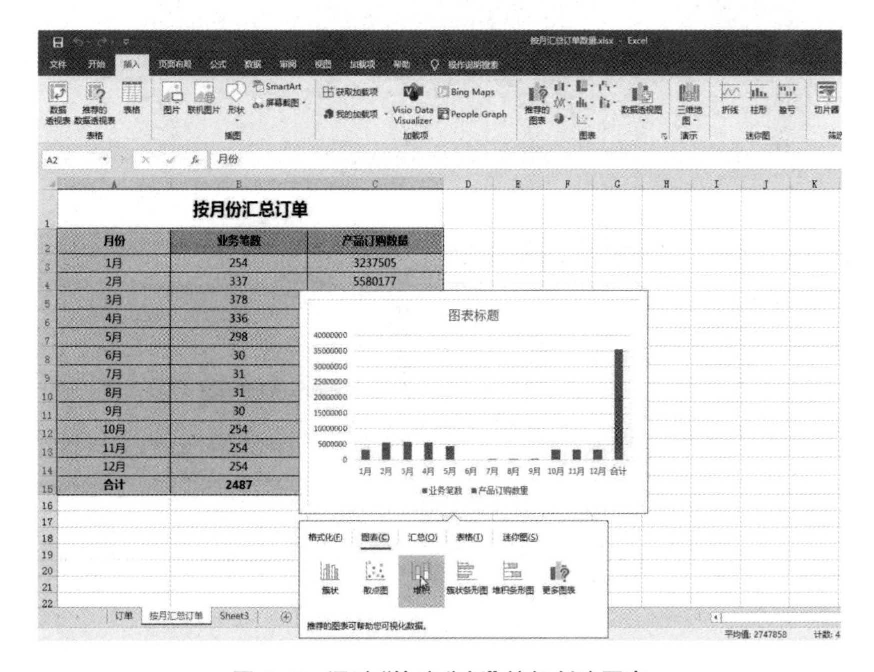

图 4-3 通过“快速分析”按钮创建图表

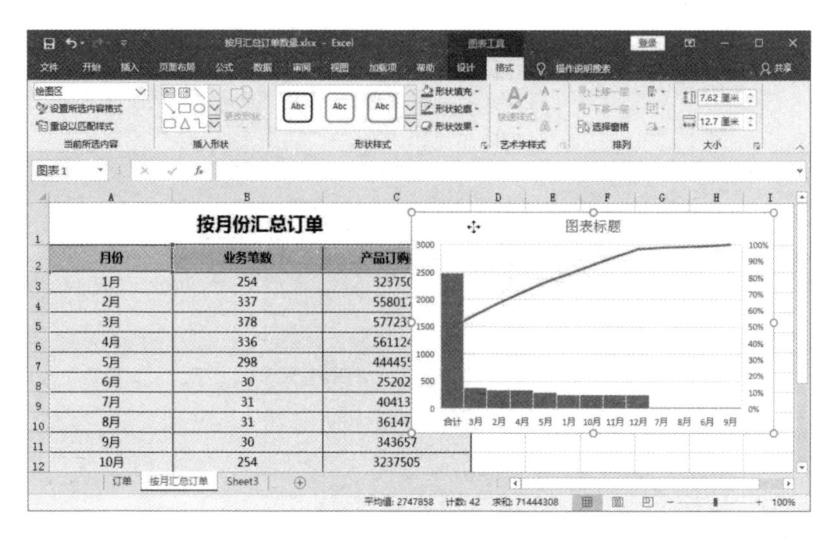

图 4-4 调整图表的大小

移动图表的步骤相对简单，只需选择图表，当鼠标光标变为十字箭头形状时，按下鼠标并拖动即可。刚创建的图表默认的标题往往不符合实际需求，因此需要手动更改标题来体现图表的中心思想。单击以选中图表的标题项目，拖动鼠标选择标题文本，然后直接输入新的标题来覆盖默认的标题，如图 4-5 所示。

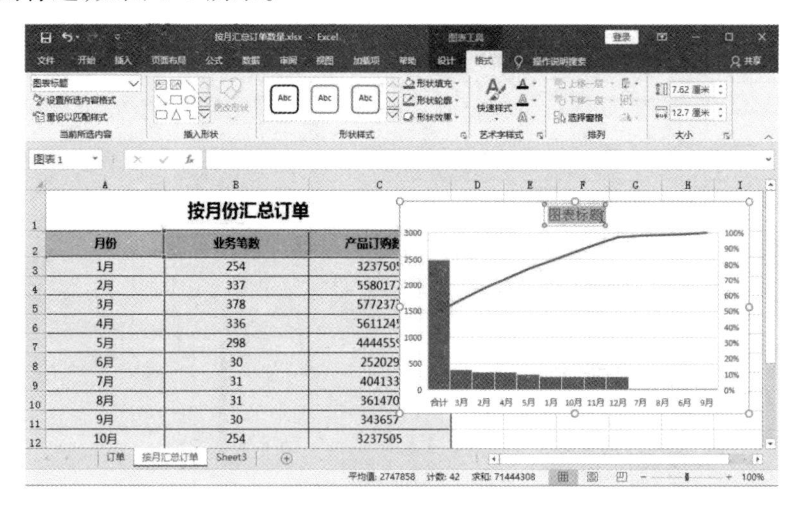

图 4-5 更改图表标题

4.2　格式化图表

默认的图表样式通常比较简洁且中规中矩，为图表设置合适的外观样式是增加图表的舒适感和美感的一种很好的选择。

4.2.1 应用内置样式美化图表

Excel 中内置了许多可以直接使用的图表样式，可以直接使用这些内置样式。单击出现在图表区旁边的“图表样式”按钮，然后从下拉列表中选择喜欢的样式即可。

选择图表样式后，可以切换到“图表工具－设计”选项卡，在“图表样式”组中使用图表样式。通过单击“快速样式”按钮，选择所需的样式，即可快速应用该样式到图表中。此外，还可以使用“更改颜色”按钮来更改图表的背景颜色和文字颜色，以使图表更加突出和易于阅读。如图 4-6 所示，通过使用这些工具和选项，可以轻松地美化图表并使其更具吸引力。

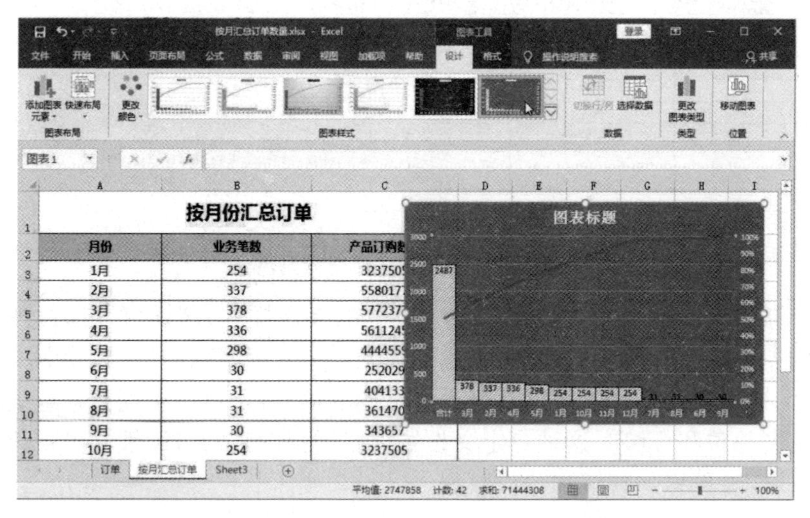

图 4-6　在“图表工具－设计”选项卡下应用图表样式

在 Excel 中,也可以应用内置的主题颜色来一键更换图表的颜色。通过使用内置的主题颜色,可以快速改变图表的整体色调和氛围,使其更加符合数据和主题的要求。

4.2.2 自定义图表外观样式

内置样式虽然可以满足一些基本需求,但有时候用户可能需要更多的个性化设置。通过自定义设置,用户可以获得更多个性化的效果。要进行自定义设置,需要先选择对应的图表,然后单击“图表工具 – 格式”选项卡中“形状样式”组中的“形状填充”下拉按钮,在其下拉列表中选择一种填充颜色。此外,还可以通过调整图表元素的颜色、字体、大小等属性来进一步自定义图表的外观。通过自定义设置,用户可以根据具体需求和偏好来调整图表的外观,使其更加符合使用场景和数据展示的要求。如图 4–7 所示,通过自定义设置,可以获得更多个性化的图表效果。

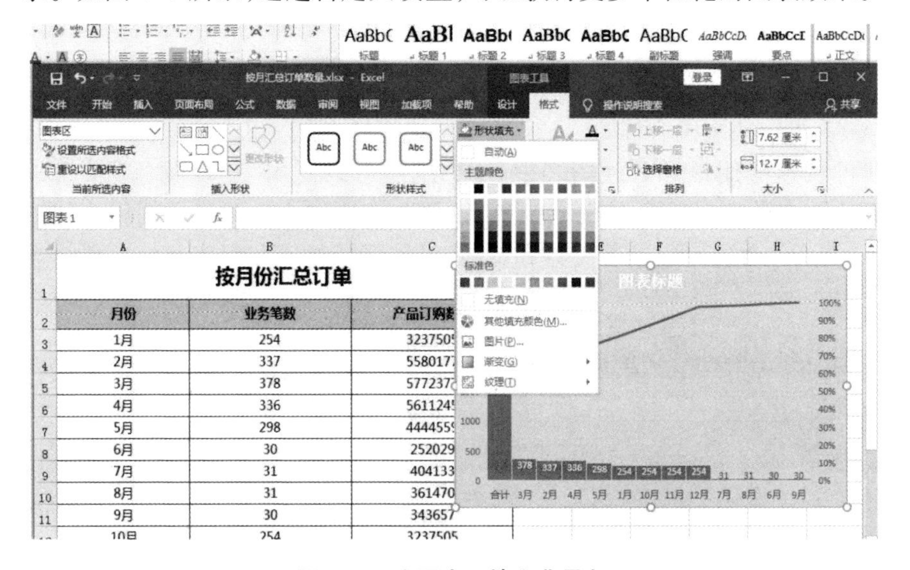

图 4–7 为图表区填充背景色

对于单个数据系列也可以设置不同的外观样式,这样可以通过视觉上的差异来吸引读者的注意力,达到强调某个数据系列的目的。如图 4–8 所示,通过为合计栏的数据系列设置不同的填充色,可以更加清晰地展示其市场地位和优势。这种自定义设置可以增强图表的可读性和可视化效果,使读者更容易理解和分析数据。

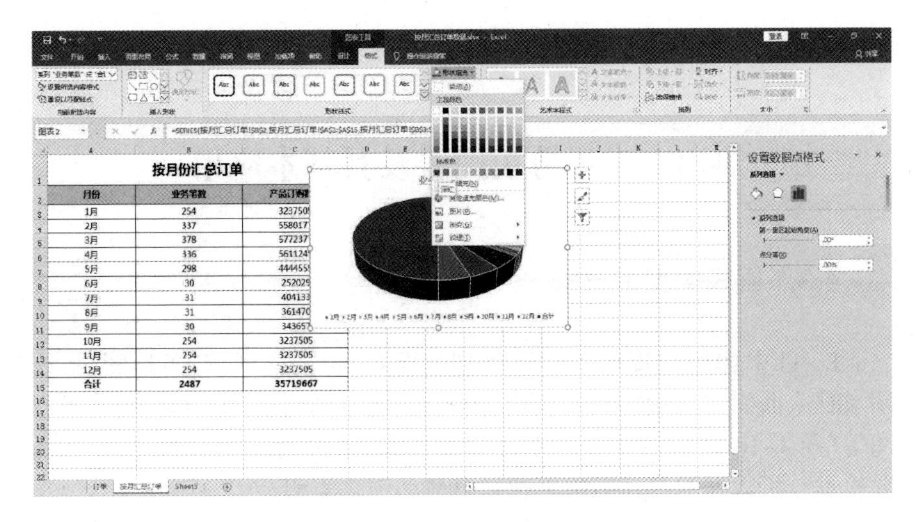

图 4–8　为数据系列填充颜色

在“图表工具 – 格式”选项卡下的“形状样式”组中进行设置。用户可以通过选择相应的形状轮廓和效果选项，来为图表中的各个部分添加所需的轮廓线和效果，如图 4–9 所示。通过设置轮廓线样式，可以使图表更加清晰、有条理，并且能提高其可读性和可视化效果。

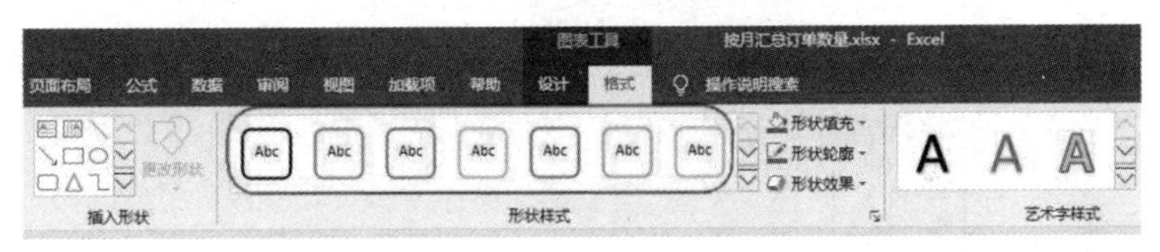

图 4–9　“形状样式”组

除了设置图表组成部分的填充色和轮廓线样式之外，还可以对图表中的标题或其他文字设置艺术字效果，以使图表更具特点和个性化。设置艺术字效果的操作与在文档中插入艺术字的操作相似，用户可以通过选择图表中的标题或文字，然后使用“插入”选项卡下的“文本框”或“艺术字”等工具来创建所需的艺术字效果。通过选择不同的艺术字样式、字体、大小和颜色等属性，可以自定义图表中的标题或文字，使其与图表的整体外观更加协调且具有个性化。这种自定义设置可以提高图表的吸引力和可视化效果，使读者更加关注和了解数据的变化和趋势。

4.3 常见分析图表及其基本应用

4.3.1 图表类型的选择

Excel 中为用户提供了多种类型的图表，包括柱形图、条形图、折线图、饼图、曲面图、雷达图、面积图、树状图、旭日图、直方图、箱形图和瀑布图等（图 4-10）。每种类型的图表都有其特定的应用场景和特点，用户需要根据分析数据的具体需求来选择合适的图表类型。

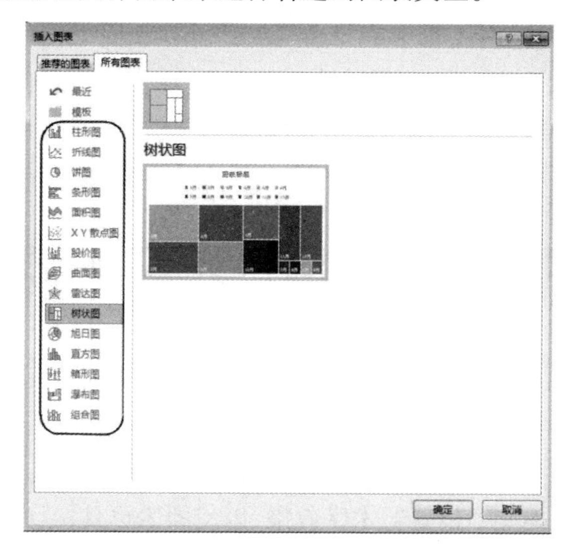

图 4-10　Excel 提供的图表类型

4.3.1.1 柱形图和条形图突出数据大小

比较大小是数据分析中最常见的需求之一，而柱形图和条形图是用于比较数据大小的常用图表类型。这两种图表类型都使用柱状的高度或长度来表示数据的大小，从而能够直观地比较不同类别之间的数据，如图 4-11 所示。

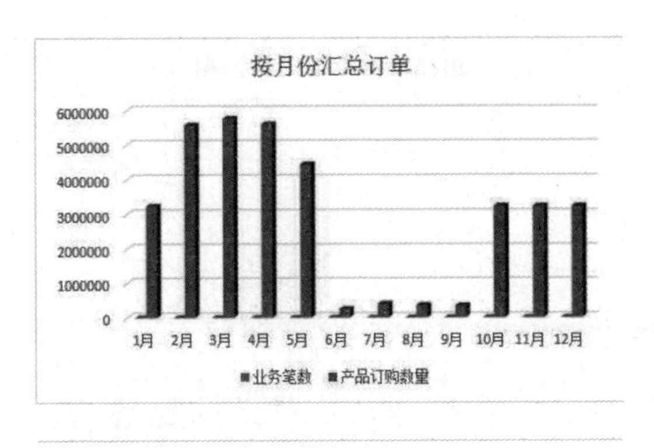

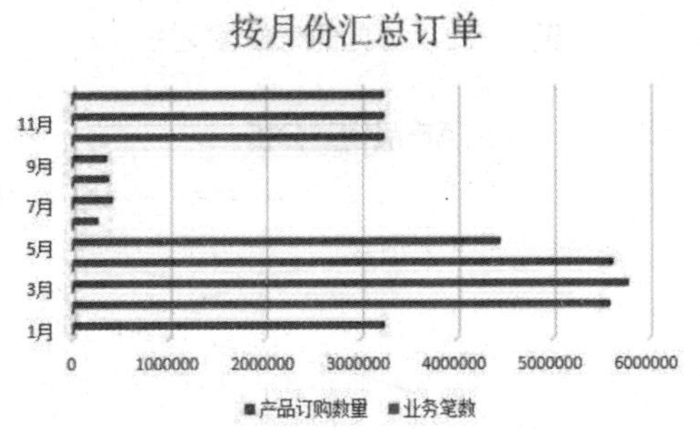

图 4–11　柱形图和条形图常用于比较数据大小

从外观上看，条形图可以看作是柱形图旋转 90° 得到的图表类型。虽然条形图和柱形图在外观上有一些相似之处，但它们在表达数据方面有着各自的优势。

条形图由于是水平放置的，因此当分类名称较长或排版要求较高时，它可以很好地展示数据。相比之下，柱形图则需要更多的空间来展示数据，因为它们是垂直放置的。因此，在空间有限的情况下，条形图可能是一个更好的选择。

此外，条形图还可以通过改变方向和顺序来增强数据的可读性和易理解性。例如，可以将数据按大到小的顺序排列，以便读者更容易比较数据的大小。此外，条形图还可以使用颜色和形状来区分不同的类别，这使得数据呈现更加直观和易于理解。

4.3.1.2 折线图突出数据随时间变化的趋势

折线图是一种特别适合展现随时间变化的数据的图表，如图 4–12、图 4–13 所示。

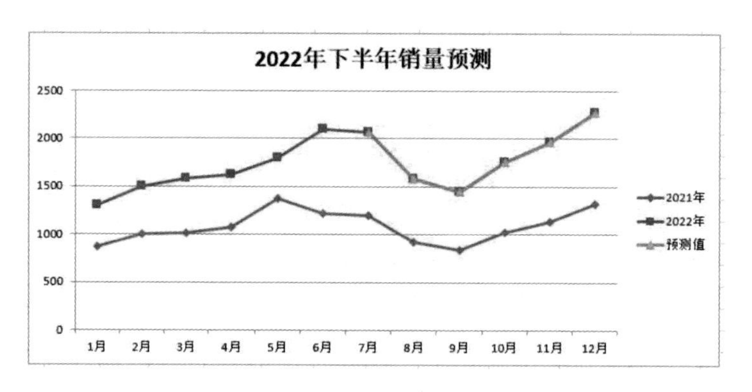

图 4-12 常见的折线图之一

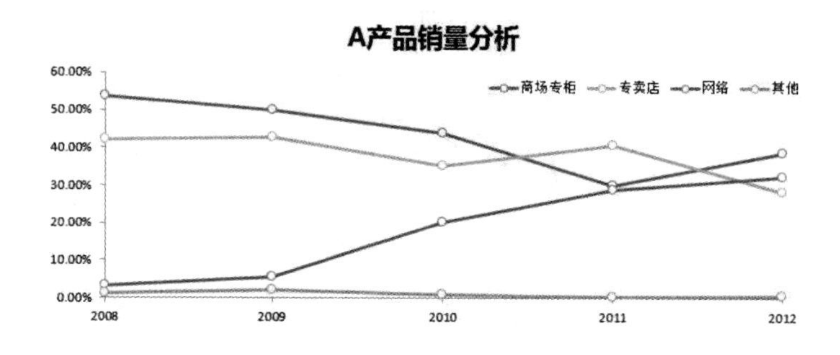

图 4-13 常见的折线图之二

折线图还可以预测未来一段时间的发展或走向，如图 4-14 所示，通过折线图的这一特点，企业可以更好地把握市场变化和客户需求，从而制定更加精准的策略和决策。

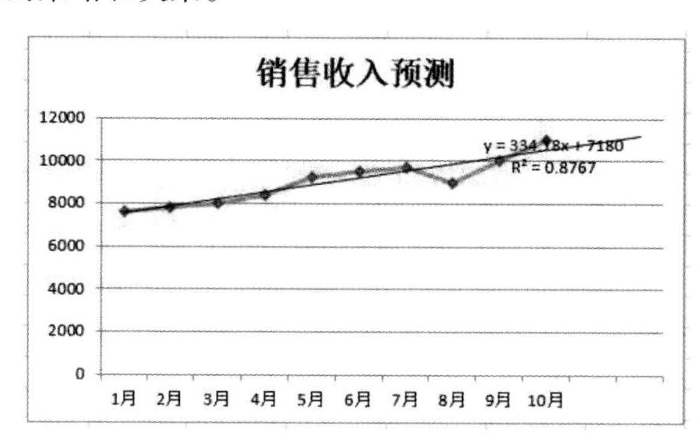

图 4-14 折线图预测未来走向

4.3.1.3 展现部分占整体的比重用饼图

在分析由多个小成分组成的整体数据时，饼图是一种非常有用的图表类型。它可以清晰地展示各个组成部分在整体中所占的比重情况，如图 4–15 所示。通过饼图，我们可以快速了解各个成分在整体中的比例关系，方便我们进行准确的决策和分析。在日常工作中，饼图可以应用于各种场景，例如市场份额分析、员工工作情况分析、产品构成比例分析等。

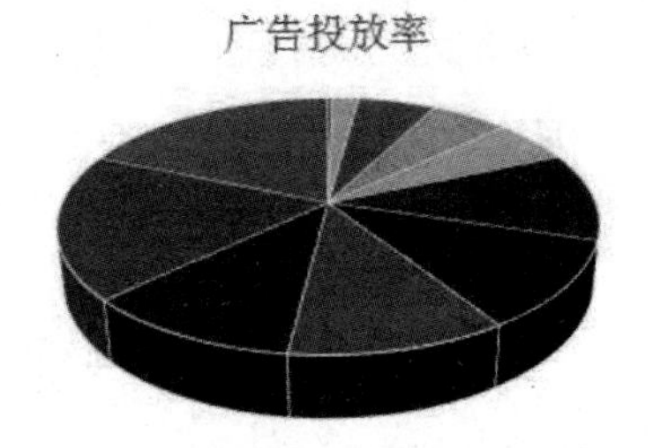

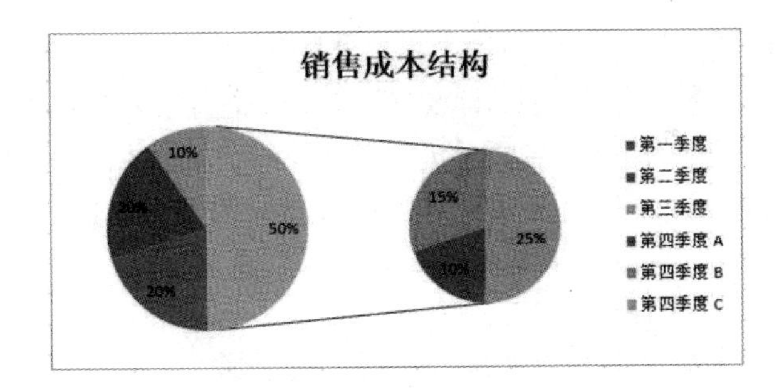

图 4–15　饼图展示比重关系

4.3.1.4 分析多个数据之间的关系用散点图

散点图是一种通过将一组点绘制在图表上来展示数据分布情况的图表类型。点的位置表示序列中的值，而不同类型的标记则用于表示不同的类别。散点图通常用于观察两个变量之间的关系，判断它们之间是否存在某种关联或总结点的分布模式，如图 4–16 所示。通过散点图，我们可以快速了解数据的分布情况，从而更好地理解数据的特征和关系。

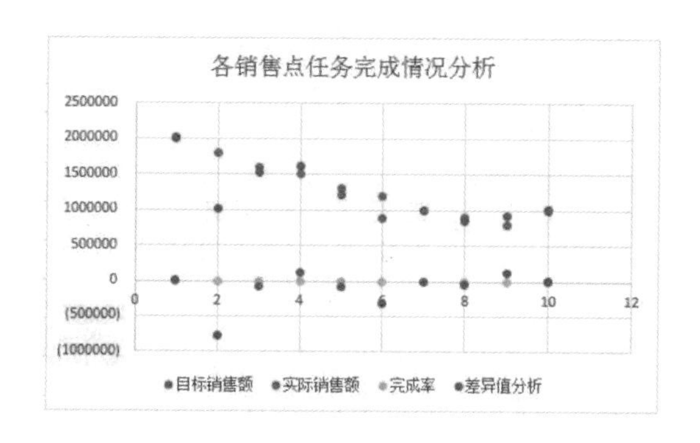

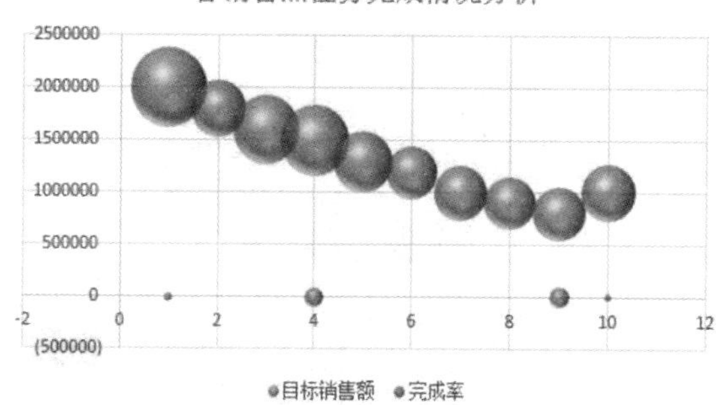

图 4–16 散点图

当一个数据集包含大量的点，例如几千个，散点图是最佳的图表类型。随着数据点的增加，分析的效果会更好，关系会更加明显，也更具代表性。通过散点图，我们可以更清晰地观察到数据分布的情况，以及变量之间的关系。

4.3.1.5 数据比例和层次结构分析用树状图

树状图是非常适合展示数据比例和数据层级关系的图表类型。例如，可以使用树状图来分析一段时间内的销售情况，展示哪些商品销售量最大、哪些商品的利润最高等，如图 4–17 所示。

树状图的结构清晰，可以直观地展现不同产品之间的比例关系和层级关系。通过树状图，我们可以快速地发现哪些产品在销售中占据主导地位，哪些产品的利润较高。同时，我们还可以通过树状图来比较不同产品之间的销售和利润情况，从而更好地理解产品的市场表现和盈利能力。因此，树状图在数据分析中具有非常重要的作用，可以帮助我们更好地了解数据的结构和关系。

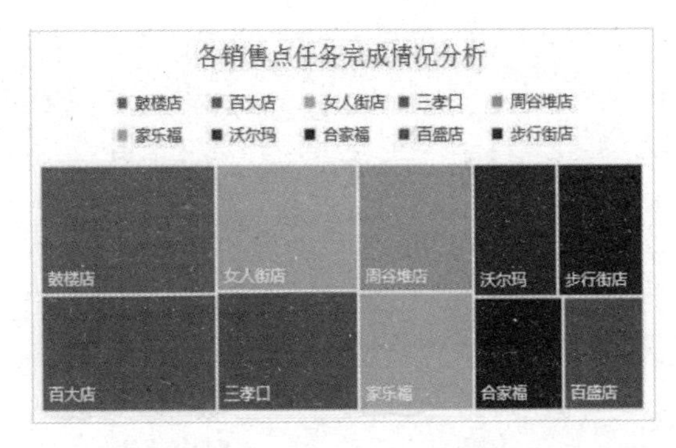

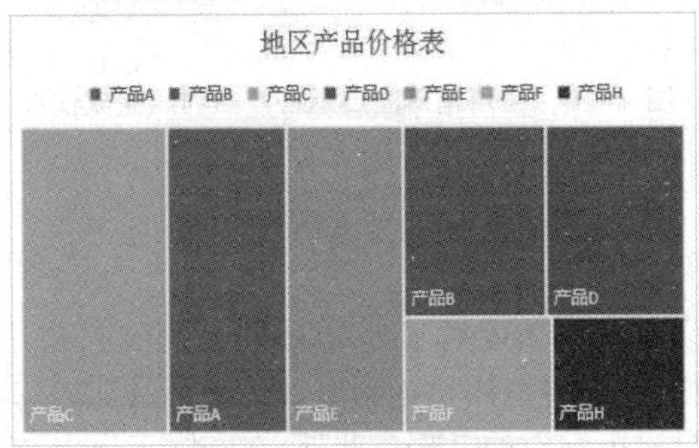

图 4–17　树状图展示数据

4.3.1.6 表达数据分布情况用箱形图

箱形图不仅可以将数据分布的情况有效地展示和分析出来，同时还能直观地展示出一组数据的四分位数、平均值以及离散值。简单来说，箱形图能够以一种易于理解的方式呈现出数据的整体分布情况，帮助我们更好地理解和分析数据。通过箱形图，我们可以快速了解数据的集中趋势、离散程度以及异常值的情况。箱形图是一种非常实用的图表类型，尤其在统计学和数据分析领域中应用广泛。通过观察箱形图的箱子部分，我们可以了解数据的分布情况，包括数据的最大值、最小值、中位数和平均值等统计指标。同时，箱形图还可以突出显示异常值，这些异常值通常用箱子外的箭头表示。除了展示数据的分布情况，箱形图还可以用于比较不同组数据的分布特征。例如，可以将两组数据分别绘制在两个箱形图中，以便直观地比较它们的分布情况，如图 4–18 所示。

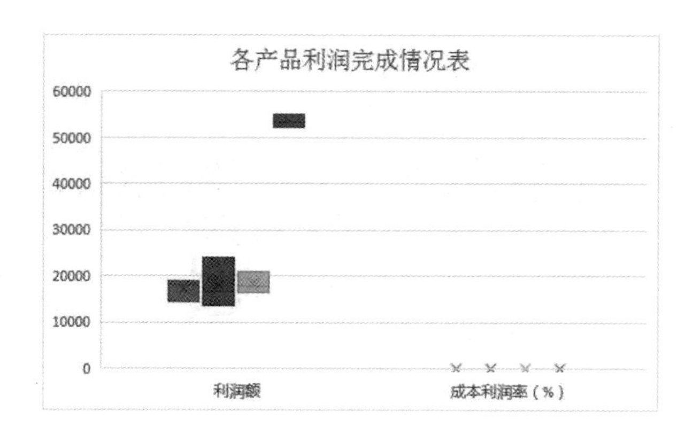

图 4-18 使用箱形图展示各产品利润完成情况

4.3.1.7 用雷达图分析同一对象的不同方面

当需要从多个不同角度对某个对象进行分析时，雷达图可以发挥巨大的作用。例如，我们可以用雷达图来评估某个员工的综合表现，或者对一批产品的质量进行细致的考察。此外，在实际工作中，雷达图还可以用来分析财务报表，以便更好地了解各项指标的变化情况。通过雷达图，我们可以清晰地展示数据的分布和趋势，从而更好地理解数据的特点和关系。雷达图的结构类似于一个蜘蛛网，数据点在雷达图上的位置表示了其数值大小，而各个数据点之间的连线则表示了它们之间的关联关系。通过观察雷达图，我们可以快速地了解数据的分布情况、变化趋势以及异常值，如图 4-19 所示。

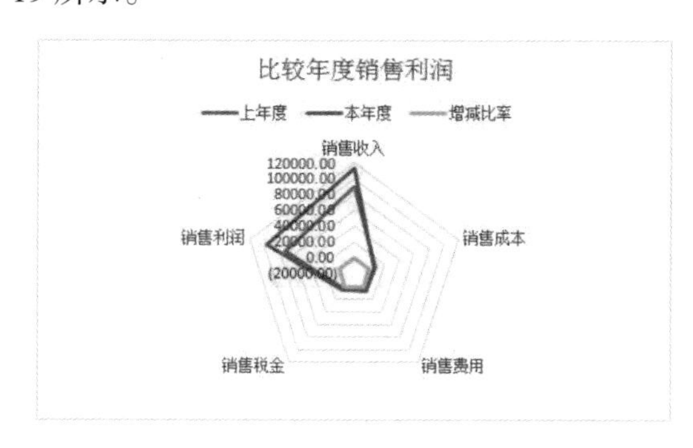

图 4-19 雷达图的使用

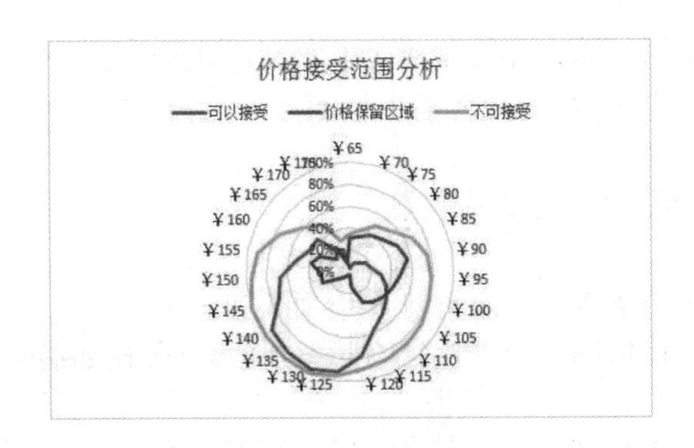

图 4-19 雷达图的使用(续)

组合图表是一种在一个图表中融合多种图表类型的图表,比如某些数据系列以柱形图的形式展示,而另一些数据系列则以折线图的形式展示。使用组合图表可以同时对数据的多个方面进行分析,例如,通过柱形图和折线图的组合,我们可以方便地分析数据的大小和趋势。组合图表可以提供更加丰富和全面的信息,将不同类型的数据以各自适合的图表形式展示出来,使我们能够更好地理解数据。通过组合图表,我们可以同时观察数据的分布、趋势、相对大小等多个方面,从而更全面地了解和分析数据。例如,柱形图和折线图的组合图表可以同时展示数据的总量和变化趋势。柱形图可以清晰地展示各分类数据的相对大小,而折线图则可以反映数据的趋势变化。这种组合图表可以帮助我们更好地理解数据的整体特征和变化规律,如图 4-20 所示。

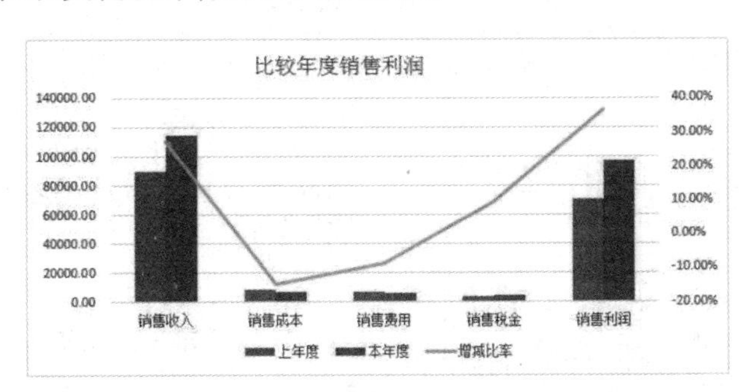

图 4-20 柱形图和折线图的组合使用

4.3.2 柱形图及其应用

柱形图是一种常见的图形,用于显示一段时间内数据的变化或不同类别之间的比较。这种图表主要用于展示类别数据在水平轴上的变化趋势，而数据值则垂直排列在垂直轴上。

4.3.2.1 柱形图的子图表类型

柱形图共有五种子图表类型，具体如下。

（1）普通柱形图。用于比较不同类别的数据，比如展示各个月份的销售数据。

（2）堆积柱形图。用于显示各部分在总体中的比例，比如展示一个公司各部门的利润贡献。

（3）百分比堆积柱形图。与堆积柱形图类似，但展示的是百分比数据，比如展示各年龄段人口在总人口中的比例。

（4）水平柱形图。将类别数据沿垂直轴组织，而将数据值沿水平轴组织，比如展示不同产品在不同年份的销售数据。

（5）面积柱形图。在普通柱形图的基础上，将每个柱子的高度切去一部分，形成类似于堆积的效果，比如展示一个公司在一定时间段内的利润变化。

表 4–1 详细列出了这五种子图表类型的作用和应用范围。通过选择适当的柱形图类型，可以更好地表达和传递数据信息，帮助读者更好地理解和分析数据。

表 4–1　柱形图的子图表类型

子图表类型	作用描述	应用范围
簇状柱形图和三维簇状柱形图	比较各个类别的数值	描述数值范围，如直方图中的项目计数；特定的等級排列，如非常同意”等喜欢程度；没有特定顺序的名称，如“项目名称”等
堆积柱形图和三维堆积柱形图	显示单个项目与整体之间的关系，描述各个类别的每个数值的大小	有多个数据系列并且希望强调总数值时，可以使用堆积柱形图
百分比堆积柱形图和三维百分比堆积柱形图	比较各个类别的每个数值所占总数的百分比大小	当有三个或更多数据系列并且希望强调所占总数值的大小时，尤其是总数值对每个类别都相同时，使用百分比堆积柱形图
三维柱形图	使用可修改的三个轴，可对沿水平轴和深度轴分布的数据点进行比较	对均匀分布在各类表和各系列的数据进行系列比较时，使用三维柱形图

续表

圆柱图、圆锥图和棱锥图	可以使用矩形柱形图提供的簇状堆积图，百分比堆积图和三维图表类型	当矩形柱形图有完全相同的使用范围时，区别在于图表类型是圆柱形、圆锥形还是棱锥形，而不是矩形

【注意】二维柱形图是在二维平面上用垂直矩形来显示数据的。它以类别数据沿水平轴组织，而数据值沿垂直轴组织。这种图表类型强调不同类别之间的比较和数据的变化趋势。而三维簇状柱形图则是在三维空间中显示垂直矩形，但它并不以三维格式显示数据。也就是说，虽然它在三维空间中呈现，但数据的表示方式仍然是二维的。这种图表类型可以提供更丰富的视觉效果，但并不增加新的信息。

4.3.2.2 创建柱形图

只要将同类型的数据以列或行的形式录入工作表，即可创建柱形图了，具体步骤如下。

（1）新建一个工作簿，选择 Sheet1 工作表，输入数据如图 4-21 所示。

	第1季度	第2季度	第3季度	第4季度
西北	3,767,341	3,298,694	2,448,772	1,814,281
东北	2,857,163	3,607,148	1,857,156	1,983,931
中部	3,677,108	3,205,014	2,390,120	1,762,757
西南	4,351,296	3,366,575	2,828,342	1,851,616
东南	2,851,419	3,925,071	1,853,422	2,158,789

图 4-21　输入数据

（2）需要选择包含要绘制图表的数据区域，例如选择 A1：E6 单元格区域。

（3）在 Excel 的菜单栏中，选择“插入”选项卡。在“图表”组中，单击“柱形图”按钮，选择“簇状柱形图”，如图 4-22 所示。

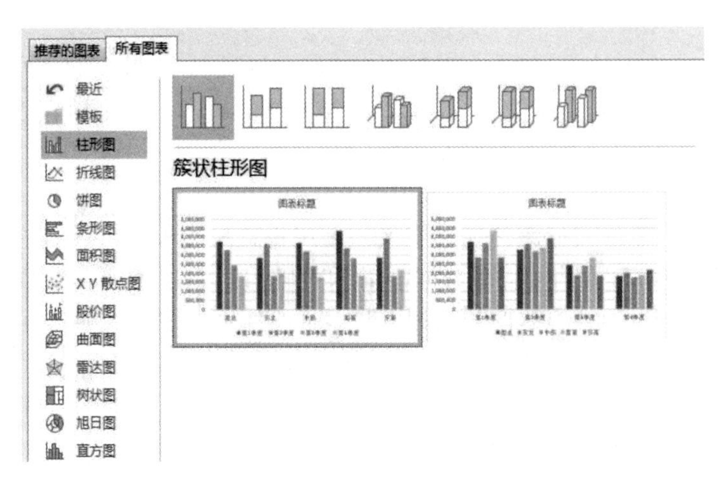

图 4-22　选择“簇状柱形图”

（4）Excel 将根据选择的数据源在工作表中创建一个簇状柱形图，如图 4-23 所示。

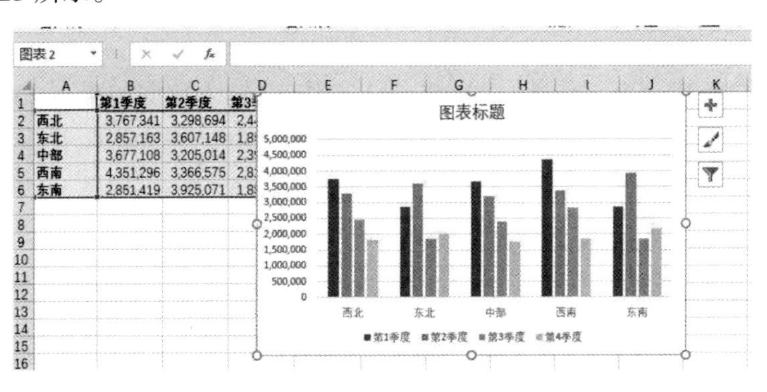

图 4-23　创建一个簇状柱形图

4.3.2.3 调整柱形图参数

在柱形图中，更改二维数据图表中各柱形的重叠是通过调整“系列重叠”参数实现的。这个参数是一个百分比值，它决定了柱形之间重叠的程度。增加“系列重叠”参数的百分比值，柱形之间的重叠部分就会增加，此时在给定的类别中，各柱形之间的空间将会更紧密，柱形之间的重叠会更多。这种设置可以用来强调数据的集群性质或者展示在特定类别中各数据点之间的紧密关系。需要注意的是，过高的重叠会导致图表的阅读难度增加。

（1）单击图表右侧的“+”按钮，从弹窗的窗口中选择“趋势线”选项，如图 4–24 所示。

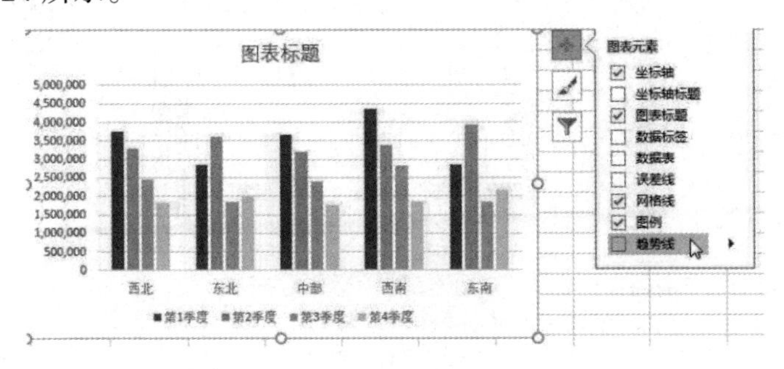

图 4–24　选择“趋势线”选项

（2）在弹出的“添加趋势线”对话框中，选择“第 1 季度”，单击“确定”按钮，如图 4–25 所示。

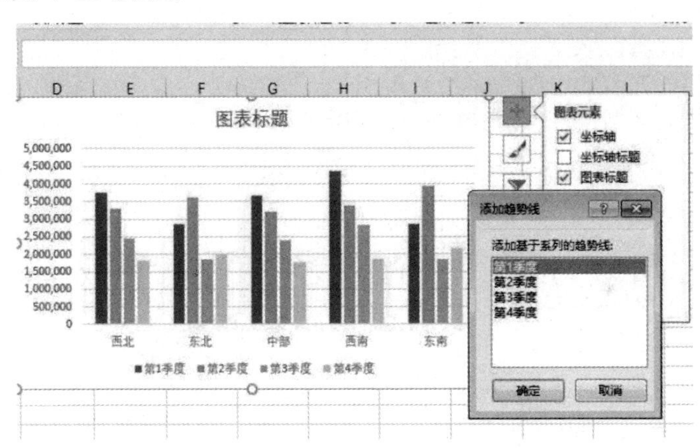

图 4–25　选择添加基于系列的趋势线

（3）右击“趋势线”，在弹出的快捷菜单中选择“设置趋势线格式”命令，如图 4–26 所示。

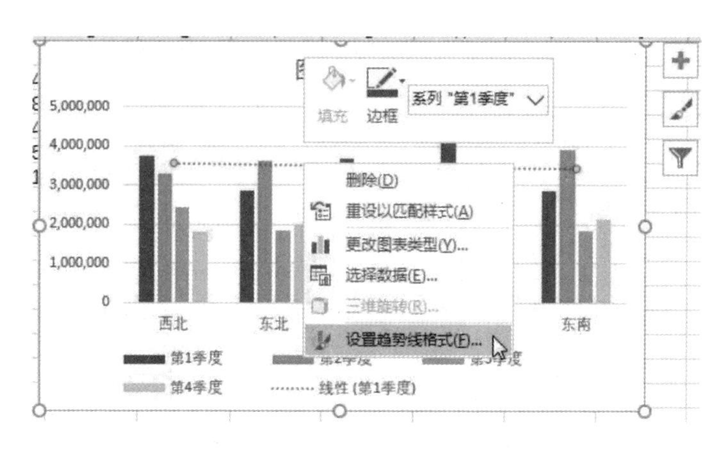

图 4–26 选择“设置趋势线格式”命令

（4）选中“设置趋势线格式”列表下面的“显示公式”复选框，此时趋势线的上侧就显示了趋势线公式，如图 4–27 所示。

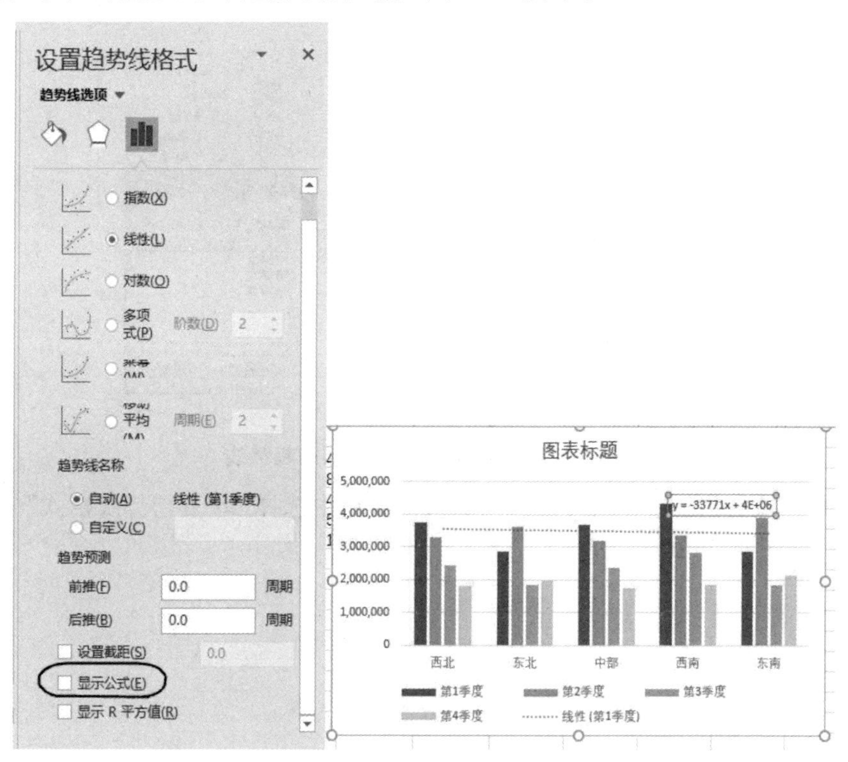

图 4–27 设置趋势线公式

（5）在“格式”选项卡下的“形状样式”组中单击“其他”按钮，选择“中等线 – 深色 1”选项，如图 4–28 所示

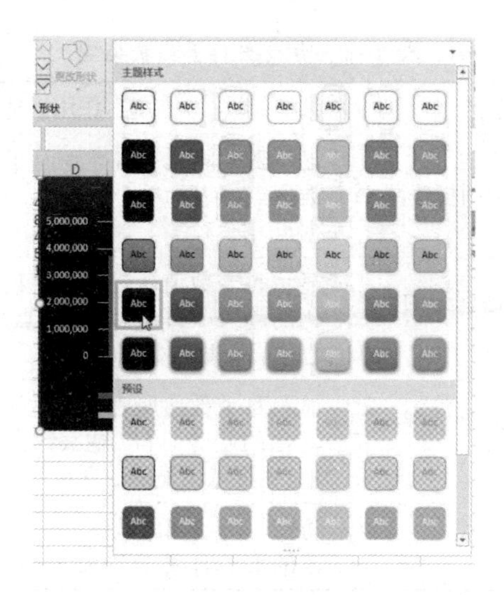

图 4–28　选择“中等线 – 深色 1”选项

（6）最终图表绘制完成，如图 4–29 所示。

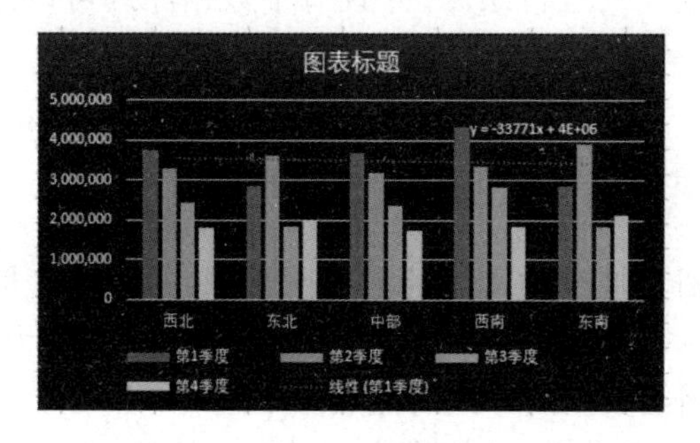

图 4–29　最终效果

4.3.3 折线图及其应用

折线图是一种用于展示数据随时间变化趋势的图表，尤其适用于连续数据的可视化。在折线图中，数据的变化趋势通过连接各个数据点的线段来表示，水平轴表示时间或其他类别数据，垂直轴表示数值数据。折线图具有四种不同的子图表类型，每种类型都有其特定的作用和应用场景，详见表 4–2 所列。这些子图表类型包括：普通折线图、堆积折线图、百分比堆积折线图、面积折线图。

表 4-2 折线图的子图表类型

子图表类型	作用描述
折线图和带数据标记的折线图	显示随时间或有序类别而变化的趋势，可以显示数据点来表示单个数据值，也可以不显示这些数据点
堆积折线图和带数据标记的堆积折线图	显示每个数值所占大小随时间或有序类别而变化的趋势，可以显示数据点来表示单个数据值，也可以不显示数据点
百分比堆积折线图和带数据标记的百分比堆积折线图	显示每个数值所占百分比随时间或有序类别而变化的趋势，可以显示数据点来表示单个数据值，也可以不显示数据点
三维折线图	将每一行或列的数据显示为三维标记，具有可修改的水平轴、垂直轴和深度轴

【注意】在折线图中，分类轴通常按照等时间间隔显示。我们可以使用任意多的数据序列进行绘图，并且每个数据序列可以使用不同的颜色和线型来区分。

4.3.3.1 创建折线图

尽管折线图和带有连接线的散点图看起来很相似，但它们在绘制数据的方式上存在很大的差异。折线图沿着水平轴（也称为 x 轴）和垂直轴（也称为 y 轴）描绘数据的方式与散点图不同。

（1）新建一个工作簿，输入数据，如图 4-30 所示。

降雨中的颗粒含量

日期	日降雨量	颗粒
2023-1-7	4.10	122
2023-2-7	4.30	117
2023-3-7	5.70	112
2023-4-7	5.40	114
2023-5-7	5.90	110
2023-6-7	5.10	114
2023-7-7	3.60	128
2023-8-7	1.90	127
2023-9-7	7.30	104

图 4-30 输入数据

（2）在“插入”选项卡的“图表”组中，点击“折线图”按钮，然后在弹出的下拉列表中选择“带数据标记的折线图”，如图 4–31 所示。

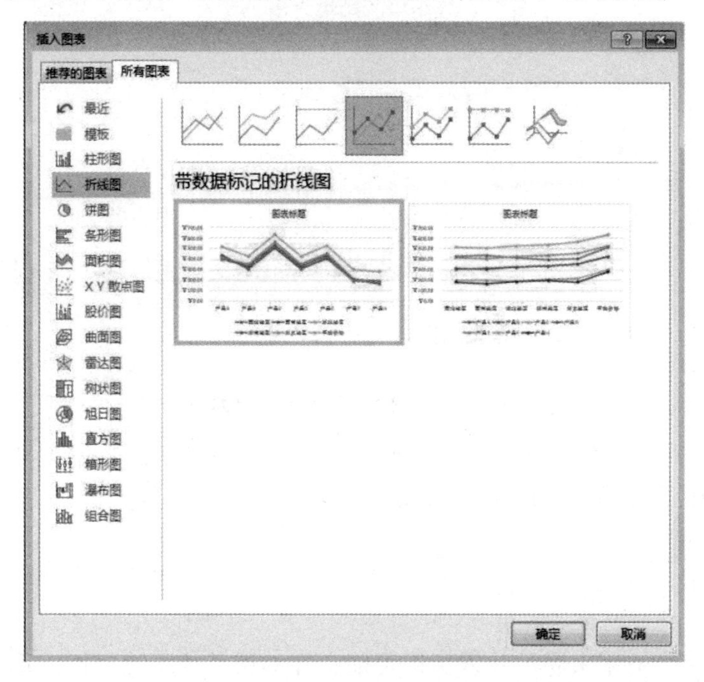

图 4–31　选择“带数据标记的折线图”选项

（3）在“布局”选项卡的“标签”组中，点击“图表标题”按钮，然后在弹出的下拉列表中选择“图表上方”选项，如图 4–32 所示。

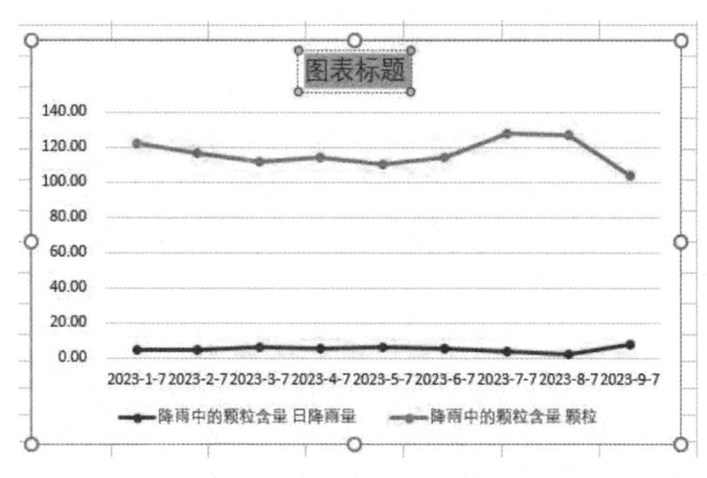

图 4–32　选择“图表上方”选项

（4）在新建的图表标题中输入文本，如图 4-33 所示。

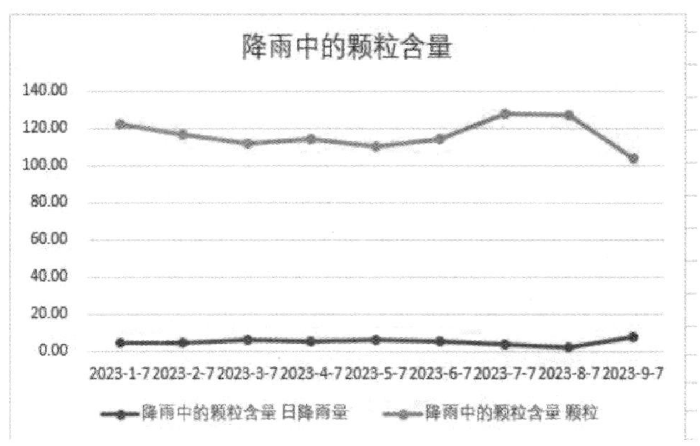

图 4-33 输入图表标题文本

折线图只有一个数值轴，水平轴只显示间距相等的数据类别。而且当数据中没有提供类别时，水平轴将自动生成 1、2、3 等数据。

4.3.3.2 添加误差线

误差线被用来展示数据标记可能存在的误差或不确定性。现在我们将介绍添加误差线的方法，具体步骤如下。

（1）打开 Excel 表格，在插入的图表右侧，单击“+”按钮，在弹出的“图表元素”选项卡中找到并单击“误差线”按钮，如图 4-34 所示。

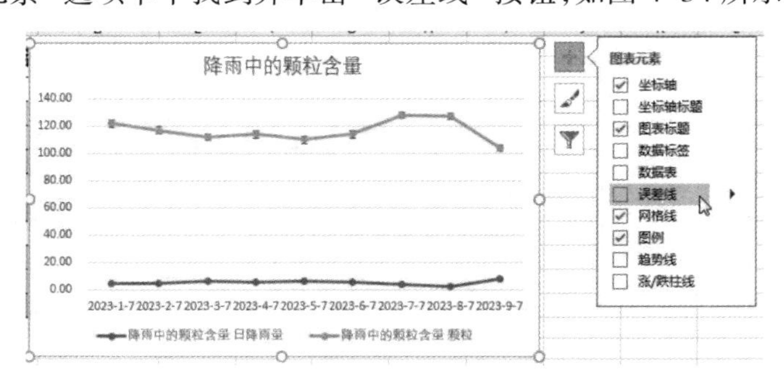

图 4-34 单击“误差线”按钮

（2）在弹出的下拉列表中，选择“其他误差线选项”选项，打开“添加误差线”对话框。在这个对话框的“添加基于系列的误差线项”列表框中，可以选择想要添加误差线的系列，比如“颗粒”，如图 4-35 所示。

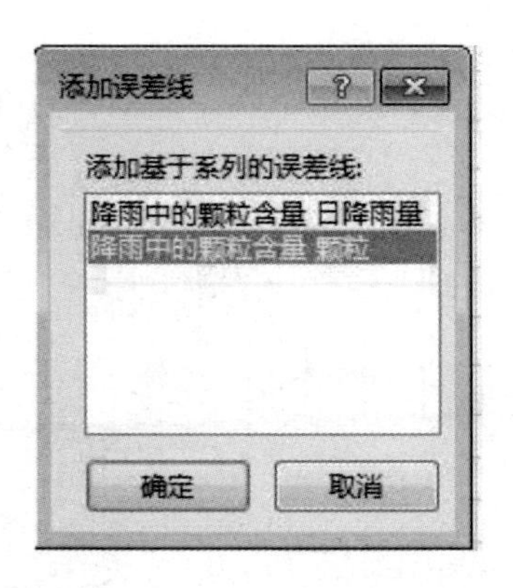

图 4–35　添加基于系列的误差线项

（3）点击确定按钮后，Excel 会自动弹出“设置误差线格式”对话框。在这个对话框中，可以在“垂直误差线”选项卡下设置误差线的方向、误差量等参数，如图 4–36 所示。

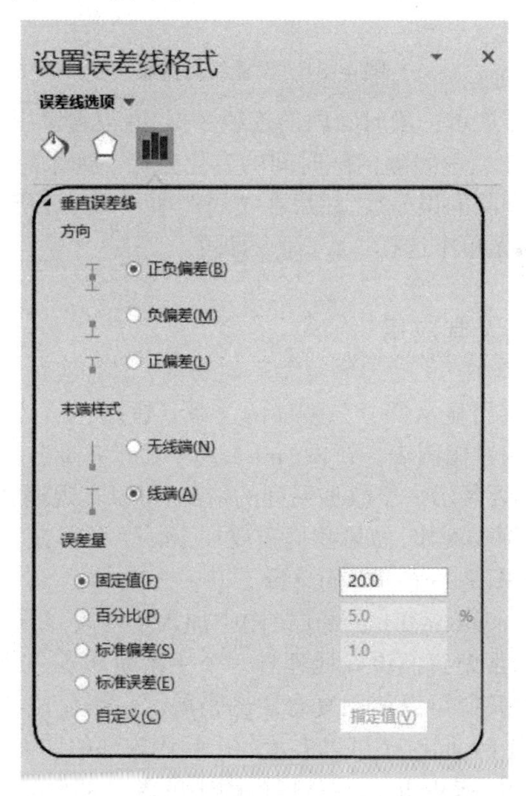

图 4–36　设置误差线的显示方向、误差量等参数

（4）切换到“线条”选项卡，设置“宽度”为 2 磅，如图 4–37 所示。

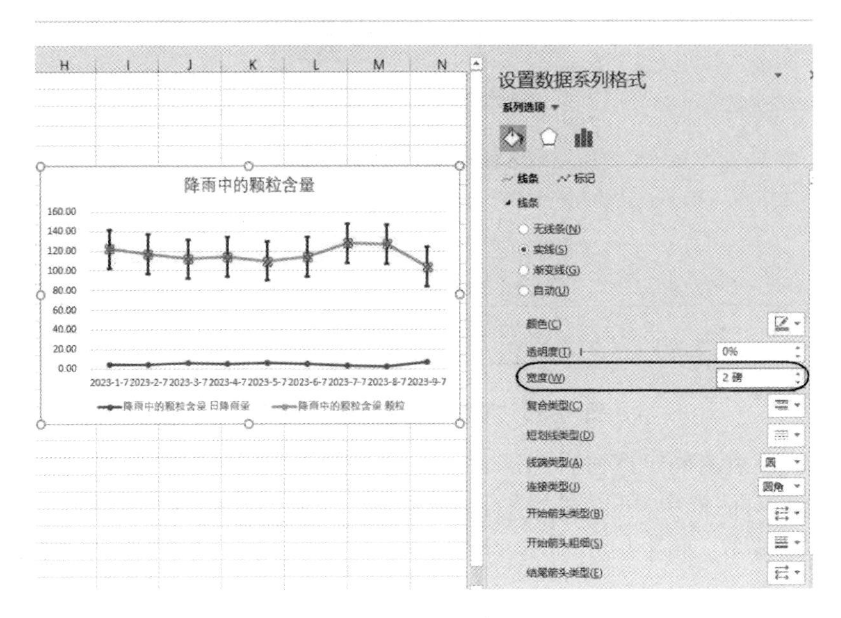

图 4–37　设置线条宽度

折线图能够展示一段时间内的连续数据，并设置常用刻度，因此非常适合显示数据在相等间隔内随时间的变化趋势。如果想要删除误差线，需要先选择要删除的误差线，然后在布局选项卡中的分析组中，单击误差线按钮，从下拉菜单中选择“无”命令即可。

4.3.4 饼图及其应用

饼图能够突出显示部分与整体的关系。饼图、复合饼图和分离型饼图是三种主要的饼图图表。饼图（pie），用于显示各部分与总体的比例关系，适用于只需要展示一个数据系列的情况，可以直观地展示各部分在总体中所占的比例。例如，如果我们需要展示一个公司在不同产品线上的销售额比例，饼图是一个很好的选择。

复合饼图（combined pie），在饼图中加入子图表，用于显示更复杂的比例关系，可以帮助我们更好地理解一个主系列和多个子系列之间的比例关系。例如，我们可以使用复合饼图来展示一个公司各产品线在总销售额中所占的比例，同时还可以展示各产品线内部的详细比例。

分离型饼图（exploded pie），将饼图中的各个部分分离出来，以更清晰地展示每个部分的比例，适用于需要清晰查看每个部分比例的情况。例如，如果我们需要展示一个饼图中各个部分的比例关系，同时将各个部分从中心分离出来，以便更清晰地查看每个部分的比例，那么分离型饼图是一个很好的选择。

4.3.4.1 创建饼图

下面介绍创建饼图的具体操作步骤。

（1）打开 Excel 程序，选择要包含在图表中的数据，例如单元格范围 A1：C8。如果数据位于不相邻的范围内，请在选择每个范围时按住【Ctrl】键。

（2）从功能区中选择“插入”选项卡，单击“图表”组中的饼图图标。这时将出现一个下拉菜单，其中包含各种饼图选项。

（3）从下拉列表中选择所需的饼图样式。

（4）创建饼图后，可以旋转各个扇区，以便从不同角度进行观察。此外，还可以将某个扇区从饼图中拖出，并将其更改为复合饼图或复合条饼图，这样就创建了一个二维复合饼图，如图 4-38 所示。

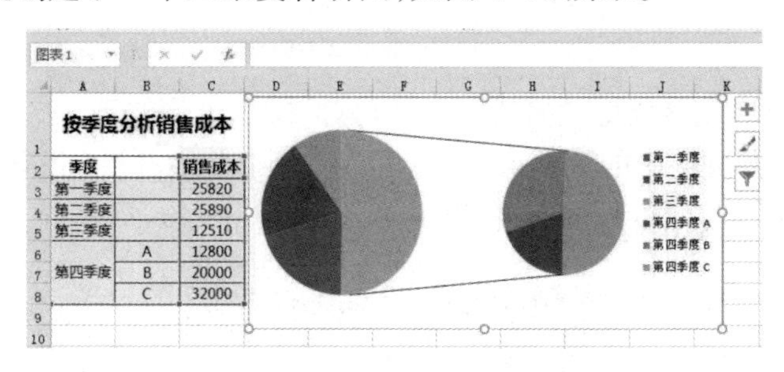

图 4-38　建二维复合饼图

（5）在“设计”选项卡下的“图表布局”组中单击“快速布局”按钮。从弹出的下拉列表中选择“布局 6”选项，如图 4-39 所示。为饼图添加数据后，图表的可读性更高了。

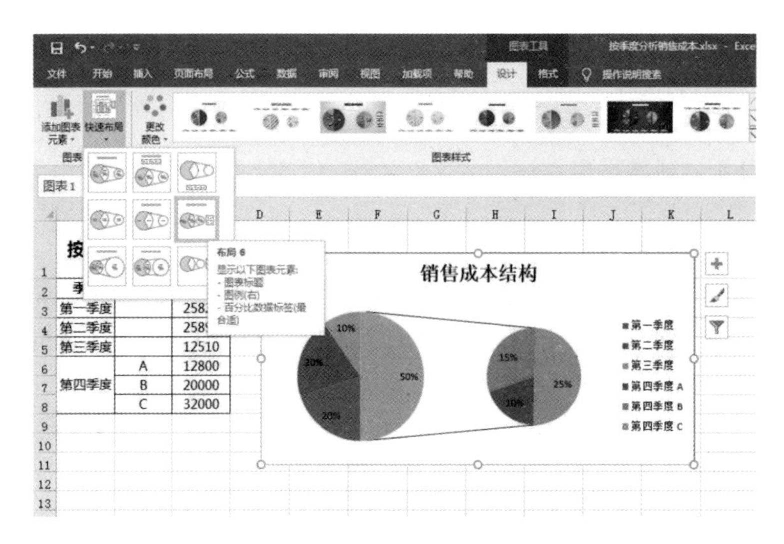

图 4-39　选择“布局 6”选项

4.3.4.2 设置数据点格式

下面介绍设置数据点格式的方法,具体操作步骤如下。

(1)右击饼图中的数据点,从弹出的快捷菜单中选择“设置数据点格式”命令,打开“设置数据点格式”选项卡,如图 4-40 所示。

图 4-40　“设置数据点格式”选项卡 1

(2)在“系列分割依据”右侧的下拉列表中选择“百分比值”选项,并在“值小于”选项组中的文本框中输入 13%，如图 4-41 所示。

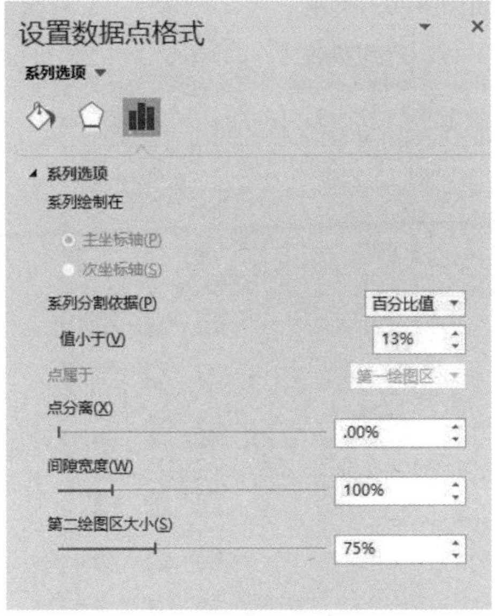

图 4-41　“设置数据点格式”选项卡 2

（3）切换到“边框颜色”选项卡，选中“实线”单选钮，并单击“颜色”右侧的下三角按钮，选择“橙色”选项，如图 4-42 所示。

图 4-42　“设置数据点格式”选项卡 3

（4）切换到“阴影”选项卡，单击“预设”右侧的下三角按钮，选择“内部左上角”选项，如图 4–43 所示。

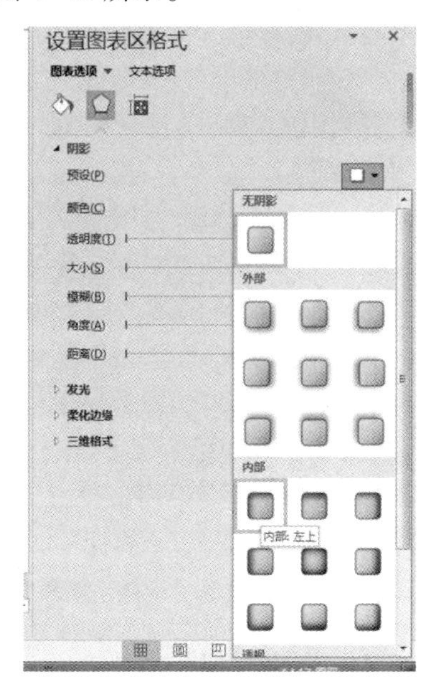

图 4–43 “设置数据点格式”选项卡 4

（5）采用同样的方法，对其他数据点应用样式，最终效果如图 4–44 所示。

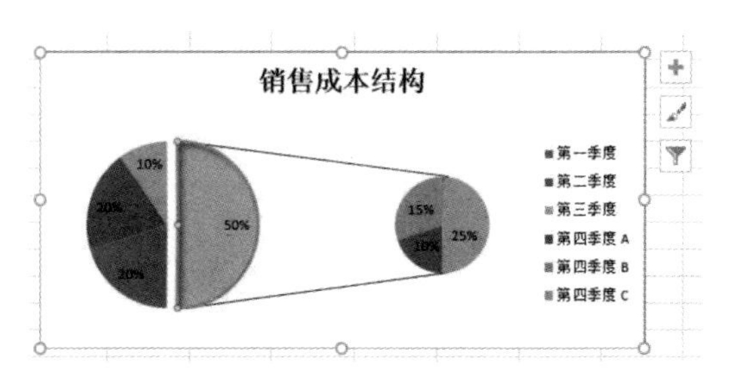

图 4–44 最终效果

如果饼图中的图例项过多或难以区分，其解决方法是为饼图扇区添加数据标签而不是显示图例。

4.3.5 圆环图及其应用

圆环图也可以展示各部分与整体之间的关系，但是圆环图不同于饼图，圆环图理解起来较为困难，因此，建议使用堆积柱形图或条形图来更好地描述部分数据与整体数据之间的关系。圆环图共有两种子图表类型，两类子图的作用描述见表 4–3 所列。

表 4–3　圆环图的子图表类型

作用	描述
圆环图	在圆环中显示数据，其中每个圆环代表一个数据系列
分离型圆环图	显示每一个数据值相对于总数值的大小，同时强调每个单独的数值

创建圆环图的具体操作步骤如下。

（1）新建一个工作簿，在工作表中输入数据，如图 4–45 所示。选择单元格，点击 "插入" 选项卡下 "图表" 组中的 "圆环图" 按钮，在弹出的下拉列表中选择 "圆环图" 命令。

比较产品的销量和销售额

产品	销量	销售额
A	520	80,000.00
B	2,000	50,000.09
C	4,280	63,727.71
D	4,469	19,152.92
E	3,695	16,359.69
F	3,171	17,251.91
G	755	11,953.85
H	3,953	86,354.20
合计	22,843	344,800

图 4–45　输入数据

（2）一个由两个圆环组成的圆环图就绘制完成了，如图 4–46 所示。创建圆环图后可以旋转扇区以获得不同的视角，或者将特定扇区从圆环图中拖出进行强调。此外，我们还可以通过更改圆环图的内径大小来增大或减小扇区的大小。

【注意】由于圆环图使用同心圆来表示数据系列，因此不能通过扇区大小来衡量多个数据系列中数据的大小。然而，对单个数据系列，圆环图具有明显的优势。与其他类型的图表不同，圆环图没有数据轴，但可以包含多个数据系列。

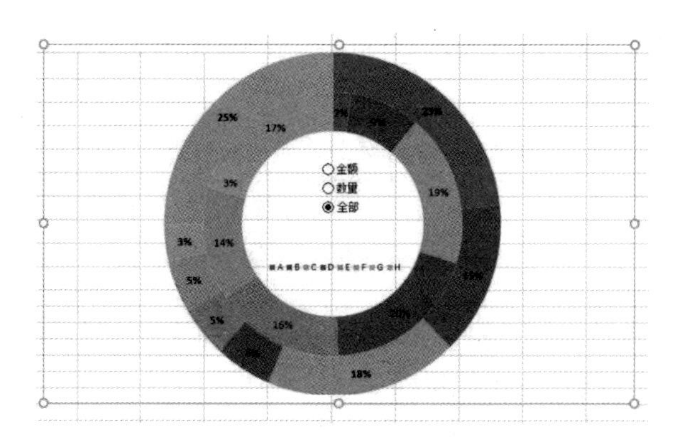

图 4-46　绘制圆环图

4.4　迷你图表的创建与美化

4.4.1 认识与创建迷你图

尽管迷你图和普通图表都是用于数据分析的图表形式，且都能够以直观的方式呈现数据，但两者的存在方式和呈现形式是不同的。普通图表是一个独立的图表区域；迷你图位于单元格内部，可视为单元格中的一种特殊数据存在方式，与单元格紧密结合，以简洁的形式呈现数据的变化趋势和比较情况。除此之外，迷你图与普通图表的另一个区别在于它们所包含的图表元素不同。与普通图表相比，迷你图的元素组成部分相对简单，默认情况下只有数据系列。用户可以通过设置来突显最大值、最小值以及负值等数据，甚至是坐标轴。这些额外的元素可以使迷你图更具针对性和实用性，能帮助用户更好地分析和理解数据。迷你图可以以简洁的形式展示数据的重要特征和比较情况。

迷你图分为三种类型：折线迷你图、柱形迷你图和盈亏迷你图。折线迷你图主要用于分析数据的趋势走向，与前面学过的折线图类似。通过观察折线的起伏变化，可以了解数据的走向趋势。柱形迷你图以柱状图的形式比较所选区域的数据大小。柱形的高度可以直观地反映数据的相对大小，从而方便比较和分析。盈亏迷你图用于表达所选数据的盈亏情况，能够以简洁明了的方式呈现数据的盈利或亏损状态。

迷你图的创建步骤如下。

（1）打开要处理的数据表格，如图 4–47 所示。

2023年前三季度洗涤用品月销售情况

月份	洗发水	沐浴露	洗面奶	香皂
1月	1080.00	1120.00	1890.00	2580.00
2月	2510.00	1980.00	2430.00	1850.00
3月	2100.00	2305.00	1950.00	2420.00
4月	2655.00	1988.00	2500.00	1958.00
5月	2056.00	2425.00	2587.00	2032.00
6月	3690.00	3804.00	3108.00	3365.00
7月	4868.00	4364.00	2790.00	3473.00
8月	3670.00	3390.00	2300.00	3438.00
9月	2940.00	3520.00	2840.00	2590.00

订单　按产品和业务员统计　Sheet3

图 4–47　打开数据

（2）选中表格的数据，如图 4–48 所示。

B3　1080

2023年前三季度洗涤用品月销售情况

月份	洗发水	沐浴露	洗面奶	香皂
1月	1080.00	1120.00	1890.00	2580.00
2月	2510.00	1980.00	2430.00	1850.00
3月	2100.00	2305.00	1950.00	2420.00
4月	2655.00	1988.00	2500.00	1958.00
5月	2056.00	2425.00	2587.00	2032.00
6月	3690.00	3804.00	3108.00	3365.00
7月	4868.00	4364.00	2790.00	3473.00
8月	3670.00	3390.00	2300.00	3438.00
9月	2940.00	3520.00	2840.00	2590.00

订单　按产品和业务员统计　Sheet3

图 4–48　选中数据

（3）在菜单栏点击“插入”，找到迷你图，这里选择插入柱形图。可根据自己需要插入图表的类型，如图 4–49 所示。

图 4–49　选择需要插入图表的类型

（4）出现一个“创建迷你图”对话框，需要选择放置迷你图的位置，如图 4-50 所示。

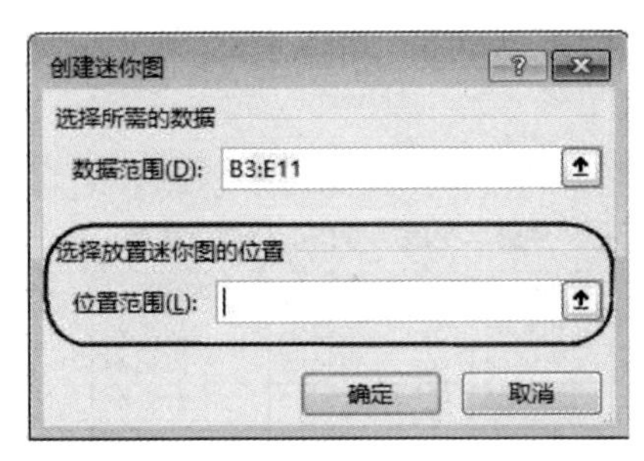

图 4-50 “创建迷你图”对话框

（5）选择放置在数据后面的一列，点击“确定”按钮，如图 4-51 所示。

2023年前三季度洗涤用品月销售情况

月份	洗发水	沐浴露	洗面奶	香皂
1月	1080.00	1120.00	1890.00	2580.00
2月	2510.00	1980.00	2430.00	1850.00
3月	2100.00	2305.00	1950.00	2420.00
4月	2655.00	1988.00	2500.00	1958.00
5月	2056.00	2425.00	2587.00	2032.00
6月	3690.00	3804.00	3108.00	3365.00
7月	4868.00	4364.00	2790.00	3473.00
8月	3670.00	3390.00	2300.00	3438.00
9月	2940.00	3520.00	2840.00	2590.00

创建迷你图
选择所需的数据
数据范围(D): B3:E11
选择放置迷你图的位置
位置范围(L): $F$3:$F$11
确定 取消

图 4-51 选择放置位置

（5）最终柱形迷你图插入完成，如图 4-52 所示。

2023年前三季度洗涤用品月销售情况

月份	洗发水	沐浴露	洗面奶	香皂	
1月	1080.00	1120.00	1890.00	2580.00	
2月	2510.00	1980.00	2430.00	1850.00	
3月	2100.00	2305.00	1950.00	2420.00	
4月	2655.00	1988.00	2500.00	1958.00	
5月	2056.00	2425.00	2587.00	2032.00	
6月	3690.00	3804.00	3108.00	3365.00	
7月	4868.00	4364.00	2790.00	3473.00	
8月	3670.00	3390.00	2300.00	3438.00	
9月	2940.00	3520.00	2840.00	2590.00	

图 4-52 插入柱形迷你图

（6）如果需要删除迷你图，右击“迷你图”选择“清除所选的迷你图组”，如图 4–53 所示。

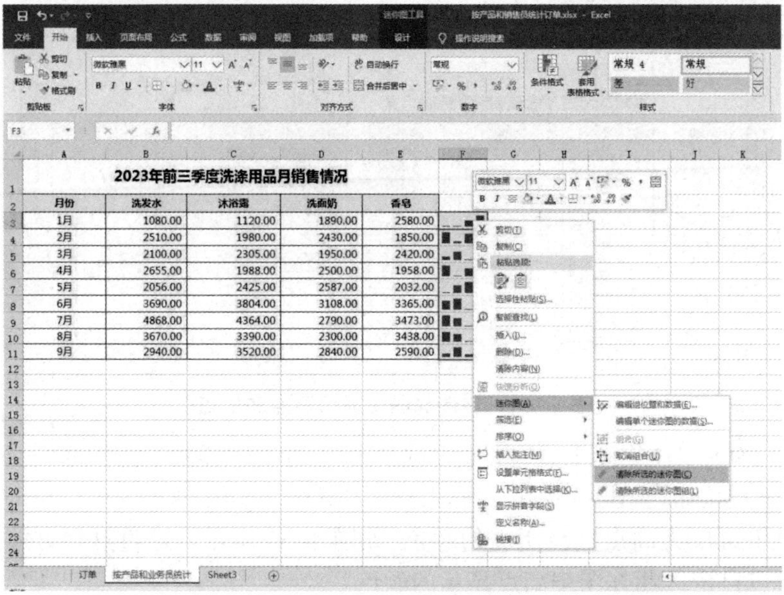

图 4–53　删除迷你图

4.4.2 设置迷你图中不同的点

在单元格中插入迷你图后，可以根据不同的数据设置标记点，例如峰值、谷值、首个点、最后一个点等。以给定的数据为例，要设置峰值和谷值，并分别设置峰值和谷值的颜色。[1]

（1）选择任意一个迷你图，并勾选“迷你图工具 – 设计”选项卡中“显示”组中的“峰值”和“谷值”复选框，以便在迷你图中显示峰值和谷值，如图 4–54 所示。这样可以更好地观察数据的变化趋势和差异，并突出数据中的重要点。

① 段杨，张莉 .Excel 数据分析教程 [M]. 北京：电子工业出版社，2017.

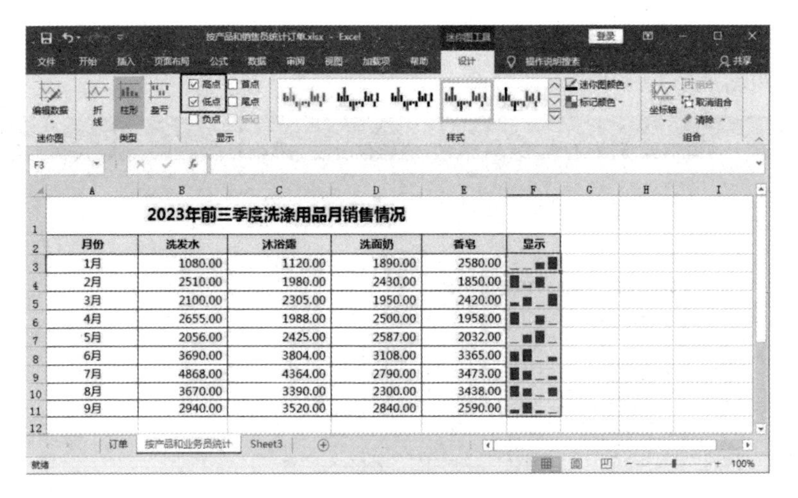

2023年前三季度洗涤用品月销售情况

月份	洗发水	沐浴露	洗面奶	香皂	显示
1月	1080.00	1120.00	1890.00	2580.00	
2月	2510.00	1980.00	2430.00	1850.00	
3月	2100.00	2305.00	1950.00	2420.00	
4月	2655.00	1988.00	2500.00	1958.00	
5月	2056.00	2425.00	2587.00	2032.00	
6月	3690.00	3804.00	3108.00	3365.00	
7月	4868.00	4364.00	2790.00	3473.00	
8月	3670.00	3390.00	2300.00	3438.00	
9月	2940.00	3520.00	2840.00	2590.00	

图 4-54 在迷你图中显示高点和低点

（2）在“迷你图工具 - 设计”选项卡中，单击“样式”组中的“标记颜色”下拉按钮，弹出一个下拉列表，选择“高点”选项，弹出一个二级列表，在这里可以为高点选择所需的颜色，如图 4-55 所示。通过这种方式，我们可以自定义迷你图中高点显示的颜色。

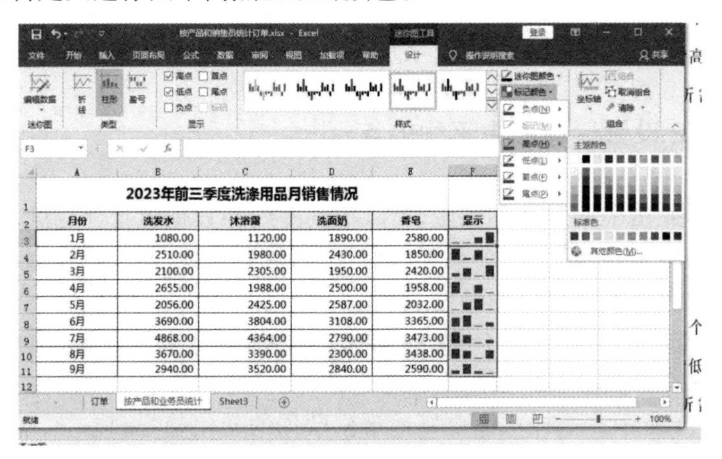

2023年前三季度洗涤用品月销售情况

月份	洗发水	沐浴露	洗面奶	香皂	显示
1月	1080.00	1120.00	1890.00	2580.00	
2月	2510.00	1980.00	2430.00	1850.00	
3月	2100.00	2305.00	1950.00	2420.00	
4月	2655.00	1988.00	2500.00	1958.00	
5月	2056.00	2425.00	2587.00	2032.00	
6月	3690.00	3804.00	3108.00	3365.00	
7月	4868.00	4364.00	2790.00	3473.00	
8月	3670.00	3390.00	2300.00	3438.00	
9月	2940.00	3520.00	2840.00	2590.00	

图 4-55 为高点选择所需的颜色

（3）采用同样的方法为“低点”设置颜色。

（4）完成以上操作后，就可以看到迷你图以不同的颜色显示了高点和低点。通过这种方式，可以更清晰地观察到数据的变化趋势和差异，以及数据中的重要点。

4.4.3 使用内置样式美化迷你图

在制作好一个图表后，我们可以对图表进行各种修改和定制，例如更改图表标题、网格线、图例、坐标轴、数据标志以及数据表等元素。通过这些修改和定制，可以使图表更加符合我们的需求，使其更加直观、易于理解。

如果对自己选择的颜色不满意，也可以使用 Excel 提供的内置样式来快速美化迷你图。用户可以选择一个预先定义好的颜色搭配方案，让迷你图呈现出更加美观的效果，而无须担心自己的颜色选择是否合适。操作方法如下。

（1）选中任意一个迷你图，单击“迷你图工具”→“设计”→“样式”→“其他”下拉按钮，如图 4–56 所示。弹出一个下拉列表，其中包含了一些内置的样式选项。通过选择不同的样式选项，可以快速改变迷你图的外观，使其呈现出更加美观的效果。

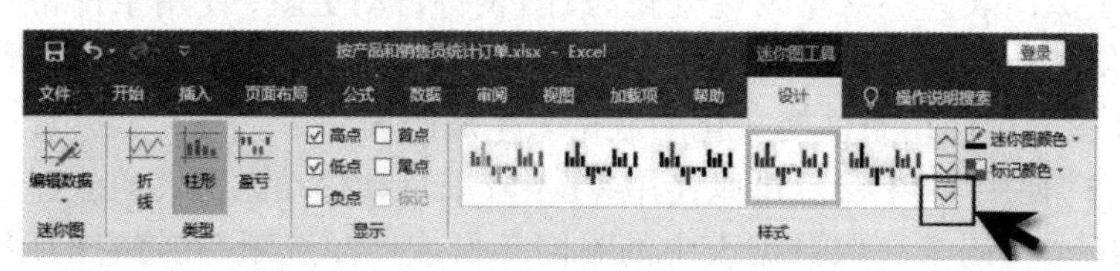

图 4–56　单击“其他”下拉按钮

（2）在打开的下拉列表中选择一种迷你图样式，如图 4–57 所示。

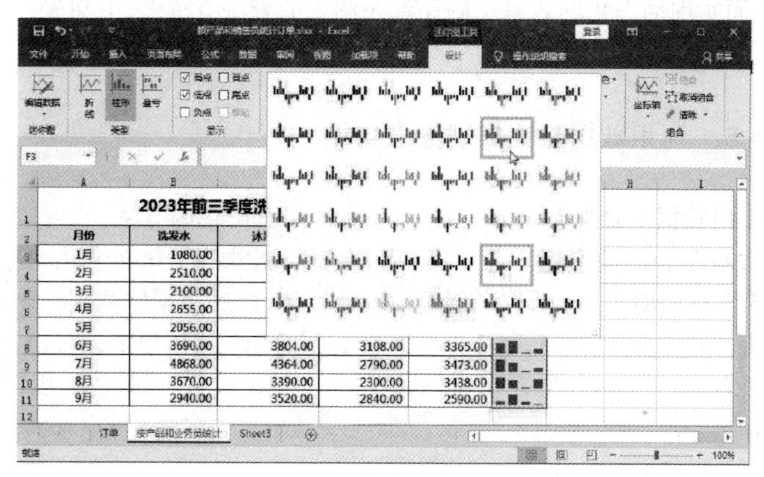

图 4–57　选择一种迷你图样式

（3）操作完成后，即可看到迷你图已经应用了内置样式。

4.5 动态图表的制作方法与应用

可以使用函数和控件来制作动态图表,以便根据年份或产品选项的变化自动更新图表内容。以下是一些常用的创建动态图表方法。

(1)使用数据验证。在数据表中,可以使用数据验证来创建下拉列表,然后使用函数来引用这些值并生成图表。当用户选择不同的选项时,图表将自动更新。

(2)使用动态范围名称,可以使用动态范围名称来引用不同年份或产品选项的数据。然后,在图表中可以使用这些动态范围名称来引用数据并生成图表。当数据发生变化时,图表将自动更新;使用条件格式化,可以使用条件格式化来将数据表中的不同年份或产品选项高亮显示。然后,在图表中使用条件格式化的数据来生成图表。

(3)使用 VBA 宏。可以使用 VBA 宏来自动化动态图表的创建过程。通过编写代码来获取数据表中的不同年份或产品选项,并将它们用于生成图表。当数据发生变化时,宏将自动运行并更新图表。

动态图表是一种交互式图表,用户可以通过更改参数来改变图表数据,从而实现动态化的效果。制作动态图表的方法有很多,下面先介绍常规的制作方法。

4.5.1 利用数据验证实现图表切换

使用数据验证来创建动态图表是一种相对简单的方法,它可以帮助我们实现图表的动态化。为了实现图表随数据源的变化而变化,我们可以结合 VLOOKUP()函数来创建动态数据源,然后根据该数据源创建动态图表。以下是在“销售员上半年任务完成分析”工作簿中,通过数据验证功能制作一个动态图表,一次只显示一个员工的数据以此为例介绍相关操作。[①]

---

① 杨小丽.Excel数据之美 从数据分析到可视化图表制作[M].北京:中国铁道出版社,2022.

（1）打开 Excel，输入需要的数据，如图 4–58 所示。

销售员上半年任务完成分析						
销售员	1月	2月	3月	4月	5月	6月
王荣	35000	37895	35000	37895	35000	37895
周国菊	30000	16582	30000	16582	30000	16582
陶莉莉	25000	17235	25000	17235	25000	17235
林逸	20000	16245	20000	16245	20000	16245
吴廷烨	15000	20850	15000	20850	15000	20850
赵民	10000	8900	10000	8900	10000	8900
林佳佳	9000	7200	9000	7200	9000	7200
罗宾	9000	6800	9000	6800	9000	6800
赵航	7000	5800	7000	5800	7000	5800
李萍	10000	13850	10000	13850	10000	13850

图 4–58　输入数据

（2）选择 B2:H3 的单元格区域，并使用【Ctrl+C】快捷键来复制这个区域。接下来，请在 B14 单元格上点击鼠标右键，并在弹出的快捷菜单中选择“粘贴”命令，如图 4–59 所示。

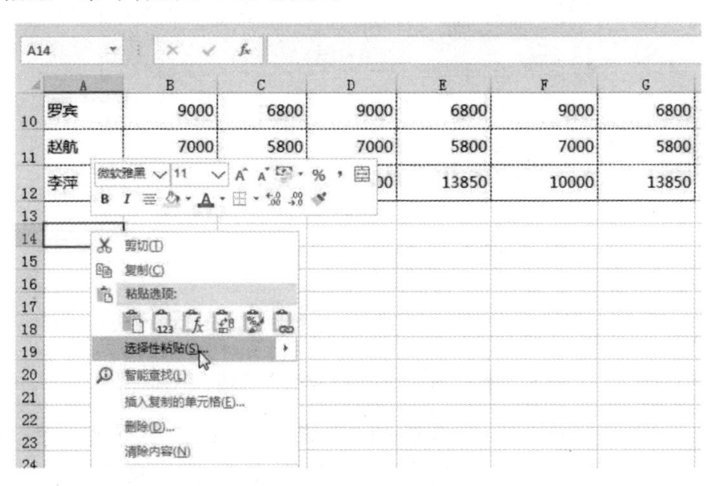

图 4–59　选择“粘贴”命令

（3）需要删除 B15:H15 的单元格区域的数据。选择 B15 单元格区域，并单击“数据”选项卡中的“数据工具”组中的“数据验证”按钮，如图 4–60 所示。

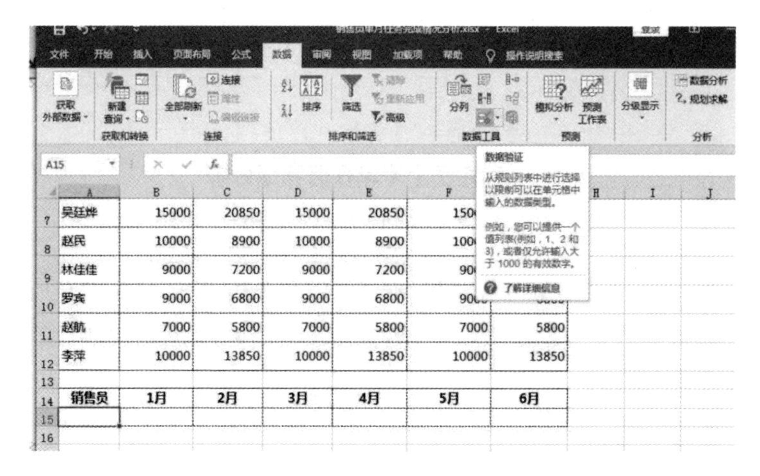

图 4-60 “数据验证”按钮

（4）在打开的“数据验证”对话框中，我们单击“设置”选项卡。在“允许”下拉列表框中，我们选择“序列”选项，如图 4-61 所示。

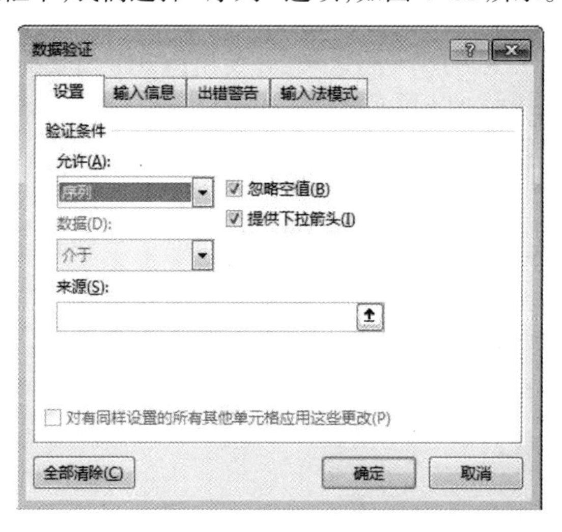

图 4-61 选择“序列”选项

（5）选中“忽略空值”复选框和“提供下拉箭头”复选框。然后，单击“来源”参数框右侧的折叠按钮，直接在工作表中选择所有的姓名单元格，即 A3:A12 的单元格区域。单击折叠对话框右侧的展开按钮，如图 4-62 所示，将“数据验证”对话框恢复到初始大小。

A3

数据验证

=$A$3:$A$12

销售员上半年任务完成情况分析						
销售员	1月	2月	3月	4月	5月	6月
王荣	35000	37895	35000	37895	35000	37895
周国菊	30000	16582	30000	16582	30000	16582
陶莉莉	25000	17235	25000	17235	25000	17235
林逸	20000	16245	20000	16245	20000	16245
吴廷烨	15000	20850	15000	20850	15000	20850
赵民	10000	8900	10000	8900	10000	8900
林佳佳	9000	7200	9000	7200	9000	7200
罗宾	9000	6800	9000	6800	9000	6800
赵航	7000	5800	7000	5800	7000	5800
李萍	10000	13850	10000	13850	10000	13850

图 4–62　选择数据来源

（6）在“数据验证”对话框中，单击“出错警告”选项卡，把文本插入点定位到“错误信息”文本框中，并输入“请勿输入，单击下拉按钮选择即可”这样的文本，如图 4–63 所示。最后，单击“确定”按钮。

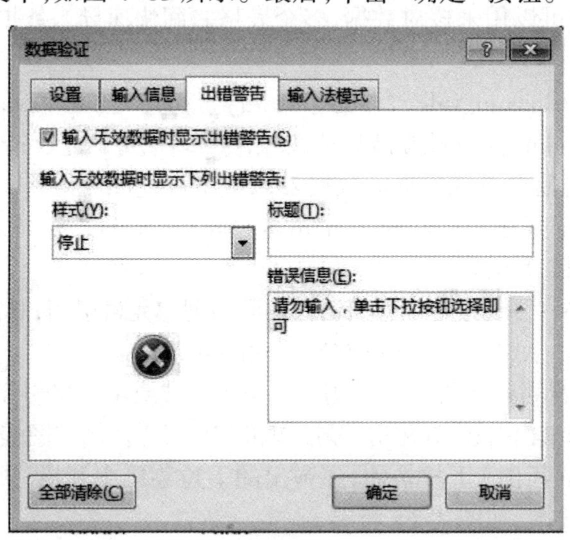

图 4–63　输入“错误信息”文本

（7）返回到工作表中，单击 B15 单元格右侧的下拉按钮，然后选择任意的员工姓名。接着，我们选择 C15 单元格，并在编辑栏中输入“=VLOOKUP（B15，B4:H12，COLUMN（B15），0）”，然后按【Ctrl+Enter】

组合键确认,完成计算后,选择 C15 单元格,然后拖动单元格右下角的控制柄,将公式填充到 H15 单元格,如图 4-64 所示。

=VLOOKUP($B$15,$B$4:$H$12,COLUMN(B15),0)

B	C	D	E	F	G	H
周国菊	30000	16582	30000	16582	30000	16582
陶莉莉	25000	17235	25000	17235	25000	17235
林逸	20000	16245	20000	16245	20000	16245
吴廷烨	15000	20850	15000	20850	15000	20850
赵民	10000	8900	10000	8900	10000	8900
林佳佳	9000	7200	9000	7200	9000	7200
罗宾	9000	6800	9000	6800	9000	6800
赵航	7000	5800	7000	5800	7000	5800
李萍	10000	13850	10000	13850	10000	13850
销售员	**1月**	**2月**	**3月**	**4月**	**5月**	**6月**
陶莉莉	25000	17235	25000	17235	25000	17235

图 4-64 填充数据

VLOOKUP( )函数是 Excel 中的一个纵向查找函数,在工作中被广泛应用,例如可以用来核对数据,多个表格之间快速导入数据等。该函数的语法为

VLOOKUP(lookup_value, table_array, col_index_num, range_lookup)

其中, lookup_value 为需要在数据表第一列中进行查找的数值; table_array 为需要查找数据的数据表; col_index_num 为 table_array 中查找数据的数据列序号; range_lookup 为逻辑值,指明查找时是精确匹配,还是近似匹配。

COLUMN( )函数用于返回给定函数的列单元格引用,其语法结构为

COLUMN([reference])

其中, reference 可以是单元格、单元格区域或单元格引用。

(8)选择 B14:H15 单元格区域,单击“插入”选项卡“图表”组中的“插入折线图或面积图”下拉按钮,在弹出的下拉菜单中选择“折线图”选项即可创建折线图,如图 4-65 所示。

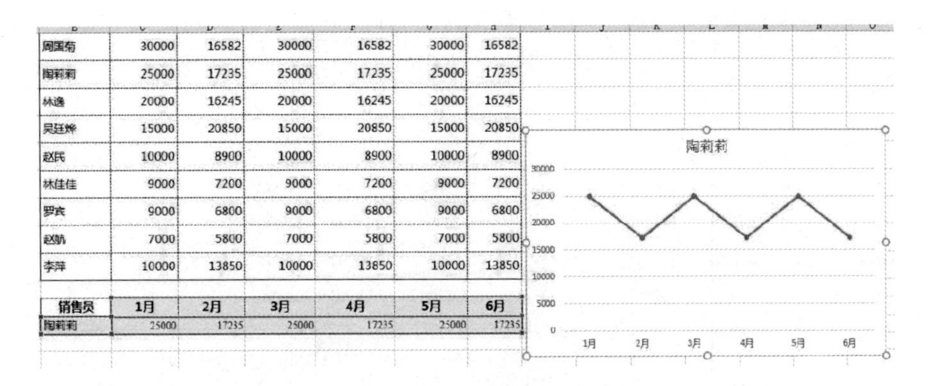

图 4-65 选择“折线图”选项

（9）双击图表中左侧的纵坐标轴，在打开的“设置坐标轴格式”窗格中单击“坐标轴选项”按钮，展开“坐标轴选项”栏，在“最小值”文本框中输入“100”，系统会自动匹配最大值，如图 4-66 所示。

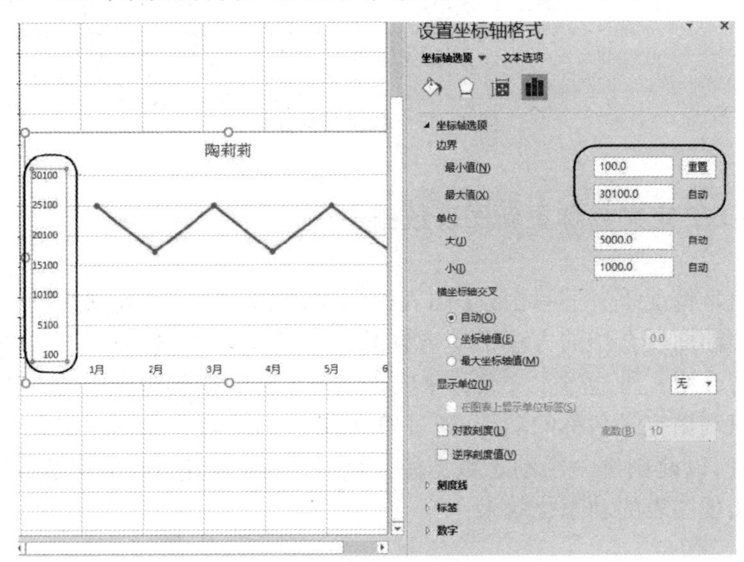

图 4-66 设置数据

（10）为图表套用“样式 2”图表样式，完成后单击 B15 单元格右侧的下拉按钮，在弹出的下拉列表中选择其他的员工，图表中的数据则会自动变化，如图 4-67 所示。

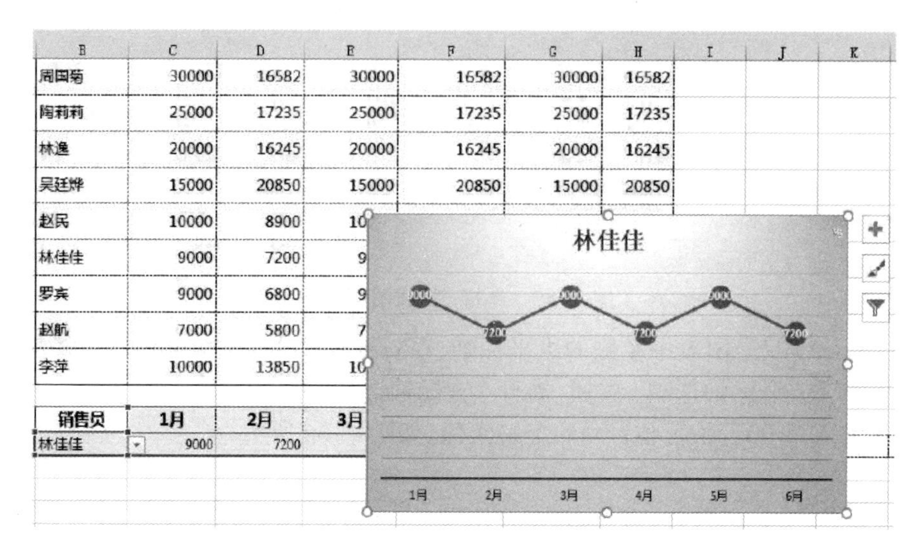

图 4-67 数据自动变化

4.5.2 定义名称更新图表数据

通常情况下,一旦完成了图表的创建,如果需要添加新的数据,就需要按照前面所介绍的方法手动将数据添加到图表中,这样往往非常麻烦。本节将介绍一种通过定义名称来实现动态添加数据到图表中的方法。我们可以利用定义名称的功能,通过 OFFSET( )函数将数据源定义为具体的名称,以此创建一个动态数据源。然后,让图表引用这个动态数据源,最终实现图表的动态化效果。

4.5.2.1 使用 OFFSET( )函数返回引用偏移量

为了让图表能随着时间的推移,从而销售的产品数量发生相应的改变,需要使用 OFFSET 函数、图表和控件来共同完成。

(1)在数据表中输入销售数据,并使用函数计算出销售数量。例如,假设数据表在 A1:A10 区域中,可以使用 SUM 函数计算出销售数量,然后将结果存储在一个单元格中,例如 B1 单元格。

（2）使用 OFFSET（ ）函数来获取数据表中指定时间范围内的数据。例如，假设数据表按日期排列，可以使用 OFFSET（ ）函数获取上一个时间段内的数据，如上个月或上一季度的数据。假设数据表按产品排列，可以使用 OFFSET（ ）函数获取特定产品的销售数据。

（3）使用图表工具创建图表。根据需要选择适当的图表类型，如柱形图、折线图或饼图等。将图表放置在工作表中所需的位置。

（4）将数据表中的数据添加到图表中。选择图表，然后在图表工具的“数据”选项卡中选择“添加数据”选项。选择要添加的数据系列，例如销售额或销售数量等。然后根据需要设置其他选项，例如分类轴标签、图例等。

（5）将控件添加到工作表中以允许用户选择时间段或产品类型等选项。根据需要选择适当的控件类型，例如下拉列表框、单选按钮或复选框等。将控件放置在工作表中所需的位置。

现在，当用户选择不同的选项时，图表将自动更新以显示相应时间段或产品类型的销售数据。

（1）在 A10:A13 单元格中依次输入“=B1”“=C1”“=D1”“=E1”，如图 4–68 所示。

A13　=E1

	A	B	C	D	E
4	2021	612	520	150	810
5	2020	633	524	810	720
6	2019	540	420	832	800
7	2018	560	442	500	132
8					
9					
10	一季度				
11	二季度				
12	三季度				
13	四季度				
14					

图 4–68　输入数据

（2）在 B9 单元格中输入“=OFFSET（A$2，$A$8,0）”，单击编辑栏“√”按钮，在 B10:B13 单元格中依次输入“=OFFSET（B$2，$A$8,0）、=OFFSET（C$2，$A$8,0）、=OFFSET（D$2，$A$8,0）、=OFFSET（E$2，$A$8,0）”，如图 4–69 所示。

	A	B	C	D	E
1	年份	一季度	二季度	三季度	四季度
2	2023	320	420	150	940
3	2022	818	510	240	500
4	2021	612	520	150	810
5	2020	633	524	810	720
6	2019	540	420	832	800
7	2018	560	442	500	132
8					
9		2023			
10	一季度	320			
11	二季度	420			
12	三季度	150			
13	四季度	940			

图 4-69　输入公式

4.5.2.2 制作年份动态图表

要创建动态三维柱形图并使用滚动条控件进行操作，则需要先添加“开发工具”选项卡。在“文件”菜单中选择“选项”命令，然后在“Excel 选项”对话框中勾选“开发工具”选项卡。

（1）单击“文件“菜单，在弹出的下拉列表中选择“选项”命令，打开“Excel 选项”对话框。单击左侧“自定义功能区”选项。在右侧面板中勾选“开发工具”选项卡的复选框。单击“确定”按钮。

（2）选择 A9：B13 单元格区域。单击“插入”选项卡。单击“柱形图”按钮。选择需要的柱形图，如图 4-70 所示。

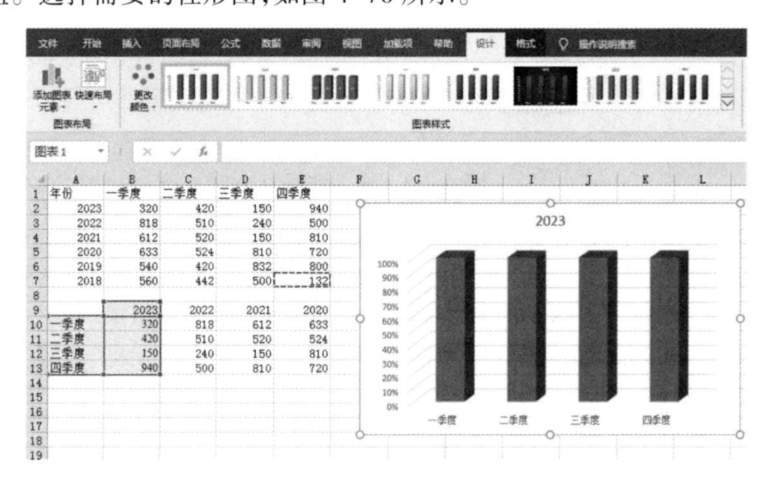

图 4-70　选择需要的柱形图

（3）单击“开发工具”选项卡中的“插入”按钮。选择”滚动条“选项，如图 4–71 所示。

图 4–71　选择“滚动条”选项

（4）按住鼠标左键不放拖动绘制出滚动条的大小，如图 4–72 所示。

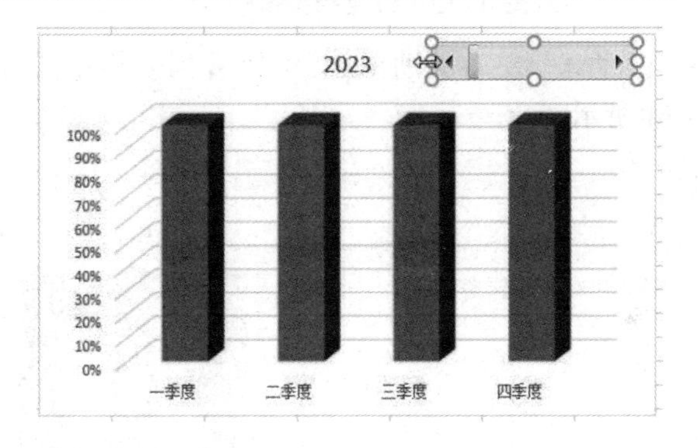

图 4–72　绘制出滚动条

（5）在控件工具组中单击“属性”按钮，根据需要进行相关设置，如图 4–73 所示。

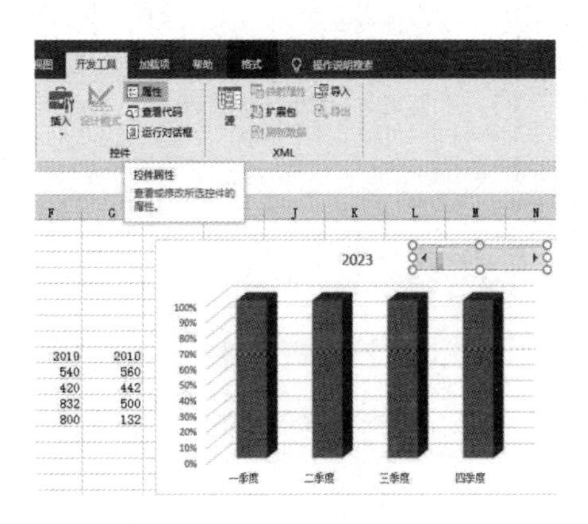

图 4–73　设置相关属性

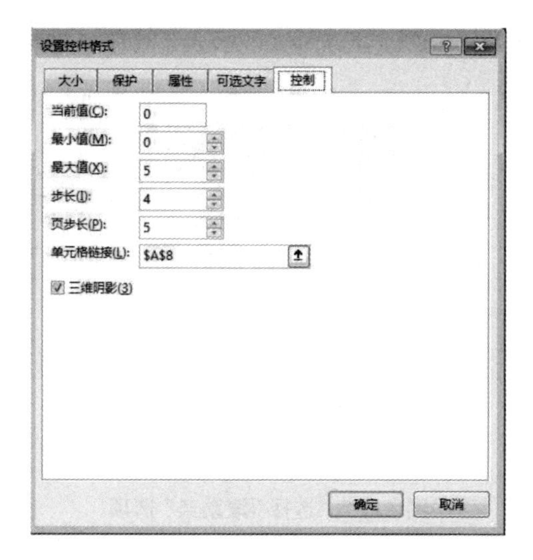

图 4–73　设置相关属性(续)

(6)按住“滚动条”左右移动鼠标,可以看到表格中的数字随着发生变化,如图 4–74 所示。

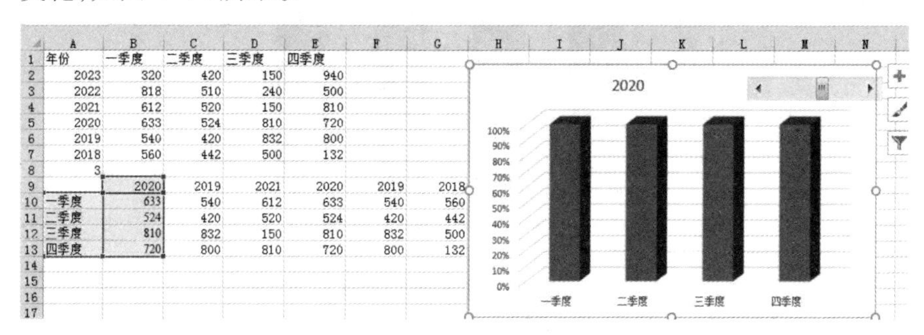

	A	B	C	D	E	F	G
1	年份	一季度	二季度	三季度	四季度		
2	2023	320	420	150	940		
3	2022	818	510	240	500		
4	2021	612	520	150	810		
5	2020	633	524	810	720		
6	2019	540	420	832	800		
7	2018	560	442	500	132		
8	3						
9		2020	2019	2021	2020	2019	2018
10	一季度	633	540	612	633	540	560
11	二季度	524	420	520	524	420	442
12	三季度	810	832	150	810	832	500
13	四季度	720	800	810	720	800	132

图 4–74　移动鼠标查看效果

第 5 章　Excel 数据透视表与数据透视图

数据透视表和数据透视图都是用于交互式数据分析的 Excel 工具。数据透视表是一种交互式的电子表格,可以快速汇总大量数据。数据透视图则是数据透视表的另一种表现形式,呈现为交互式的图表。数据透视图可以更改数据的视图,查看不同级别的明细数据,或通过拖动字段和显示或隐藏字段中的项来重新组织图表的布局。对数据透视表,每一次改变版面布置时,它会立即按照新的布置重新计算数据。而如果原始数据发生更改,也可以更新数据透视表。在 Excel 中,每一次新建数据透视表或数据透视图时,都会将报表数据的副本存储在内存中,并将其保存为工作簿文件的一部分。这样每张新的报表都需要额外的内存和磁盘空间。但是,如果将现有数据透视表作为同一个工作簿中的新报表的源数据,则两张报表就可以共享同一个数据副本。

5.1　创建数据透视表

数据透视表是一种在 Excel 中创建的动态汇总表格,它可以帮助用户深入分析数据。通过数据透视表,用户可以筛选、汇总、比较和组织数据,从而更好地理解数据的模式和趋势。在本节中,我们将详细介绍如何创建和更新数据透视表,以及如何使用它来调整分析的步长、查看数据的不同汇总、添加 / 删除字段、分类显示数据和调整显示方向。[①]

数据透视表是一种强大的数据分析工具,它可以帮助用户从大量数据中提取有价值的信息,并且以易于理解和可视化的方式呈现出来。通

① 王斌会 . 数据分析及 Excel 应用 [M]. 广州：暨南大学出版社，2021.

过数据透视表,用户可以深入了解数据的分布、趋势和关联,从而更好地进行数据分析和决策。数据透视表具有交互式的特点,它可以动态地更新和显示数据,以便用户可以根据自己的需求和兴趣进行探索和分析。这种动态报表的功能使得数据透视表非常适合在处理大量数据时使用,特别是需要灵活地筛选、排序和聚合数据的情况下使用。通过数据透视功能,用户可以轻松地将数据转化为图表形式,从而更好地展示数据的趋势和关联。图表可以更直观地展示数据的分布和变化,使得数据分析更加易于理解和可视化。此外,动态图表还可以根据用户的需求和兴趣进行实时更新,从而提供更准确和及时的数据分析结果。

5.1.1 认识数据透视表

数据透视表是一种在 Excel 中使用的强大工具,可以帮助用户快速地整理、分析和理解大量数据。通过将不同的数据字段拖放到行、列、筛选和值区域中,可以按照不同的维度查看和计算数据,以便更好地理解数据的分布、趋势和关联。

数据透视表的四个主要区域如图 5-1 所示。

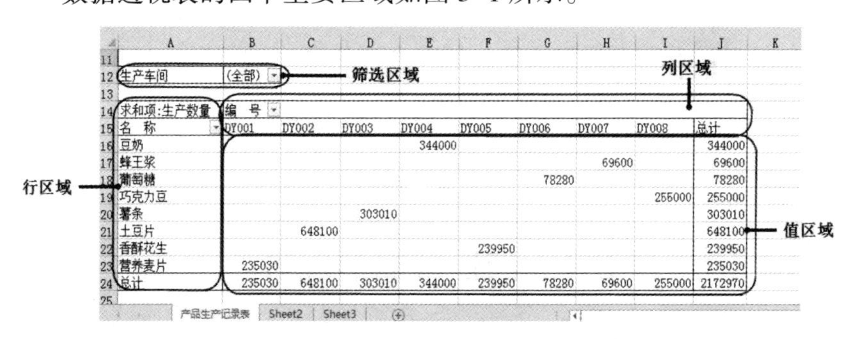

求和项:生产数量	编 号								
名 称	DY001	DY002	DY003	DY004	DY005	DY006	DY007	DY008	总计
豆奶				344000					344000
蜂王浆							69600		69600
葡萄糖						78280			78280
巧克力豆								255000	255000
薯条			303010						303010
土豆片		648100							648100
香酥花生					239950				239950
营养麦片	235030								235030
总计	235030	648100	303010	344000	239950	78280	69600	255000	2172970

图 5-1 数据透视表的区域

(1)行区域。是数据透视表中的第一列,通常包含着需要分类的数据。用户可以通过拖动行标签来将不同的字段拖动到行区域中,从而对数据进行分类汇总。例如,如果有一份包含不同产品销售额的数据表,可以将产品名称拖放到行区域,以便对不同产品进行分类汇总。

(2)列区域。是数据透视表中的第二列,通常包含着需要比较的数据。用户可以通过拖动列标签来将不同的字段拖动到列区域中,从而对数据进行比较和分析。例如,可以将不同时间段的销售额拖放到列区域,以便对不同时间段的销售数据进行比较和分析。

(3)筛选区域。是数据透视表中的第三列,主要用于筛选数据。用户可以通过拖动筛选标签来将不同的字段拖动到筛选区域中，从而对数据进行筛选和过滤。例如，可以将地区拖放到筛选区域，以便仅查看特定地区的销售数据。

（4）值区域。是数据透视表中的最后一列，主要用于计算和显示数据。用户可以通过拖动值标签来将不同的字段拖动到值区域中，并使用不同的计算方式（如求和、平均值、最大值、最小值等）来计算数据。例如，可以将销售额拖放到值区域，并选择求和或平均值等计算方式，以便计算总销售额或平均销售额。

要在数据透视表中进行布局，通常在“数据透视表字段”窗格中进行。这个窗格的字段区域与数据透视表中的区域相对应，方便用户直观地看到布局效果。用户可以通过拖动字段到不同的区域中来调整数据透视表的布局，还可以右键点击数据透视表中的任意位置，选择“数据透视表选项”来调整布局和设置选项。在弹出的对话框中，用户可以设置数据透视表的样式、布局、汇总方式等，如图 5–2 所示。

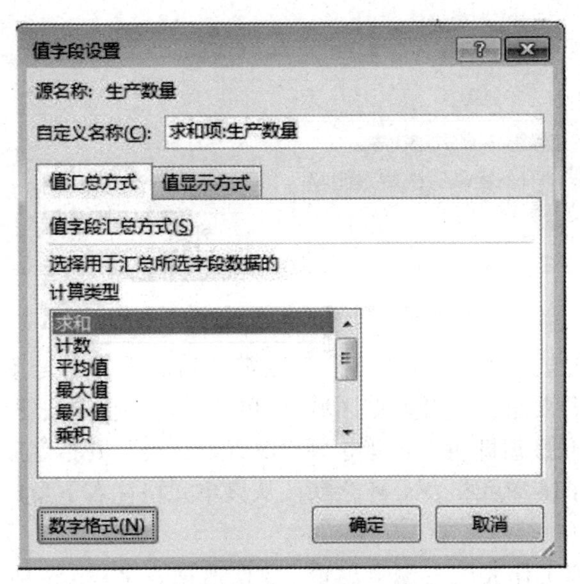

图 5–2　设置数据透视表

5.1.2 创建数据透视表

（1）选择任意一个单元格，点击“插入”选项卡下的“数据透视表”按钮，弹出如图 5-3 所示的“创建数据透视表”对话框。①

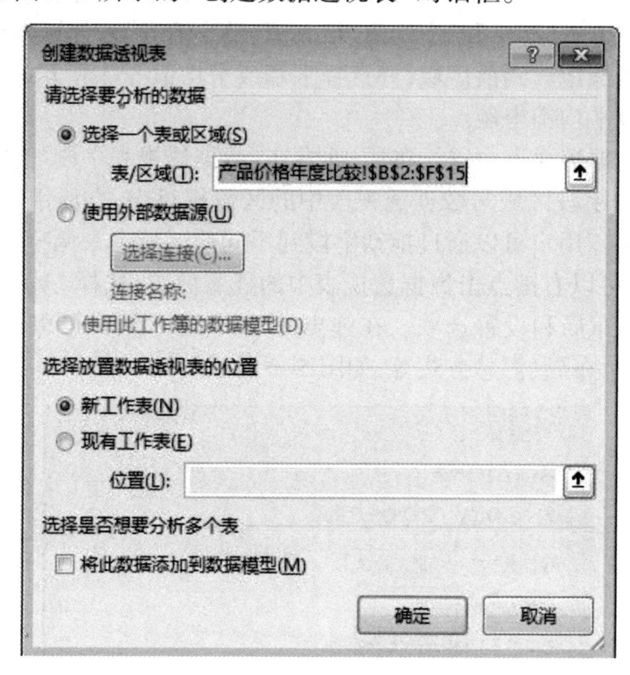

图 5-3 “创建数据透视表”对话框

（2）“请选择要分析的数据”选区默认情况选择的是单元格所在的数据区域。若要重新选择数据区域，可单击右边的折叠按钮，选完数据区域后单击展开按钮即可。这里选择“现有工作表”，并指定放置数据透视表的位置为 P16 单元格，Excel 会默认从该单元格往右下角延伸，单击“确定”按钮。

（3）当前工作表的右侧会出现“数据透视表字段”选项卡，选中“单位名称”“销售额”。拖动该字段可将其移动到列标签区域内。在“数据透视表字段”选项卡中设置的同时，数据透视表中会相应显示设置结果，如图 5-4 所示。

① 王斌会 .Excel 应用与数据统计分析 [M]. 广州：暨南大学出版社，2011.

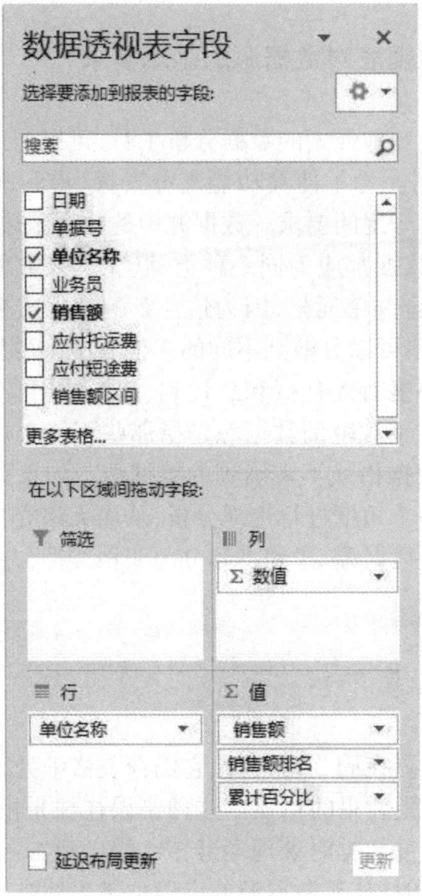

图 5–4　“数据透视表字段”框

5.2　使用数据透视表分析数据

在 Excel 中,数据透视表和普通数据列表的排序和筛选规则完全一致,但数据透视表还提供了更多强大的工具,例如切片器,用于数据的深入分析。在 Excel 中报表是数据处理与分析中经常使用的表格形式,有多种表现形式。

5.2.1 数据透视表对数据源的基本要求

数据透视表是一种强大的数据分析工具,可以帮助用户快速汇总、筛选和分析大量数据。为了使其功能充分发挥,得到准确的分析结果,需要确保数据源满足一定的要求。数据源中的数据区域顶部应为字段名称(标题行),且每列数据都应为同一种类型(文本或数值)。数据清单中不能有空行、空列或合并单元格,因为这会影响数据透视表的计算和汇总。此外,多个数据清单可以分散到不同的工作表中,以提高处理效率和准确性。数据区域中不能有总计行和总计列,因为它们会干扰数据透视表的计算和分析结果。不规范的数据源是指那些不符合标准格式、存在重复或缺失数据以及数据格式不正确等的数据源。如果数据条数过少(少于10条),则无法从多个角度进行透视分析,从而无法充分挖掘数据的价值。针对这些不规范的数据源,找到将其分为四种类型,并提出了相应的解决方法。

5.2.1.1 字段数据同列

将字段数据放置在同一列,即让它们在表格中处于同一列,是初学者在 Excel 操作中可能会犯的错误。这种错误往往是由于对 Excel 操作不熟悉或者在导入外部数据时处理不当导致的。例如,在导入文本文件、网页数据等外部数据时,如果数据源的字段被错误地排列在同一列,那么创建的数据透视表就会只有一个字段,而且和原始数据源完全一样,这样数据透视表就无法发挥其应有的作用。如果所有字段都被放置在同一列中,这不仅在数据透视表中没有意义,在普通的表格中也是无法接受的。解决这个问题的方法是将字段分配到不同的列中。

5.2.1.2 完全重复数据项

数据透视表要求数据源中包含同类项以便进行汇总计算,但不允许存在完全重复的数据,因为这会导致数据计算错误并影响最终的分析结果。这些重复的数据被视为冗余数据,需要在创建报表之前进行删除,以确保数据的准确性和分析结果的可靠性。①

删除冗余数据的两种方法：一是手动删除（图 5–5），完全依赖人工手动逐一删除，这种方法对于数据项不多的表格勉强可行，但并不推荐；二是自动删除（推荐使用），通过 Excel 的自动识别功能来删除冗余数据（图 5–6）。

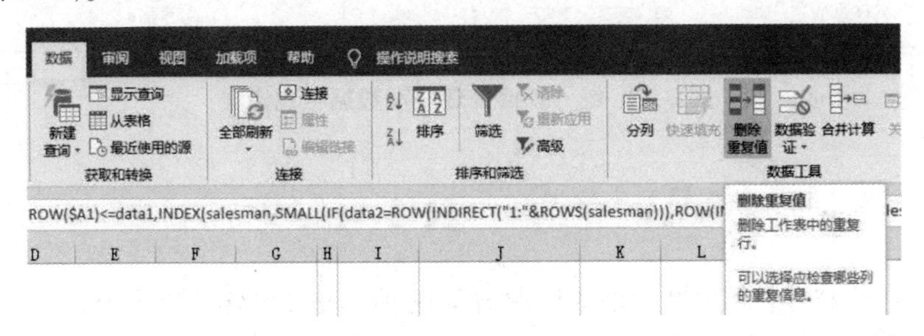

图 5–5　手动删除

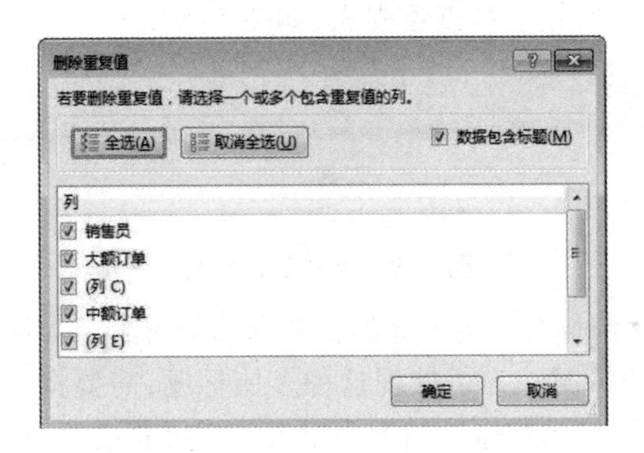

图 5–6　自动识别功能删除

5.2.1.3 包含不规范日期数据

在数据透视表中，日期经常被用作行标签、列标签或筛选页字段，因此作为关键透视字段，日期数据的格式必须正确，以确保数据透视表的准确识别。如果日期数据格式是错误的，则会导致透视表的日期筛选结果出现错误值。对于日期斜杠方向的错误，最直接的方法是进行统一替换，将“-”统一替换为“/”，如图 5–7 所示。这样能够确保日期数据的格式正确，从而提高数据透视表的准确性。

① 福甜文化组，林科炯，李青燕，等.Excel 达人手册 [M]. 北京：机械工业出版社，2019.

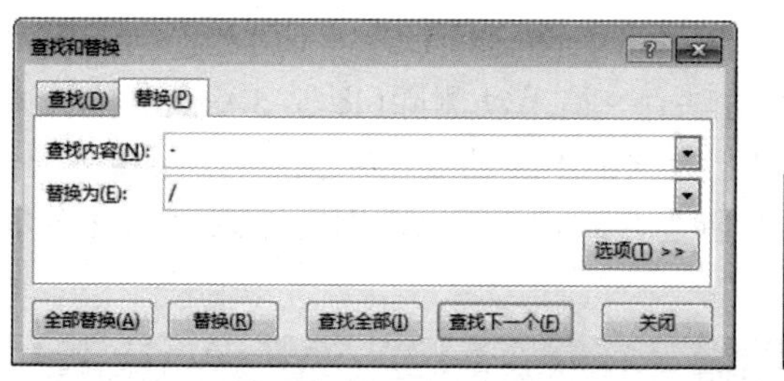

图 5-7　统一替换处理日期数据格式错误

5.2.1.4 包含合并单元格

在表格中，合并单元格的情况分为两种：表头包含并单元格；数据主体部分包含合并单元格。对于表头包含合并单元格的情况，如果存在这种情况，将无法正常创建数据透视表，如图 5-8 所示。

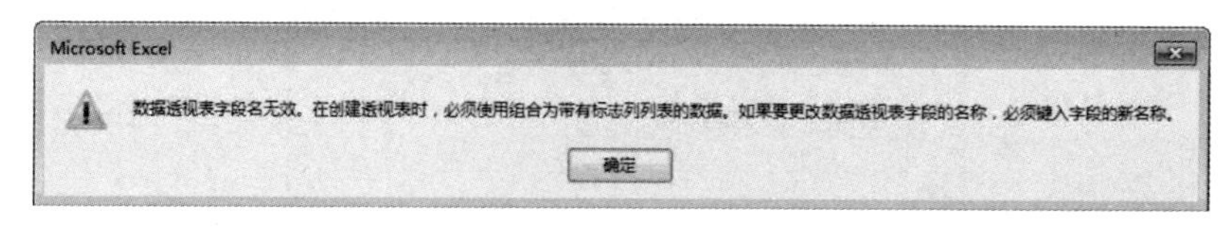

图 5-8　无法正常创建

表头中包含跨行合并的单元格被称为多层标题。如图 5-9 所示为表头是两层标题的情况。为了处理这种多层标题，需要将其转化为单层标题，即需要保证关键的数据的情况下合并的单元格。

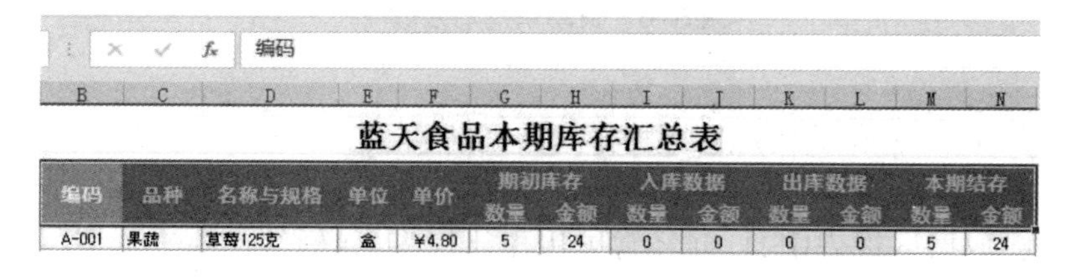

蓝天食品本期库存汇总表

编码	品种	名称与规格	单位	单价	期初库存		入库数据		出库数据		本期结存	
					数量	金额	数量	金额	数量	金额	数量	金额
A-001	果蔬	草莓125克	盒	¥4.80	5	24	0	0	0	0	5	24

图 5-9　两层标题

（1）选中上面表头上面一行，单击“合并后居中”按钮后的下拉按钮，在弹出的快捷菜单中选择“取消单元格合并”命令，如图 5-10 所示。

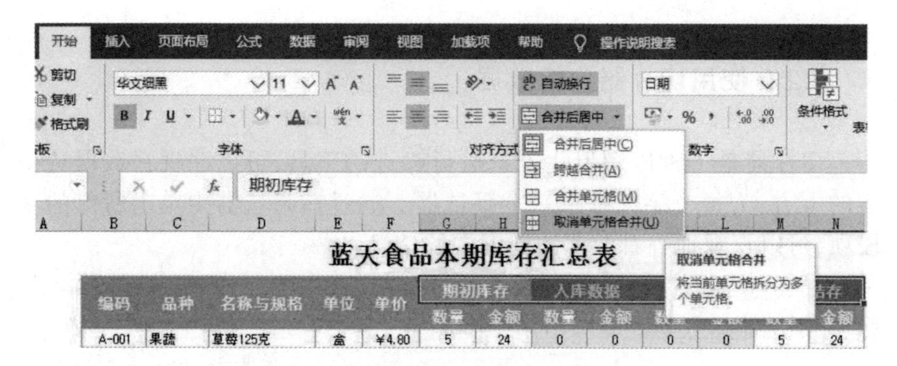

图 5–10　选择“取消单元格合并”命令

（2）选择上下两层表头标题单元格，单击“合并后居中”按钮，合并单元格，如图 5–11 所示。

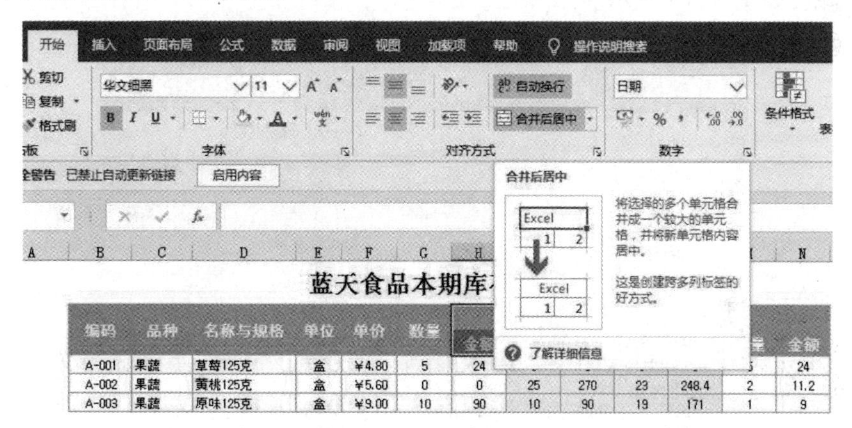

图 5–11　单击“合并后居中”按钮

（3）图 5–12 展示了处理后的单层标题样式。

编码	品种	名称与规格	单位	单价	数量	金额	数量	金额	数量	金额	数量	金额

图 5–12　单层标题样式

有的用户会将表头换成别的样式，虽然不影响数据透视表的创建，但由于缺少“名称”字段，可能会导致数据透视表存在严重的缺陷。如果数据主体部分包含合并单元格，尽管对数据透视表的创建不会产生影响，但会导致数据透视表中出现空白数据项，从而产生缺陷和漏洞。

5.2.2 使用切片器分析数据

切片器是一种以图形化方式进行筛选的工具，可以浮现在数据透视表的上方，为每个字段提供一个筛选器。通过在筛选器中单击所需的字段项，可以直观地查看数据透视表中的信息。

5.2.2.1 插入切片器

（1）打开文件，选中数据透视表中的任意单元格。在顶部菜单栏中的“数据透视表工具 – 分析”选项卡中，单击“筛选”组中的“插入切片器”按钮，如图 5–13 所示。

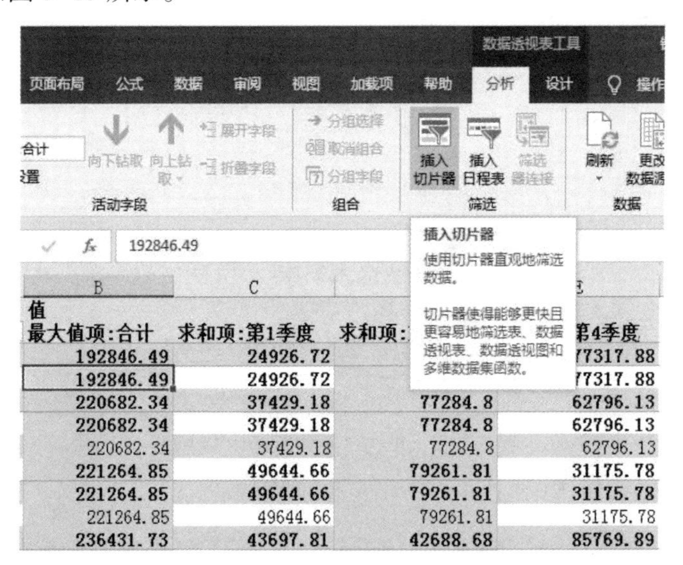

图 5–13　单击“插入切片器”按钮

（2）打开“插入切片器”对话框，勾选需要插入切片器的字段名复选框。接着，单击“确定”按钮，完成操作，如图 5–14 所示。

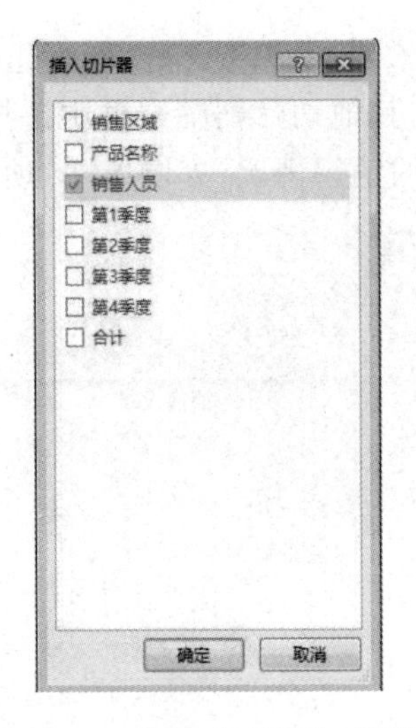

图 5-14 "插入切片器"对话框

（3）返回工作表，可以看到已经插入了切片器，如图 5-15 所示。

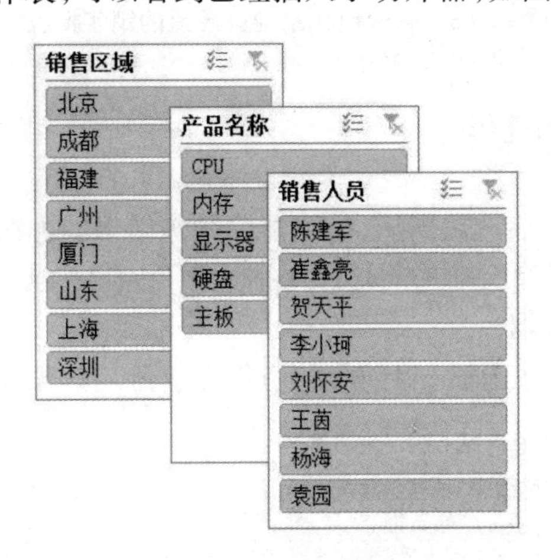

图 5-15 插入切片器

5.2.2.2 使用切片器分析数据

在数据透视表中插入切片器后，若要对字段进行筛选，只需在相应的切片器筛选框内选择需要查看的字段项即可。完成筛选后，未被选择的字段项将显示为灰色，同时切片器右上角的"清除筛选器"按钮变为可单击状态。

继续以上一例操作为例，在"销售区域"切片器筛选框中单击"北京"，其他切片器将根据该筛选结果自动更新，展示北京地区的销售情况。然后，可以根据需要依次在其他切片器筛选框中选择需要的选项，这样就可以筛选出北京地区硬盘的销售情况，如图 5–16 所示。

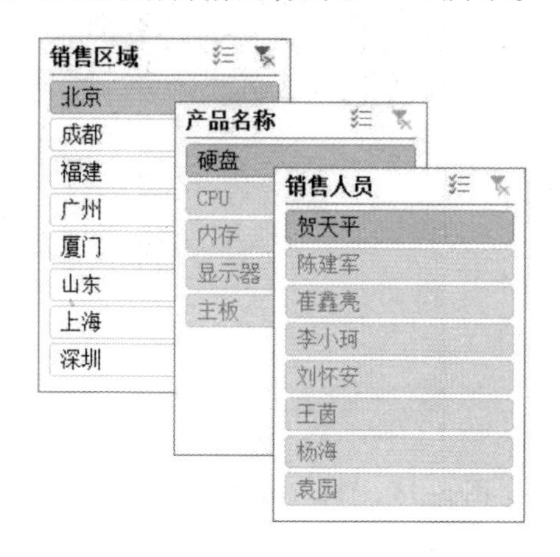

图 5–16 筛选出北京地区硬盘的销售情况

5.2.2.3 清除筛选器

利用切片器中筛选数据后，需要清除筛选结果的方法有以下几种。

（1）选中要清除已筛选的切片器筛选框，按【Alt+A+C】组合键，即可清除切片器的筛选器。

（2）单击相应筛选框右上角的“清除筛选器”按钮，如图 5–17 所示。

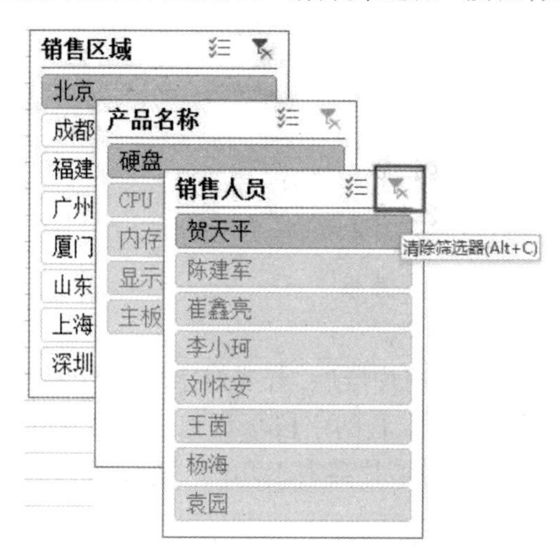

图 5–17 单击“清除筛选器”按钮

（3）右击要清除的切片器，在弹出的快捷菜单中选择“从（切片器名称）中清除筛选器”命令，如图 5-18 所示。[①]

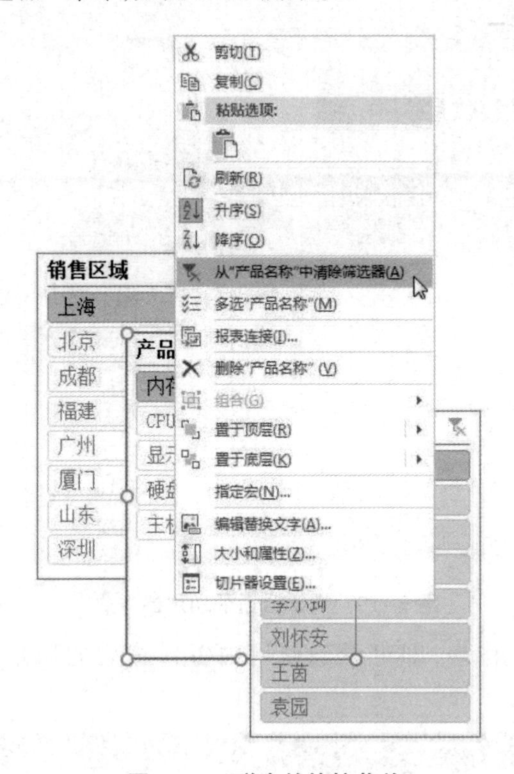

图 5-18　弹出的快捷菜单

5.2.3 美化切片器

要对切片器进行美化，采用内置样式是最简单有效的方法之一。具体操作方法如下。

（1）继续之前的操作，按住【Ctrl】键同时选中所有的切片器，单击顶部菜单栏中的“切片器工具 - 选项”选项卡，点击“切片器样式”组中的“快速样式”下拉按钮。在弹出的下拉列表中选择一种合适的切片器样式，如图 5-19 所示。通过这一操作可以快速为所有选中的切片器应用所需的样式。

---

① 李修云.Excel 数据处理与分析全能手册[M]. 北京：北京理工大学出版社，2022.

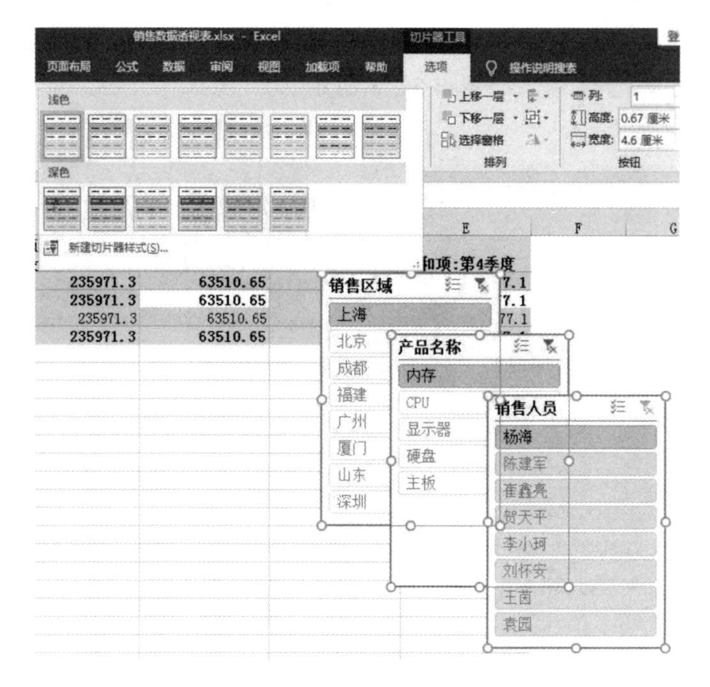

图 5-19 选择合适的切片器样式

（2）返回工作表，即可看到使用内置样式后的切片器，如图 5-20 所示。

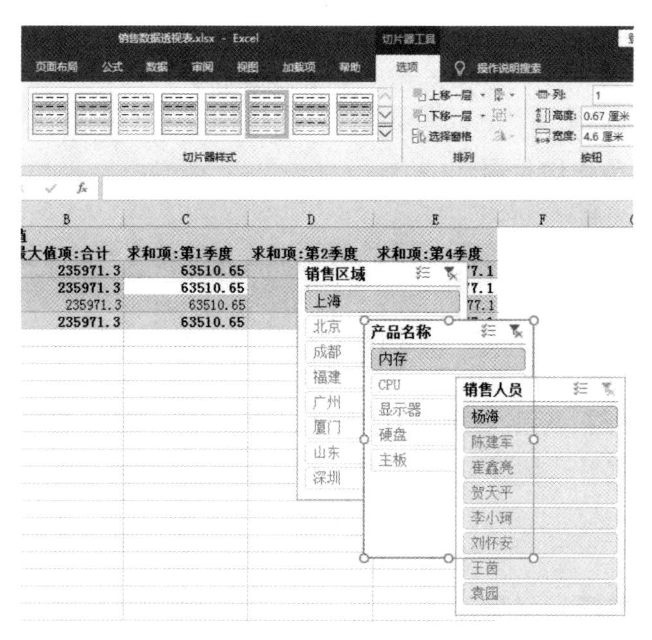

图 5-20 内置样式后的切片器设置效果

5.3　使用数据透视图分析数据

数据透视图是数据透视表的视觉表现形式，其图表类型与一般图表相似，主要包括柱状图、条形图、折线图、饼图、面积图以及圆环图等。①

5.3.1 创建及美化数据透视图

5.3.1.1 创建数据透视图

创建数据透视图的步骤如下。

（1）在“插入”选项卡下，点击数据透视图按钮，在弹出的下拉列表中选择“数据透视图”选项，如图 5-21 所示。

图 5-21　选择“数据透视图”选项

（2）在弹出的“插入图表”对话框中，选择“柱形图”→“三维堆积柱形图”，点击“确定”按钮，如图 5-22 所示。

（3）得到最后的结果，如图 5-23 所示。

① 肖文显，贾婷婷，赵天巨．零基础学 Word/Excel/PPT 2016 商务办公三合一[M]. 北京：电子工业出版社，2017.

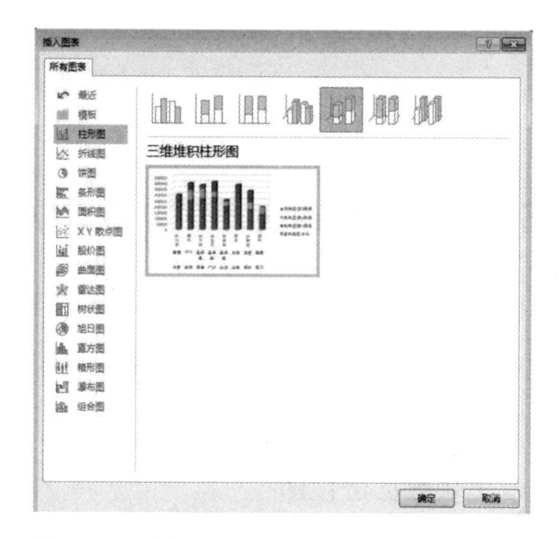

图 5-22　选择“柱形图”→“三维堆积柱形图”

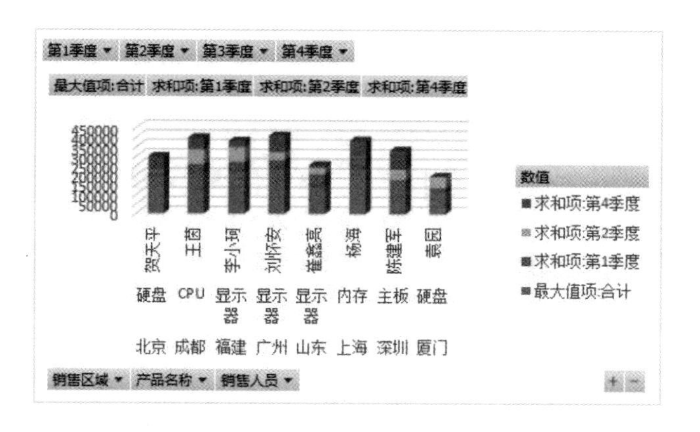

图 5-23　最终效果

5.3.1.2 美化数据透视图

要美化数据透视图，可以采用与美化普通图表相似的方法。在这里，我们重点介绍如何使用内置样式来美化数据透视图，具体操作方法如下。

（1）接着上面的步骤，选中数据透视图，在顶部菜单栏中单击“数据透视图工具 - 设计”选项卡。点击“图表布局”组中的“快速布局”下拉按钮。在弹出的下拉列表中选择一种合适的布局方式，例如“布局 8”，如图 5-24 所示。通过这种方式可以快速改变数据透视图的布局。

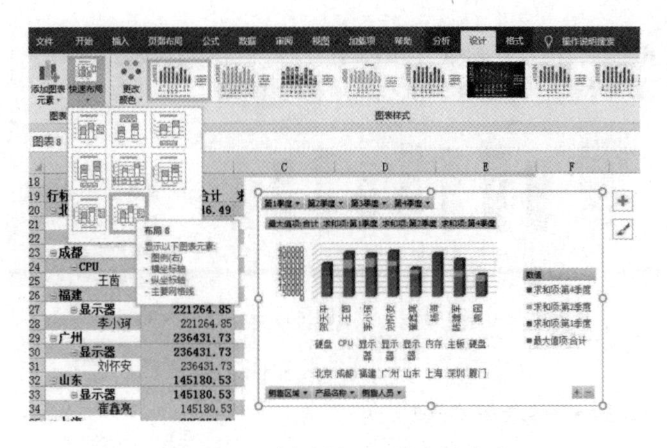

图 5-24　选择“布局 8”布局方式

（2）单击顶部菜单栏中的“数据透视图工具 - 设计”选项卡。点击“图表样式”组中的“快速样式”下拉按钮。在弹出的下拉列表中选择一种内置样式，如图 5-25 所示，便可快速地改变数据透视图的外观。

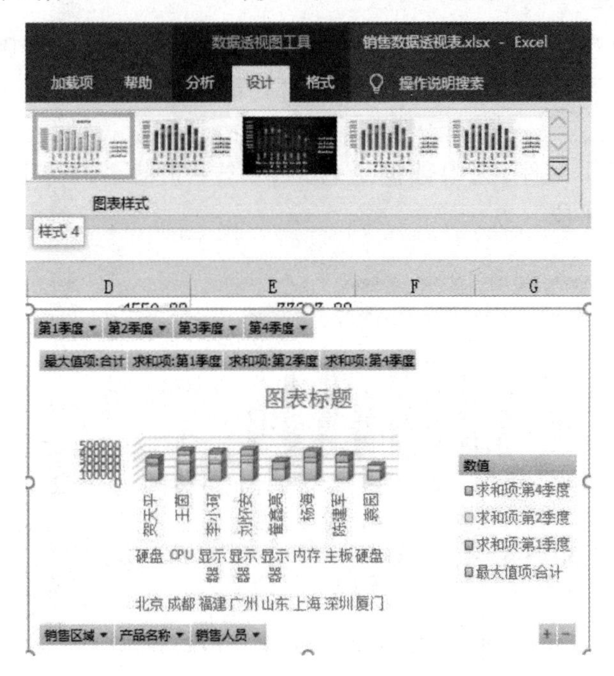

图 5-25　选择一种内置样式

（3）操作完成后，即可看到美化数据透视图后的效果，如图 5-26 所示。

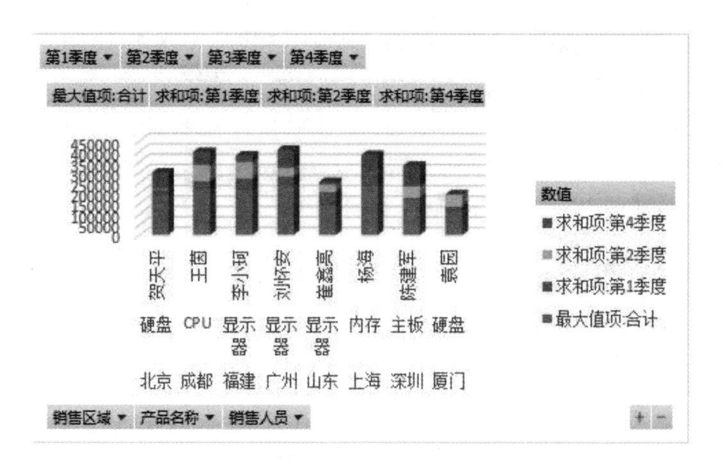

图 5–26　最终效果

5.3.2 在数据透视图中筛选数据

当数据透视图中包含大量数据时，直接查看可能会显得困难。为了提高数据的可读性，我们可以使用筛选功能来筛选数据。具体的操作方法如下。

（1）打开文件，选中数据透视图，单击“折叠整个字段”按钮（图5–27），折叠字段。

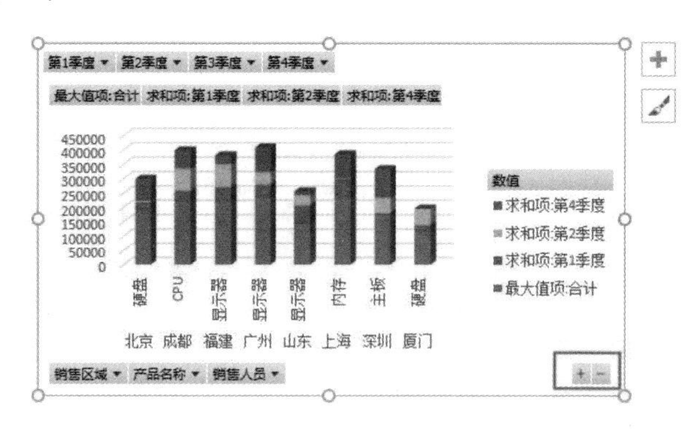

图 5–27　单击“折叠整个字段”按钮

（2）单击“地区”下拉按钮，在弹出的下拉列表中取消勾选“全选”复选框，并勾选要筛选的字段，如“硬盘”，如图 5–28 所示。

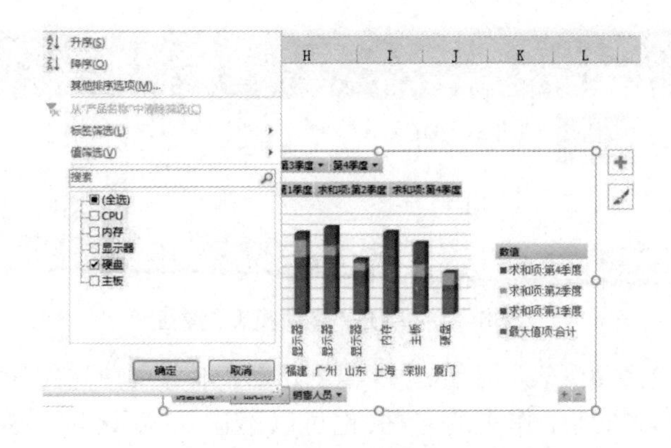

图 5-28　勾选要筛选的字段

（3）单击“确定”按钮即可看到筛选结果，如图 5-29 所示。

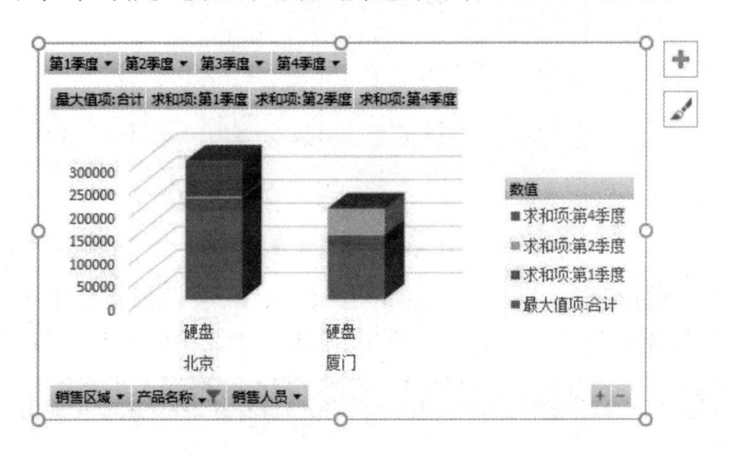

图 5-29　最终结果

5.3.3 把数据透视图移动到图表工作表

可以将数据透视图放置在一个独立的图表工作表中。这样做的好处是，当某些情况下不适合直接展示数据时，拥有一个单独的图表工作表不仅更方便查看和控制图表，还有助于保护数据的安全。要将数据透视图移至图表工作表，可以采取以下操作方法。①

（1）继续上一小节筛选数据的操作，选择需要移动的图表，单击“数据透视图选项 - 设计”选项卡中的“位置”组中的“移动图表”按钮，如图 5-30 所示。

① 葛莉，刘芳 . 计算机应用基础 [M]. 武汉：武汉大学出版社，2015.

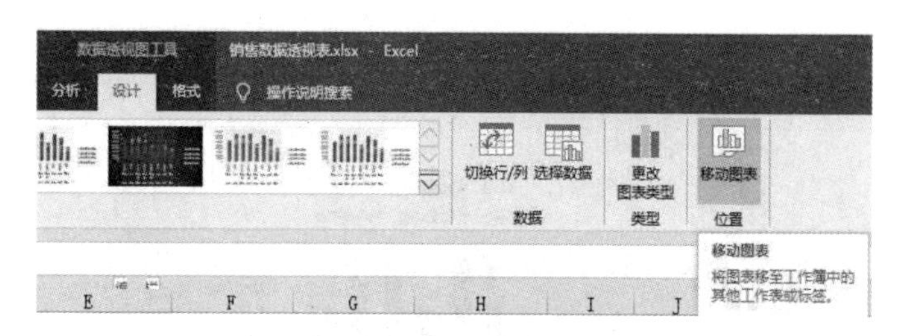

图 5-30 单击“移动图表”按钮

（2）在“移动图表”对话框中，选择“新工作表”单选按钮，并在右侧的文本框中输入新工作表的名称（也可以不输入，默认为 Sheet1）。然后单击“确定”按钮，完成操作，如图 5-31 所示。

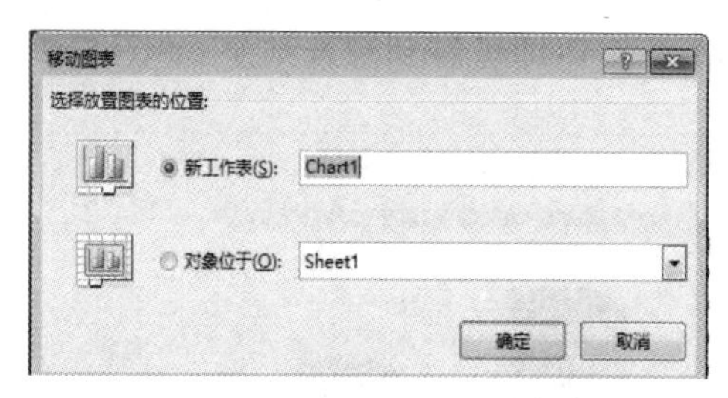

图 5-31 输入新工作表的名称

（3）执行完以上操作后，返回到工作簿中，会发现新建了一个工作表，并且数据透视图已经被移动到这个新的工作表中，如图 5-32 所示。

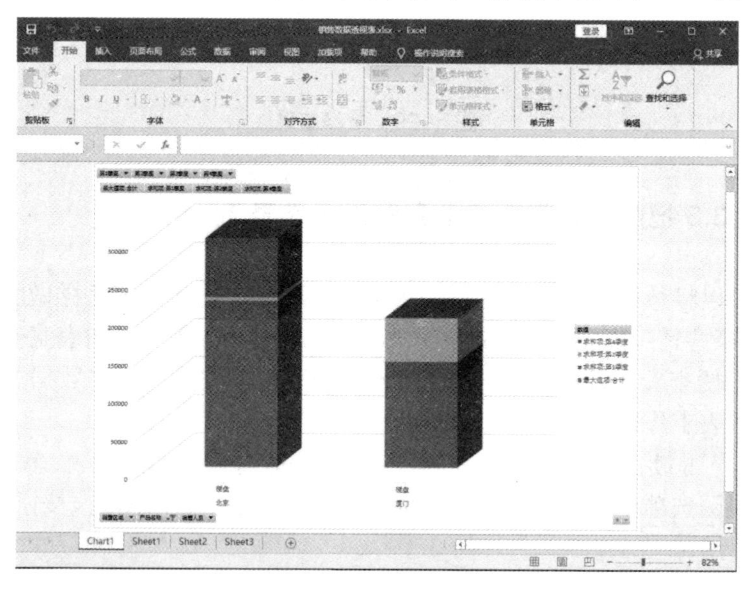

图 5-32 最终效果

5.4　数据透视表中数据的计算

虽然数据透视表的主要功能是数据汇总和分析,但其实它也可以直接参与计算。在数据透视表中,计算功能主要是通过创建计算字段和计算项来实现的。

5.4.1 设置数据透视表的值汇总方式

求和是数据透视表中最常用的一种汇总方式,默认情况下值的显示方式为求和。在实际应用中,根据不同的数据和分析目的,也可以选择其他汇总方式,如"平均值""最大值""最小值""乘积"等。如要将"销售数据透视表"工作簿中"最大值项:合计"的值汇总方式设置为"平均值",可以按照以下步骤进行操作。

(1)启动并打开文件,打开"数据透视表字段"窗格,找到需要设置的值字段,双击"最大值项:合计",弹出"值字段设置"对话框,如图 5–33 所示。

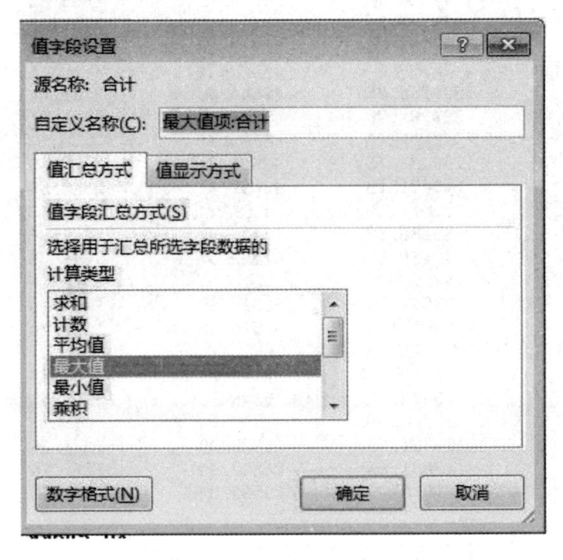

图 5–33　"值字段设置"对话框

（2）在“值汇总方式”选项卡的“计算类型”列表框中选择一种汇总方式，例如“平均值”。单击“确定”按钮保存设置并关闭对话框，如图5–34所示。这样，数据透视表就会按照新选择的汇总方式（例如平均值）来显示数据。

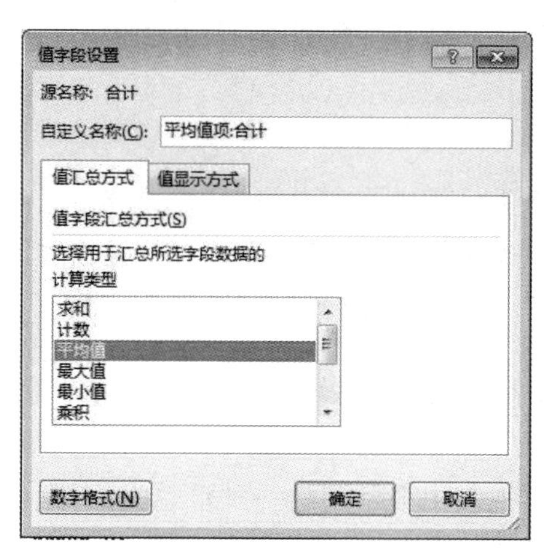

图5–34　选择一种汇总方式

（3）操作完成后，即可看到汇总方式已经更改为平均值，如图5–35所示。

B19　平均值项:合计

	A	B	C	D	E
19	行标签	平均值项:合计	求和项:第1季度	求和项:第2季度	求和项:第4季度
20	北京	192846.49	24926.72	4559.82	77317.88
21	硬盘	192846.49	24926.72	4559.82	77317.88
22	成都	220682.34	37429.18	77284.8	62796.13
23	CPU	220682.34	37429.18	77284.8	62796.13
24	王茵	220682.34	37429.18	77284.8	62796.13
25	福建	221264.85	49644.66	79261.81	31175.78
26	显示器	221264.85	49644.66	79261.81	31175.78
27	李小珂	221264.85	49644.66	79261.81	31175.78
28	广州	236431.73	43697.81	42688.68	85769.89
29	显示器	236431.73	43697.81	42688.68	85769.89
30	刘怀安	236431.73	43697.81	42688.68	85769.89
31	山东	145180.53	62422.37	34486.6	14040.74
32	显示器	145180.53	62422.37	34486.6	14040.74
33	崔鑫亮	145180.53	62422.37	34486.6	14040.74
34	上海	235971.3	63510.65	1852.79	83577.1
35	内存	235971.3	63510.65	1852.79	83577.1
36	杨海	235971.3	63510.65	1852.79	83577.1
37	深圳	173472.99	6145.51	53881.39	99645.08
38	主板	173472.99	6145.51	53881.39	99645.08
39	陈建军	173472.99	6145.51	53881.39	99645.08
40	厦门	116631.55	21822.99	57277.26	1025.69
41	硬盘	116631.55	21822.99	57277.26	1025.69
42	总计	192810.2225	309599.89	351293.15	455348.29

图5–35　更改汇总方式后的最终效果

5.4.2 设置数据透视表的值显示方式

在数据透视表中，我们可以根据需要设置值显示方式来改变数据的查看方式，以更好地发现和理解数据规律。使用“列汇总的百分比”的值显示方式，可以在列汇总数据的基础上得到该列中各个数据项占列总计比重的情况，对于分析各分店、各产品在某一特定方面的表现十分便利。①

（1）打开文件，在数据透视表中找到“求和项：销售额”字段，并右击该字段。在弹出的快捷菜单中选择“值字段设置”命令，以打开相关对话框进行字段的设置，如图 5–36 所示。

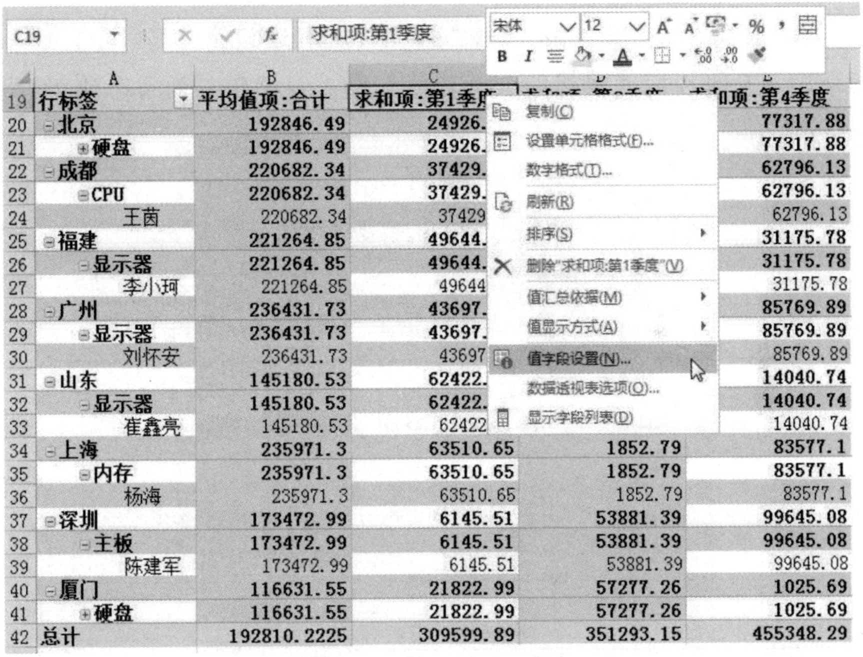

图 5–36　选择“值字段设置”命令

（2）切换到“值显示方式”选项卡，在“值显示方式”下拉列表中选择“总计的百分比”选项。单击“确定”按钮保存设置并关闭对话框，如图 5–37 所示。

① 刘艳昌，贾婷婷，徐志飞 .Excel 数据透视表速成之道 [M]. 北京：电子工业出版社，2017.

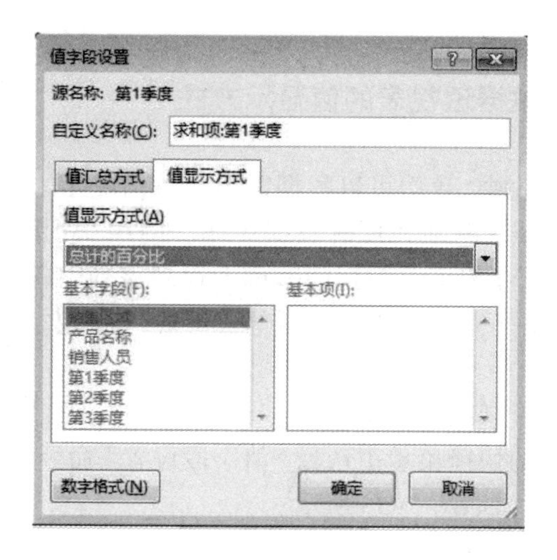

图 5–37　选择“总计的百分比”选项

（3）返回数据透视表即可看到值字段占总销售额的百分比，如图5–38 所示。

C19　求和项:第1季度

	A	B	C	D	E
19	行标签	平均值项:合计	求和项:第1季度	求和项:第2季度	求和项:第4季度
20	北京	192846.49	8.05%	4559.82	77317.88
21	硬盘	192846.49	8.05%	4559.82	77317.88
22	成都	220682.34	12.09%	77284.8	62796.13
23	CPU	220682.34	12.09%	77284.8	62796.13
24	王茵	220682.34	12.09%	77284.8	62796.13
25	福建	221264.85	16.04%	79261.81	31175.78
26	显示器	221264.85	16.04%	79261.81	31175.78
27	李小珂	221264.85	16.04%	79261.81	31175.78
28	广州	236431.73	14.11%	42688.68	85769.89
29	显示器	236431.73	14.11%	42688.68	85769.89
30	刘怀安	236431.73	14.11%	42688.68	85769.89
31	山东	145180.53	20.16%	34486.6	14040.74
32	显示器	145180.53	20.16%	34486.6	14040.74
33	崔鑫亮	145180.53	20.16%	34486.6	14040.74
34	上海	235971.3	20.51%	1852.79	83577.1
35	内存	235971.3	20.51%	1852.79	83577.1
36	杨海	235971.3	20.51%	1852.79	83577.1
37	深圳	173472.99	1.98%	53881.39	99645.08
38	主板	173472.99	1.98%	53881.39	99645.08
39	陈建军	173472.99	1.98%	53881.39	99645.08
40	厦门	116631.55	7.05%	57277.26	1025.69
41	硬盘	116631.55	7.05%	57277.26	1025.69
42	总计	192810.2225	100.00%	351293.15	455348.29

图 5–38　最终效果

5.4.3 使用自定义计算字段

通过自定义计算字段，可以根据需要创建新的计算项，并将其添加到数据透视表中，以便更深入地分析和利用数据。

5.4.3.1 添加自定义计算字段

在 Excel 中,可以通过添加自定义计算字段的方式来实现创建计算项的目的,具体操作方法如下。

(1)打开的 Excel 文件,选中数据透视表中包含列字段项的任意单元格,单击“数据透视表工具 – 分析”选项卡中“计算”组的“字段、项目和集”下拉按钮。在弹出的下拉列表中选择“计算字段”选项以插入新的计算字段,如图 5-39 所示。

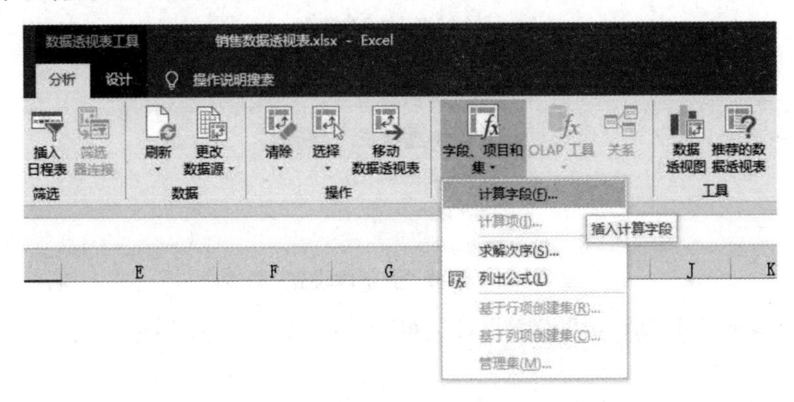

图 5-39　选择“计算字段”选项

(2)打开“插入计算字段”对话框,在“名称”文本框中选择用户的自定义计算字段命名,在“公式”文本框中输入相应的计算公式。单击“添加”按钮添加新的计算字段,如图 5-40 所示。

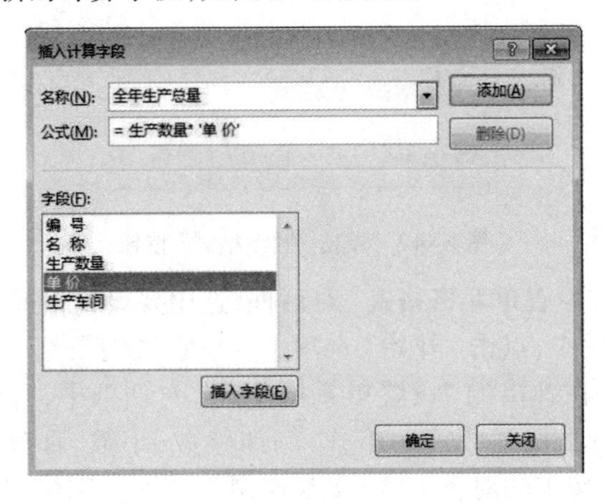

图 5-40　“插入计算字段”对话框

（3）单击“确定”按钮以保存设置并关闭对话框。回到数据透视表就会看到新添加的字段。如果要设置字段的显示方式，右击字段所在的单元格，在弹出的快捷菜单中选择“值字段设置”这一选项，如图 5-41 所示。

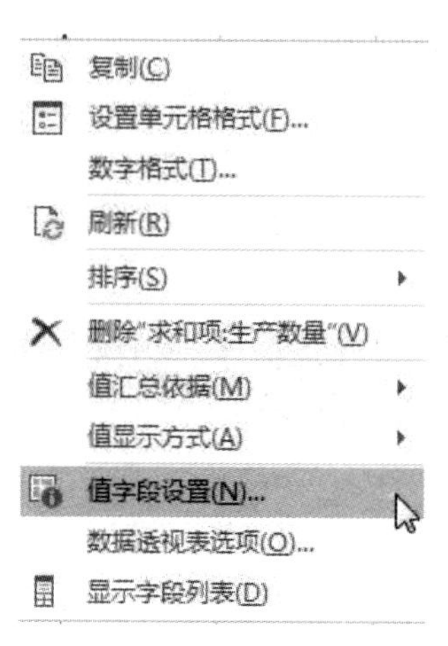

图 5-41　选择“值字段设置”命令

（4）打开“值字段设置”对话框，单击“数字格式”按钮，如图 5-42 所示。

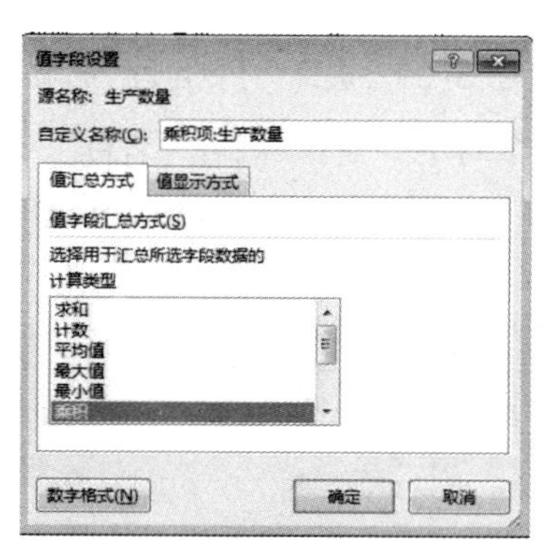

图 5-42　单击“数字格式”按钮

（5）打开“设置单元格格式”对话框，选中要设置格式的单元格。在 Excel 的菜单栏中，点击“开始”选项卡，找到“数字”组，并点击右下角的下拉按钮。在弹出的“设置单元格格式”对话框中，有以下选项卡：①“数字”，用于设置数值的格式，例如整数、小数、百分比等；②“对齐”，用于设置文本的对齐方式、文本控制等；③“字体”，用于设置文本的字体、字号、颜色等；④“边框”，用于设置单元格的边框线条样式和颜色；⑤“填充”,用于设置单元格的背景色和字体颜色。在“数字”选项卡中,选择“百分比”选项。这会将选定的单元格格式设置为百分比格式。在右侧的窗格中,可以设置小数位数。将小数位数设置为 2,意味着保留两位小数。例如,如果输入 100%,则将以 1.00 的形式显示。单击“确定”按钮以应用所选的格式并关闭对话框,如图 5-43 所示。

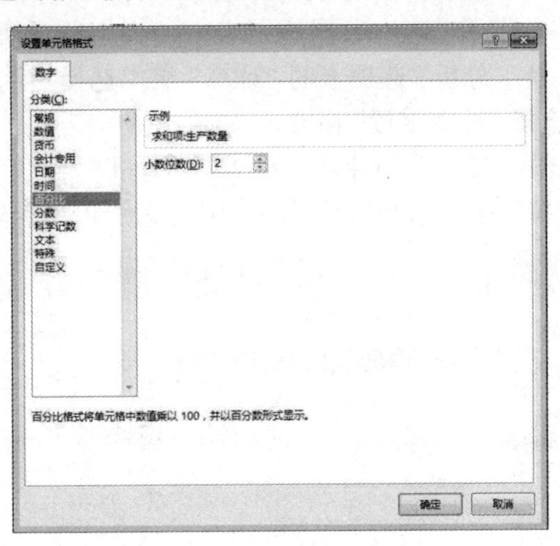

图 5-43 设置单元格格式

（6）返回数据透视表后,在数据透视表中看到新添加的自定义计算字段。这个计算字段会根据用户设定的公式计算出利润率。由于数据透视表默认将各个数值字段进行求和操作,因此自定义计算字段名称会显示为“乘积项：总计”,这表示它被视作了求和项,如图 5-44 所示。

G	H	I	J	K
DY005	DY006	DY007	DY008	总计
				344000
0	0	0	0	3405600
		69600		69600
0	0	2074080	0	2074080
	78280			78280
0	696692	0	0	696692
			255000	255000
0	0	0	1020000	1020000
				303010
0	0	0	0	757525
				648100
0	0	0	0	2268350
239950				239950
599875	0	0	0	599875
				235030
0	0	0	0	4442067

图 5-44 最终效果

5.4.3.2 修改自定义计算字段

在 Excel 的数据透视表中添加了自定义计算字段后，可以根据需要对添加的计算字段进行修改，操作方法如下：①

（1）接上一例操作，选中数据透视表中的列字段项所在单元格。在“数据透视表工具 - 分析”选项卡的“计算”组中选择“字段、项目和集”，在下拉列表中选择“计算字段”命令。

（2）在弹出的“插入计算字段”对话框中单击“名称”文本框右侧的下拉按钮，从下拉列表中选择要修改的计算字段，如图 5-45 所示。

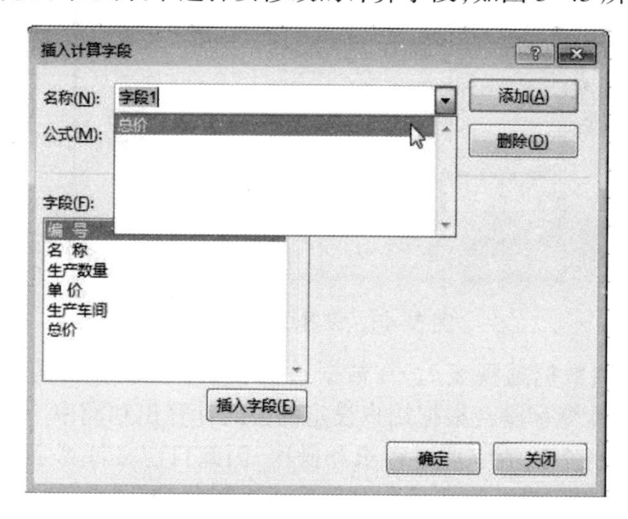

图 5-45　选择要修改的计算字段

（3）此时单击“添加”按钮将变为“修改”按钮。单击“修改”按钮即可“公式”文本框中的公式内容进行修改或根据需要编辑或修改公式。编辑或修改完公式后，单击“确定”按钮，保存所做的设置，如图 5-46 所示。

① 孙晓南 .Excel 数据透视表从入门到精通 [M]. 北京：电子工业出版社，2021.

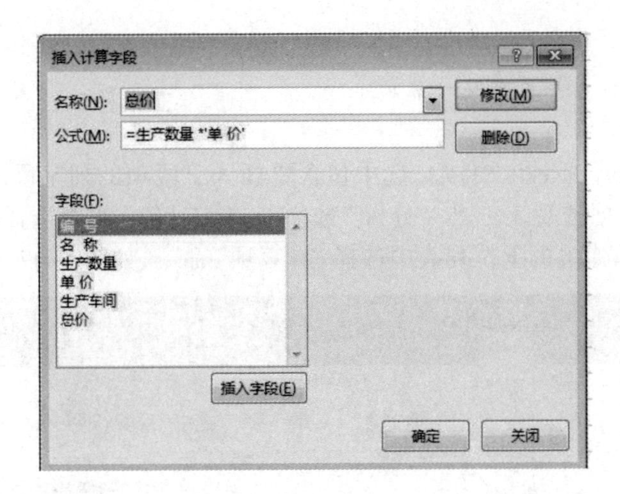

图 5-46　修改数据透视表中的自定义计算项的公式内容

5.4.3.3 删除自定义计算字段

接上一例操作，如果想要删除之前插入的自定义计算项，可以进行以下操作。

（1）选中数据透视表中包含自定义计算项的列字段项所在单元格。

（2）在“数据透视表工具 – 分析”选项卡的“计算”组中，选择“字段、项目和集”，从下拉列表中选择“计算字段”命令，打开“插入计算字段”对话框。

（3）单击“名称”文本框右侧的下拉按钮，从弹出的下拉列表中选择要删除的计算字段。

（4）选中计算字段后，单击“删除”按钮，即可删除该计算字段。

（5）单击“确定”按钮，保存设置并关闭对话框。

通过以上步骤便可以在数据透视表中删除不再需要的自定义计算项，使数据透视表保持整洁和更新。

5.4.4 使用自定义计算项

在 Excel 中，可以在数据透视表的现有字段中插入自定义计算项，通过计算该字段的其他项来得到该计算项的值。要插入自定义计算项，则可以按照以下步骤操作。

5.4.4.1 添加自定义计算项

（1）打开 Excel 文件后，选中包含要插入字段项的列字段的单元格。切换到“数据透视表工具 – 分析”选项卡，在“计算”组中选择“字段、项目和集”，从弹出的下拉列表中选择“计算项”命令，如图 5–47 所示。

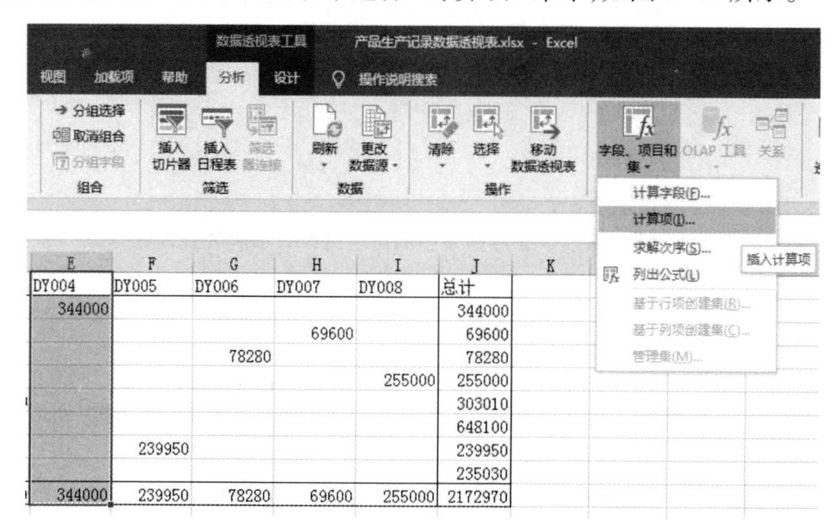

图 5–47　在数据透视表中插入自定义的计算项

（2）在“‘编号’中插入计算字段”对话框的“名称”文本框中输入计算项名称。在“公式”文本框中输入“=”。在“字段”和“项”列表框中，选中要参与计算的字段项，单击“插入字段”按钮，如图 5–48 所示。

图 5–48　单击“插入字段”按钮

（3）在 Excel 的数据透视表中添加自定义计算项，需选中要添加计算项的字段项，将该字段项插入“公式”文本框中。使用相同的方法输入完整的公式。

（4）单击“添加”按钮来添加计算字段，并单击“确定”按钮来保存设置。

5.4.4.2 修改自定义计算项

添加自定义计算项后可根据需要采取以下方法对计算项进行修改。

（1）继续上一操作，选中数据透视表中需要插入字段项的列字段所在单元格，切换到“数据透视表工具－分析”选项卡，点击“计算”组中的“字段、项目和集”，从下拉列表中选择“计算项”命令。

（2）打开“在‘编号’中插入计算字段”的对话框，单击“名称”文本框右侧的下拉按钮，从打开的下拉列表中选择要修改的计算项，如图 5–49 所示。

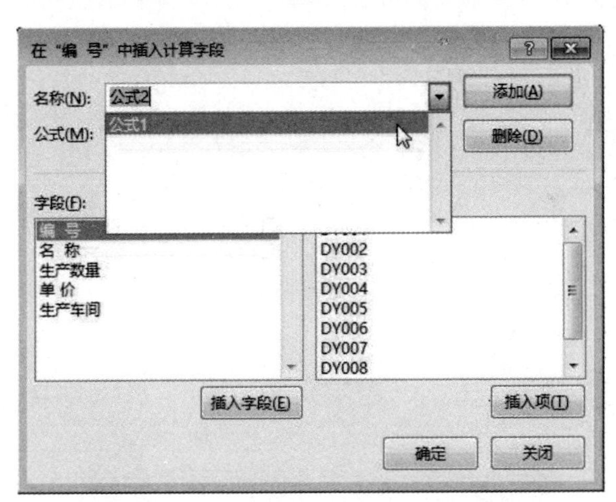

图 5–49　完成对数据透视表中计算项的修改

（3）此时原本的“添加”按钮会变为“修改”按钮。可以在“公式”文本框中修改所需的计算公式。在确认修改无误后，点击“确定”按钮，这样就可以保存用户的设置。

5.4.4.3 删除自定义计算项

对于不再需要的自定义计算项，进行删除可参照下列步骤。

（1）在“数据透视表工具 – 分析”选项卡的“计算”组中选择“字段、项目和集”,从弹出的下拉列表中选择“计算项”命令。

（2）打开“在‘时间中插入计算字段’对话框”。在对话框的左侧找到并单击“名称”文本框右侧的下拉按钮。

（3）在弹出的下拉列表中选择要删除的计算字段,单击“删除”按钮,将该计算字段从数据透视表中删除。

（4）单击“确定”按钮,保存设置并关闭对话框。

第 6 章　Excel 数据的预算与决算分析

Excel 不仅提供各种计算函数，还有很多数据分析工具。借助数据分析工具，不仅使数据处理与分析变得更加方便、快捷，而且能大大地提高工作效率。本章主要通过列举实例详细介绍 Excel 提供的几个常用的数据分析工具——单变量求解、模拟运算表、方案管理器和规划求解等。

6.1　单变量求解

单变量求解是对公式的逆运算，主要解决假定一个公式要取得某一结果，公式中的某个变量的取值应为多少的问题。下面通过几个例子来理解单变量求解。

例 6–1　简单函数 $y=2x+10$ 的单变量求解。

分析：在 B2 单元格中输入变量 x 的值，在 B3 单元格中输入截距，设置 y 的值，如何求出 x 的值呢？这是典型的逆运算问题。

假设 y 的目标值为 200，通过单变量求解出 x 值的具体操作过程如下。

（1）在 B2 单元格中输入任意一个 x 值（如例题中给出的 3），在 B3 单元格中输入截距（本例题中是 10），在 B4 单元格中输入公式“=2*B2+B3”。

（2）单击“数据”选项卡的“预测”选项组中的“模拟分析”按钮，选择“单变量求解”命令，弹出“单变量求解”对话框。在“单变量求解”对话框中将“目标单元格”设置为“$B$4”，“目标值”设置为“200”，“可变单元格”设置为“$B$2”，如图 6–1 所示。

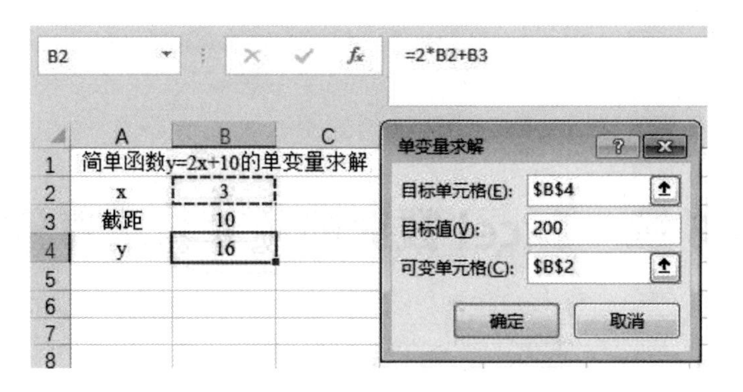

图 6-1 “单变量求解”对话框

（3）经过多次迭代计算，得出的结果如图 6-2 所示。

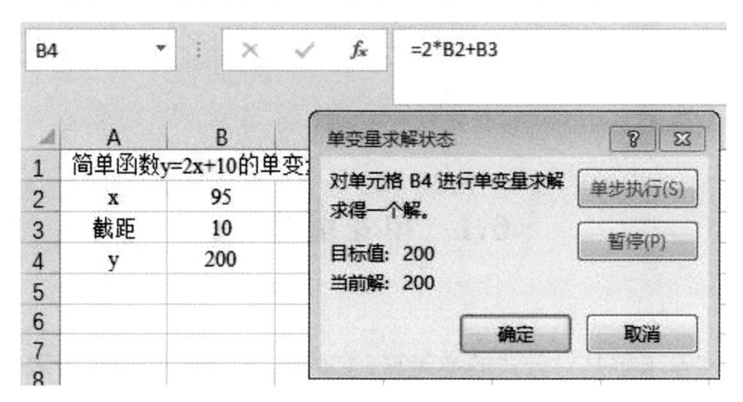

图 6-2 单变量求解结果

如果不更改默认设置，那么“单变量求解”命令最多进行 100 次迭代运算，最大误差值为 0.001。若不需要如此高的精度，需要按如下操作更改默认设置：“文件”→“选项”→“Excel 选项”→“公式”→“计算选项”。

例 6-2 贷款问题的单变量求解。

某人买房，计划总贷款额为 120 万元，贷款年限 15 年，还款方式采取等额本息。按目前银行初步提出的年利率 5.6% 的方案，利用财务函数 PMT 可以计算出每月需支付 9868.8 元。但目前每月可用于还贷的资金只有 8000 元。因此，要确定在年利率和贷款年限不变的条件下，可以申请贷款的最大额度。

分析：在 B2 单元格中输入贷款金额，在 B3 单元格中输入贷款年限，在 B4 单元格中输入年利率，在 B5 单元格中输入每月等额还款额的计算公式“=PMT（B4/12，B3*12，B2）”。当前 B2 单元格的值为 ¥1200000，B3 单元格的值为 15（年），B4 单元格的值为 5.60%，则 B5 单元格会自动计算出结果(¥9868.80)(PMT 函数的计算结果为每月还款额,是支出项,为负值,在 Excel 中用红色显示,实际值为 ¥-9868.80)。可以确定 B2 单元格是可变单元格, B5 单元格是目标单元格,目标值是 -8000,单变量求解过程如下。

(1)单击“数据”选项卡的“预测”选项组中的“模拟分析”按钮,选择“单变量求解”命令,弹出“单变量求解”对话框。

(2)在“单变量求解”对话框中将“目标单元格”设置为“$B$5”,“目标值”设置为“-8000”,“可变单元格”设置为“$B$2”。

(3)单击“确定”按钮,执行单变量求解。Excel 会自动进行迭代运算。单击“确定”按钮,完成计算。从结果中可以看出,每月还款 ¥8000.00,最多能贷款 ¥972763,如图 6-3 所示。

图 6-3 单变量求解每月等额还款额

例 6-3 年终奖金目标的单变量求解。

某公司员工的年终奖金的计算方法为全年销售额的 7%,李晓前 3 个季度的销售额分别是 40000 元、20000 元和 30000 元,他若想获得 10000 元的年终奖,那么他第四季度要完成多少销售额。

分析:在 B2:B4 单元格区域输入前 3 个季度的销售额;B5 单元格中第四季度的销售额未知;在 B6 单元格中输入年终奖金的计算公式“=(B2+B3+B4+B5)*7%”,自动计算出当前的年终奖金为 6300 元。可以确定 B5 单元格是可变单元格, B6 单元格是目标单元格,目标值是 10000,单变量求解过程如下。

(1)按“数据”→“预测”→“模拟分析”→“单变量求解”进行操作,在最后弹出的“单变量求解”对话框中将“目标单元格”设置为“$B$6”,“目标值”设置为“10000”,“可变单元格”设置为“$B$5”,如图 6-4 所示。

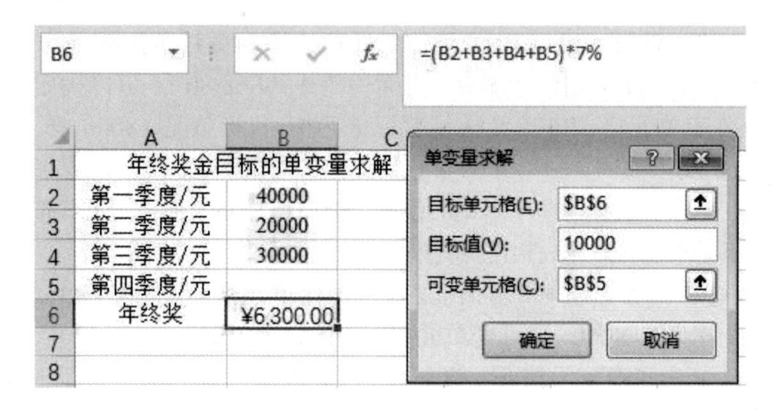

图 6-4 单变量求解设置

（3）单击“确定”按钮，执行单变量求解。Excel 会自动进行迭代运算，最终得出 B6 的值等于目标值 10000 时，B5 的值为 52857.1（第四季度要完成的销售额），如图 6-5 所示，单击“确定”按钮，完成计算。

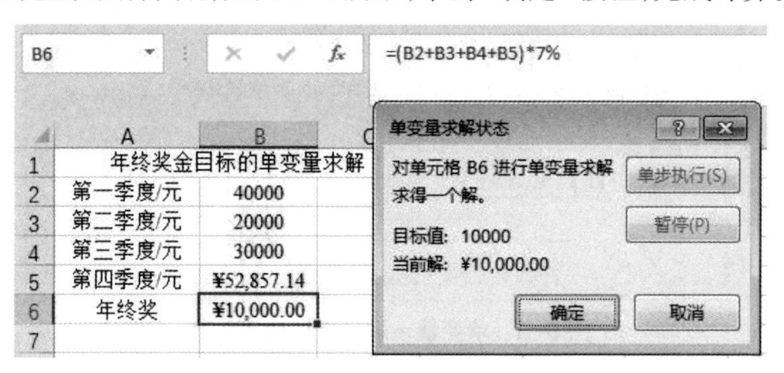

图 6-5 单变量求解第四季度销售额

6.2 模拟运算表

模拟运算表对一个单元格区域中的数据进行模拟运算，分析在公式中使用变量时，变量值的变化对公式运算结果的影响。

6.2.1 单变量模拟运算表

当需要分析单个决策变量变化对某个公式运算结果的影响时，可以使用单变量模拟运算表实现。

例 6–4　某公司为了扩大生产规模，拟向银行贷款 1200 万元，贷款年限为 10 年，还款方式为等额本息。目前的年利率为 4.25%，每月的偿还额为 101245.14 元。但是，随着宏观经济形势的变化，政府将通过利率的调节来实现对经济发展的宏观调控。投资者必须充分理解年利率变化对偿还贷款能力的影响，才能做出正确的投资决策。

分析：在 B2 单元格中输入贷款金额，在 B3 单元格中输入贷款年限，在 B4 单元格中输入年利率，B5 单元格中是每月等额还款额的计算公式“=PMT（B4/12，B3*12，B2）”，当前 B2 单元格中的值为 12000000（元），B3 单元格中的值为 10（年），B4 单元格中的值为 4.25%，B5 单元格中会自动计算出结果为 ¥122，925.04。

使用单变量模拟运算表可以很直观地以表格的形式，将偿还贷款的能力与年利率变化的关系在工作表上列出来，方便对比不同年利率下每月贷款偿还额。

用单变量模拟运算表解决此问题的步骤如下。

（1）选择一个单元格区域作为模拟运算表存放区域，本例选择 D1:E13 单元格区域。其中 D2:D13 单元格区域列出了年利率的所有取值，本例为 3.25%，3.50%，6.00%。在 E1 单元格中输入计算每月偿还额的公式“=PMT（B4/12，B3*12，B2）”，结果如图 6–6 所示。

E1　=PMT(B4/12,B3*12,B2)

	A	B	C	D	E
1	单变量模拟运算				¥-122,925.04
2	贷款金额/元	12000000		3.25%	
3	贷款年限/年	10		3.50%	
4	年利率	4.25%		3.75%	
5	每月还款	¥-122,925.04		4.00%	
6				4.25%	
7				4.50%	
8				4.75%	
9				5.00%	
10				5.25%	
11				5.50%	
12				5.75%	
13				6.00%	

图 6–6　单变量模拟运算表实例

说明：

①在单变量模拟运算表中，变量的值必须放在模拟运算表存放区域的第一行或第一列中。

②如果放在第一列，则必须在变量值区域的上一行的右侧列所对应的单元格中输入计算公式。

③如果放在第一行，则必须在变量值区域左侧列的下一行所对应的单元格中输入计算公式。

本例中是放在 D1:E13 单元格区域的第一列中，所以应该在 E1 单元格中输入计算公式。

（2）选定整个模拟运算表区域（即 D1:E13），单击“数据”选项卡的“预测”选项组中的“模拟分析”按钮，选择“模拟运算表”命令，弹出“模拟运算表”对话框。

（3）在该对话框的“输入引用列的单元格”文本框中输入“$B$4”（该单元格表示贷款年利率，是可变单元格，其引用的单元格从 D2 到 D13），如图 6-7 所示，单击“确定”按钮，得到图 6-8 所示的结果。

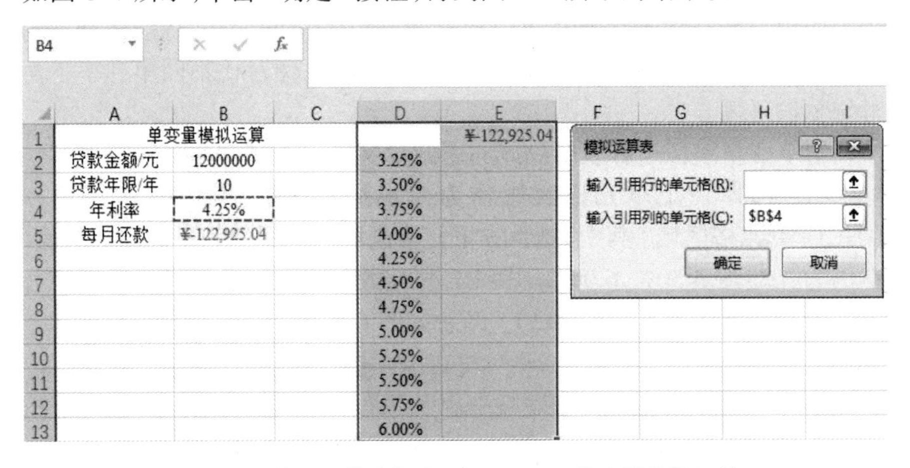

图 6-7 “模拟运算表”对话框 ABCD1 单变量模拟运算

	A	B	C	D	E
1	单变量模拟运算				¥-122,925.04
2	贷款金额/元	12000000		3.25%	-117262.8348
3	贷款年限/年	10		3.50%	-118663.041
4	年利率	4.25%		3.75%	-120073.4918
5	每月还款	¥-122,925.04		4.00%	-121494.1658
6				4.25%	-122925.04
7				4.50%	-124366.0905
8				4.75%	-125817.2921
9				5.00%	-127278.6183
10				5.25%	-128750.0417
11				5.50%	-130231.5336
12				5.75%	-131723.0641
13				6.00%	-133224.6023

图 6–8　模拟运算表的计算结果

说明：如果变量的值按列存放，则需要使用“输入引用列的单元格”文本框；如果变量的值按行存放，则需要使用“输入引用行的单元格”文本框。

6.2.2 双变量模拟运算表

双变量模拟运算表与单变量模拟运算表的区别在于它能模拟一个公式中两个变量同时变化对运算结果的影响。

例 6–5　例 6–4 中只考虑了年利率的变化，但有时候还需要同时考虑不同的贷款年限对偿还额的影响。

分析：这里涉及两个变量，一个是年利率，另一个是贷款年限，需要使用双变量模拟运算表进行计算。

用双变量模拟运算表解决此问题的步骤如下。

（1）选择一个单元格区域作为模拟运算表存放区域。本例选择 A7:M13 单元格区域，其中 B7:M7 单元格区域列出了年利率的所有取值，分别为 3.25%，3.50%，…，6.00%；A8:A13 单元格区域列出了贷款年限的所有取值，分别为 5，10，…，30。在 A7 单元格中输入计算每月偿还额的公式“=PMT（B4/12，B3*12，B2）”。

（2）选定整个模拟运算表区域（即 A7:M13），单击“数据”选项卡的“预测”选项组中的“模拟分析”按钮，选择“模拟运算表”命令，弹出“模拟运算表”对话框。

③在该对话框的“输入引用行的单元格”文本框中输入“$B$4”，在“输入引用列的单元格”文本框中输入“$B$3”，即行变量是年利率、列变

量是贷款年限，如图 6–9 所示。

B3 =PMT(B4/12,B3*12,B2)

模拟运算表
输入引用行的单元格(R): $B$4
输入引用列的单元格(C): $B$3
确定 取消

	A	B	C	D	E	F	G	H	I	J	K	L	M
1	双变量模拟运算表												
2	贷款金额/元	1200000											
3	贷款年限/年	10											
4	年利率	4.25%											
5	每月还款	¥-12,292.50											
6													
7	¥-12,292.50	3.25%	3.50%	3.75%	4.00%	4.25%	4.50%	4.75%	5.00%	5.25%	5.50%	5.75%	6.00%
8	5												
9	10												
10	15												
11	20												
12	25												
13	30												
14													

图 6–9 双变量模拟运算表设置

（4）单击“确定”按钮，双变量模拟运算表的计算结果如图 6–10 所示。

	A	B	C	D	E	F	G	H	I	J	K	L	M
1	双变量模拟运算表												
2	贷款金额/元	1200000											
3	贷款年限/年	10											
4	年利率	4.25%											
5	每月还款	¥-12,292.50											
6													
7	¥-12,292.50	3.25%	3.50%	3.75%	4.00%	4.25%	4.50%	4.75%	5.00%	5.25%	5.50%	5.75%	6.00%
8	5	-21696.00277	-21830.094	-21964.702	-22099.826	-22235.467	-22371.623	-22508.294	-22645.48	-22783.181	-22921.395	-23060.122	-23199.362
9	10	-11726.28348	-11866.304	-12007.349	-12149.417	-12292.504	-12436.609	-12581.729	-12727.862	-12875.004	-13023.153	-13172.306	-13322.46
10	15	-8432.025227	-8578.5905	-8726.6693	-8876.2551	-9027.3409	-9179.9195	-9333.983	-9489.5235	-9646.5326	-9805.0015	-9964.921	-10126.282
11	20	-6806.349138	-6959.5166	-7114.6598	-7271.764	-7430.8136	-7591.7925	-7754.6835	-7919.4689	-8086.13	-8254.6477	-8425.0021	-8597.1727
12	25	-5847.794704	-6007.4828	-6169.5744	-6334.0421	-6500.8572	-6669.9897	-6841.4083	-7015.0805	-7190.9726	-7369.0499	-7549.2768	-7731.6168
13	30	-5222.475829	-5388.5363	-5557.3871	-5728.9835	-5903.2787	-6080.2237	-6259.768	-6441.8595	-6626.4444	-6813.468	-7002.8743	-7194.6063

图 6–10 双变量模拟运算表的计算结果（1）

说明：在双变量模拟运算表中，两个变量的值必须分别放在模拟运算表存放区域的第一行和第一列，而且计算公式必须放在模拟运算表存放区域左上角的单元格中。

本例中模拟运算表的存放区域是 A7:M13，所以在 A7 单元格中输入计算公式，B7:M7 单元格区域列出年利率的所有取值，A8:A13 单元格区域列出贷款年限的所有取值。

6.3 方案管理器

如果模拟一个公式中多个变量同时变化的问题的运算结果，或者一个问题有多种解决方案，要判断哪个方案最佳，这时就不能采用单变量模拟运算表和双变量模拟运算表来实现，而是要借助于 Excel 的方案管理器来实现。

例 6-6　基于例 6-5 双变量模拟运算表中的贷款问题，要求同时分析不同贷款年利率、贷款年限和贷款金额对每月偿还额的影响。

分析：在单变量模拟运算表中，指定的变量是年利率，贷款金额和贷款年限都是固定值。在双变量模拟运算表中，指定的变量是年利率和贷款年限，贷款金额是固定值。如果想把贷款金额也作为变量，即变量超过两个，变成 3 个，双变量模拟运算表就已经不能满足要求了，这时候要使用方案管理器。在使用方案管理器之前，首先要建立一个双变量模拟运算表来分析不同贷款年限和贷款年利率对每月偿还额的影响；然后按照贷款金额分别为 1000 万元、1100 万元、1200 万元、1300 万元、1400 万元创建多个方案。

（1）建立双变量模拟运算表。用双变量模拟运算表来分析不同贷款年限和贷款年利率对每月偿还额的影响，如图 6-11 所示。

¥-12,292.50	3.25%	3.50%	3.75%	4.00%	4.25%	4.50%	4.75%	5.00%	5.25%	5.50%	5.75%	6.00%
5	-21696.00277	-21830.094	-21964.702	-22099.826	-22235.467	-22371.623	-22508.294	-22645.48	-22783.181	-22921.395	-23060.122	-23199.362
10	-11726.28348	-11866.304	-12007.349	-12149.417	-12292.504	-12436.609	-12581.729	-12727.862	-12875.004	-13023.153	-13172.306	-13322.46
15	-8432.025227	-8578.5905	-8726.6693	-8876.2551	-9027.3409	-9179.9195	-9333.983	-9489.5235	-9646.5326	-9805.0015	-9964.921	-10126.282
20	-6806.349138	-6959.5166	-7114.6598	-7271.764	-7430.8136	-7591.7925	-7754.6835	-7919.4689	-8086.13	-8254.6477	-8425.0021	-8597.1727
25	-5847.794704	-6007.4828	-6169.5744	-6334.0421	-6500.8572	-6669.9897	-6841.4083	-7015.0805	-7190.9726	-7369.0499	-7549.2768	-7731.6168
30	-5222.475829	-5388.5363	-5557.3871	-5728.9835	-5903.2787	-6080.2237	-6259.768	-6441.8595	-6626.4444	-6813.468	-7002.8743	-7194.6063

图 6-11　双变量模拟运算表的计算结果（2）

（2）按照贷款金额分别为 1000 万元、1100 万元、1200 万元、1300 万元、1400 万元创建方案具体操作过程如下。

按“数据”→“预测”→“模拟分析”→“方案管理器”顺序操作，在弹出的“方案管理器”对话框（图 6-12）中单击“添加”按钮，接着在弹出的“添加方案”对话框的“方案名”文本框中输入“贷款金额 -1000”，然后指定贷款金额所在的 B2 单元格为可变单元格，如图 6-13 所示。单击“确定”按钮，就会弹出“方案变量值”对话框，在其中显示的可变单元格原始数据修改为方案模拟数值 10000000，如图 6-14 所示。

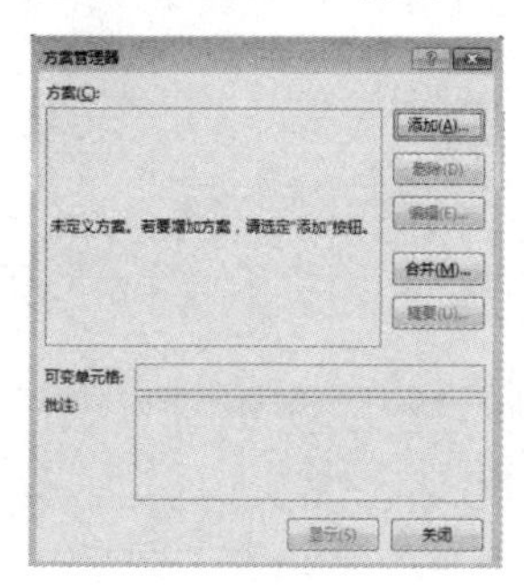

图 6-12　“方案管理器”对话框

图 6–13　在“添加方案”对话框中设置

图 6–14　修改数值

单击“确定”按钮,“贷款金额 –1000”方案创建完毕,相应的方案会自动添加到“方案管理器”对话框的“方案”列表框中。

重复上述步骤,依次建立“贷款金额 –1100”“贷款金额 –1200”“贷款金额 –1300”“贷款金额 –1400”4 个方案。方案创建完成后的“方案管理器”对话框如图 6–15 所示。

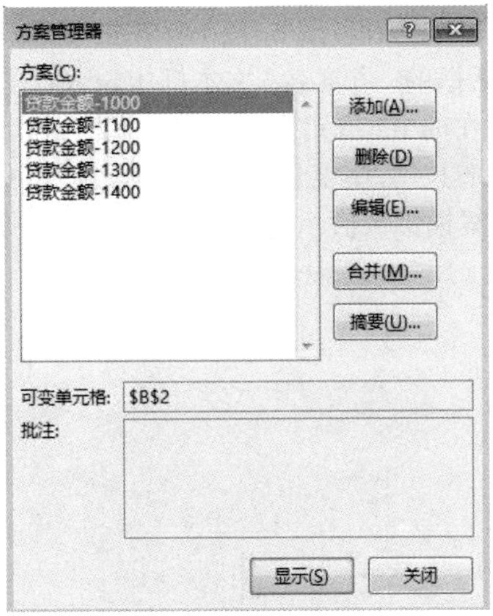

图 6–15　创建好的方案

（3）查看方案。方案创建完成以后，怎么查看该方案呢？只要在“方案管理器”对话框中选定该方案，再单击“显示”即可。需要说明的是，查看方案时，在方案中保存的变量值将会替换可变单元格中的值。例如，查看方案“贷款金额 -1400”的计算结果如图 6-16 所示。对比图 6-16 可以看到，所有与可变单元格相关的计算结果都是重新计算的，计算结果与方案设计一致，得出的每月还款额也是重新计算过的。

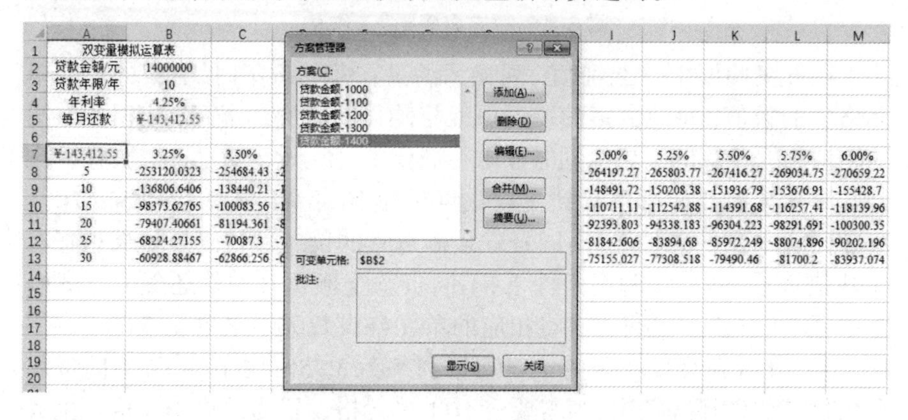

图 6-16　查看方案

（4）生成方案摘要。按照上述介绍的通过单击“方案管理器”对话框中的“显示”按钮查看方案，一次只能查看一个，那如何才能一次查看多个方案呢？那就需要将多个方案汇总到一起，形成方案报表，即生成方案摘要。具体操作步骤如下。

①单击“方案管理器”对话框中的“摘要”按钮，出现“方案摘要”对话框。

②指定生成方案摘要的报表类型为“方案摘要”，在“结果单元格”文本框中指定每月等额还款额所在的单元格“B5，A7”，如图 6-17 所示，单击“确定”按钮，系统会自动创建一个新的名为“方案摘要”。

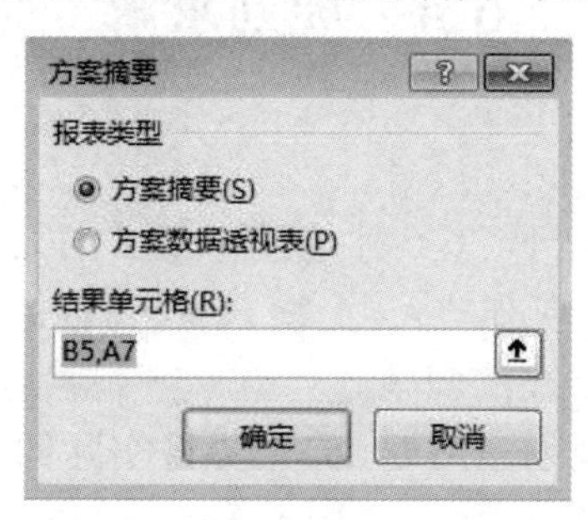

图 6-17　方案摘要设置

方案摘要	当前值	贷款金额-1000	贷款金额-1100	贷款金额-1200	贷款金额-1300	贷款金额-1400
可变单元格:						
$B$2	14000000	10000000	11000000	12000000	13000000	14000000
结果单元格:						
$B$5	¥-143,412.55	¥-102,437.53	¥-112,681.29	¥-122,925.04	¥-133,168.79	¥-143,412.55
$A$7	¥-143,412.55	¥-102,437.53	¥-112,681.29	¥-122,925.04	¥-133,168.79	¥-143,412.55

注释:"当前值"这一列表示的是在
建立方案汇总时,可变单元格的值。
每组方案的可变单元格均以灰色底纹突出显示。

图 6-18 "方案摘要"工作表

在方案摘要中,"当前值"列显示的是在建立方案时,方案的可变单元格中的数值;每组方案的可变单元格均以灰底突出显示;根据各方案的模拟数据计算的结果也同时显示在摘要中,便于管理人员比较、分析。

从方案摘要中可以看到在贷款年限为 10 年、年利率为 4.25%、每月等额偿还本息的条件下,不同贷款金额每月的偿还额情况。如果想查看在其他贷款年限、年利率条件下,不同贷款金额每月的偿还额的方案摘要,只需在设置方案摘要时将相应的单元格设置为结果单元格即可。例如,想要查看在贷款年限为 20 年、年利率为 3.75% 的条件下,不同贷款金额每月的偿还额情况,则需要将 D11 单元格设置为结果单元格。生成的方案摘要如图 6-19 所示。

方案摘要	当前值	贷款金额-1000	贷款金额-1100	贷款金额-1200	贷款金额-1300	贷款金额-1400
可变单元格:						
$B$2	14000000	10000000	11000000	12000000	13000000	14000000
结果单元格:						
$D$11	-83004.36409	-59288.8315	-65217.71465	-71146.5978	-77075.48094	-83004.36409

图 6-19 将 D11 单元格设置为结果单元格的方案摘要

6.4 规划求解

在资源有限的情况下,怎么才能使用最少的人力财力物力去完成一个给定的任务,或者让现有的人力、物力、财力创造最大的经济效益?这是利用规划求解可以解决的问题。

在 Excel 中进行规划求解时,首先要将实际问题数学化、模型化,即将实际问题用一组决策变量、一组用不等式或等式表示的约束条件,以及目标函数来表示,这是解决规划求解问题的关键,然后才可以应用 Excel

的规划求解工具求解。

规划求解工具是 Excel 的一个加载项，安装时默认不加载。如果用户需要使用规划求解工具，必须手动加载。具体操作步骤如下。

（1）单击“文件”选项卡中的“选项”按钮，弹出“Excel 选项”对话框，在对话框左侧选择“加载项”选项，在对话框右侧选择“Excel 加载项”选项。单击“转到”按钮，打开“加载项”对话框，勾选相应的复选框。

（2）单击“确定”按钮完成加载。加载成功后，在“数据”选项卡的“分析”选项组中可以看到“规划求解”按钮，如图 6-20 所示。

图 6-20　“规划求解”按钮

例 6-7　企业生产计划规划求解。

某工厂要制订生产计划。已知该工厂有两种机器：一种机器用来生产 A 产品，每生产 1 吨 A 产品需要工时 3 小时，用电量 4 千瓦，原材料 9 吨，可以得到利润 200 万元；另一种机器用来生产 B 产品，每生产 1 吨 B 产品需要工时 7 小时，用电量 6 千瓦，原材料 5 吨，可以得到利润 210 万元。现厂房可提供的总工时为 300 小时，电量为 250 千瓦，原材料为 420 吨。那么如何分配两种产品的生产量才能使利润最大化呢？

分析：利用 Excel 中的规划求解工具来完成计算，需要建立规划模型，即根据实际问题确定决策变量，设置约束条件和目标函数。

（1）决策变量。这个问题的决策变量有两个：A 产品的生产量 X_1 和 B 产品的生产量 X_2。

（2）约束条件。

生产量不能是负数：$X_1 \geqslant 0, X_2 \geqslant 0$。

总工时不能超过 300 小时：$3X_1+7X_2 \leqslant 300$。

总电量不能超过 250 千瓦：$4X_1+6X_2 \leqslant 250$。

原材料不能超过 420 吨：$9X_1+5X_2 \leqslant 420$。

（3）目标函数。

利润最大化：$P_{max}=200X_1+210X_2$。

（4）求组过程。

Excel 中的规划求解通过调整所指定的可变单元格（决策变量）的数值，并对可变单元格的数值应用约束条件，从而求出目标单元格公式（目标函数）的最优值。根据建立的规划模型，在 Excel 中利用规划求解工具的具体过程如下。

①根据工厂的实际情况制作数据计算工作表，分别填写生产 1 吨 A 产品和 B 产品所需要的工时、电量、原材料，每生产 1 吨 A 产品和 B 产品所能获取的利润以及厂房现在可提供的总工时、总电量和总原材料。当前无法预知各产品的产量为多少，可以先随意填写（这里分别填写为 10 和 15，肯定不是最优解）；在 D3 单元格中输入计算工时需求量的公式“=B3*B7+C3*C7”；在 D4 单元格中输入计算用电需求量的公式“=B4*B7+C4*C7”；在 D5 单元格中输入计算原材料需求量的公式“=B5*B7+C5*C7”；在 B8 单元格中输入计算总利润的公式“=B6*B7+C6*C7”，如图 6-21 所示。

B8　fx　=B6*B7+C6*C7

	A	B	C	D	E
1	企业生产计划规划求解				
2		产品A	产品B	完成生产所需的资源	现有资源
3	工时/（小时/吨）	3	7	135	
4	用电量/（千瓦/吨）	4	6	130	
5	原材料/吨	9	5	165	
6	单位利润/(万元/吨)	200	210		
7	产量/吨	10	15		
8	总利润/万元	5150			

图 6-21　填写“企业生产计划规划求解”工作表

从工作表中可以看出以下信息：

两个决策变量 X_1 和 X_2 对应的单元格为 B7 和 C7。

约束条件：

生产量不能是负数转换为：B7 ≥ 0，C7 ≥ 0；

总工时不能超过 300 小时转换为：D3 ≤ E3；

总电量不能超过 250 千瓦转换为：D4 < E4；

原材料不能超过 420 吨转换为：D5 ≤ E5，目标函数对应的单元格为 B8。

②在“数据”选项卡的“分析”选项组中单击“规划求解”按钮，弹出“规划求解参数”对话框。设置“设置目标”为“$B$8”，也就是总利润单元格，并选择“最大值”选项。

④在“通过更改可变单元格”文本框中输入与决策变量对应的 $B$7:$C$7 两个单元格，即产量是可变的。

⑤在“遵守约束”列表框右侧单击“添加”按钮，打开“添加约束”对话框（图 6–22），逐条添加所有的约束条件，如图 6–23 所示。

添加约束
单元格引用:(E)
约束:(N)
<=
确定(O)
添加(A)
取消(C)

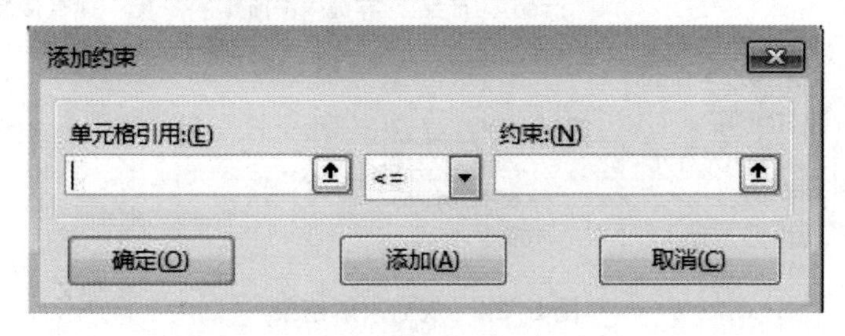

图 6–22　“添加约束”对话框

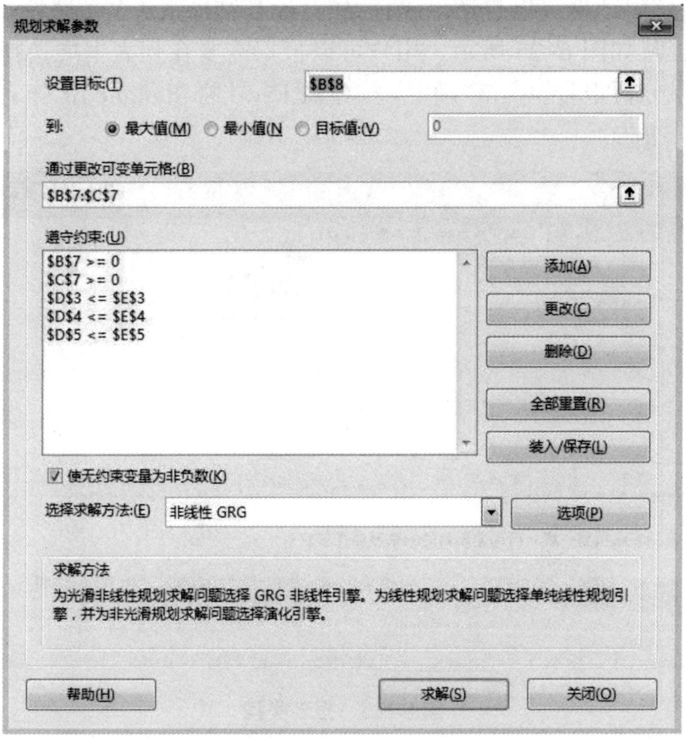

规划求解参数
设置目标:(T)
$B$8
到:
最大值(M)
最小值(N
目标值:(V)
0
通过更改可变单元格:(B)
$B$7:$C$7
遵守约束:(U)
$B$7 >= 0
$C$7 >= 0
$D$3 <= $E$3
$D$4 <= $E$4
$D$5 <= $E$5
添加(A)
更改(C)
删除(D)
全部重置(R)
装入/保存(L)
使无约束变量为非负数(K)
选择求解方法:(E)
非线性 GRG
选项(P)
求解方法
为光滑非线性规划求解问题选择 GRG 非线性引擎。为线性规划求解问题选择单纯线性规划引擎，并为非光滑规划求解问题选择演化引擎。
帮助(H)
求解(S)
关闭(O)

图 6–23　添加所有约束条件

⑥单击“求解”按钮，系统会给出规划求解结果，如图 6–24 所示。

其中，总利润可以达到 10991.18 万元，产品 A 生产 37.35 吨，产品 B 生产 16.76 吨，可用电量和原材料刚好用完，总工时符合要求，只用了 229.41 小时。

	A	B	C	D	E
1	企业生产计划规划求解				
2		产品A	产品B	完成生产所需的资源	现有资源
3	工时/(小时/吨)	3	7	229.4117647	300
4	用电量/(千瓦/吨)	4	6	250	250
5	原材料/吨	9	5	420	420
6	单位利润/(万元/吨)	200	210		
7	产量/吨	37.353	16.765		
8	总利润/万元	10991			

图 6–24 规划求解结果

系统在给出规划求解结果的同时会弹出一个“规划求解结果”对话框。通过该对话框可以自动生成有关的“运算结果报告”“敏感性报告”“极限值报告”，如图 6–25 所示。用户可以根据需要在列表框中选择需要建立的结果分析报告，单击“确定”按钮后 Excel 将在独立的工作表中自动建立有关报告。

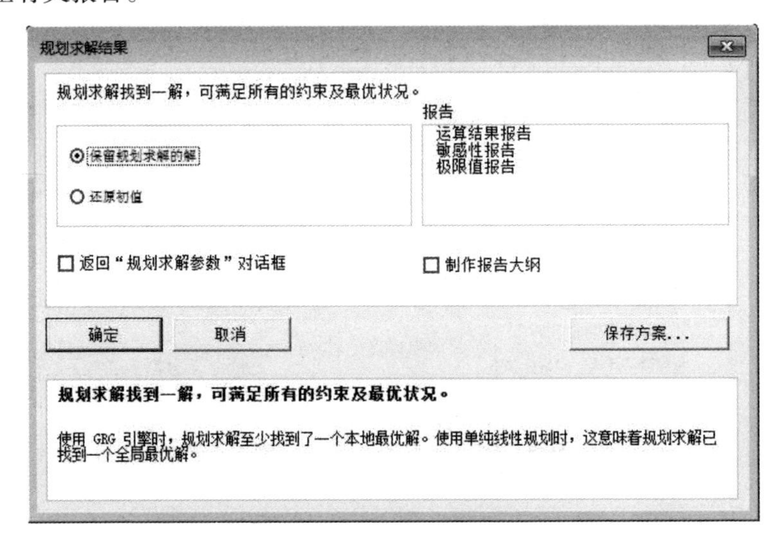

图 6–25 报告类型

⑦选择“运算结果报告”选项，单击“确定”按钮后得到的报告如图 6–26 所示。

Microsoft Excel 16.0 运算结果报告
工作表: [工作簿1(已自动还原).xlsx]Sheet9
报告的建立: 2023/12/12 星期二 上午 9:59:18
结果: 规划求解找到一解，可满足所有的约束及最优状况。
规划求解引擎
引擎: 非线性 GRG
求解时间: .016 秒。
迭代次数: 0 子问题: 0
规划求解选项
最大时间 无限制, 迭代 无限制, Precision 0.000001
收敛 0.0001, 总体大小 100, 随机种子 0, 中心派生
最大子问题数目 无限制, 最大整数解数目 无限制, 整数允许误差 1%, 假设为非负数

目标单元格 (最大值)

单元格	名称	初值	终值
$B$8	总利润/万元 产品A	10991.17647	10991.17647

可变单元格

单元格	名称	初值	终值	整数
$B$7	产量/吨 产品A	37.35294118	37.35294118	约束
$C$7	产量/吨 产品B	16.76470588	16.76470588	约束

约束

单元格	名称	单元格值	公式	状态	型数值
$D$3	工时/(小时/吨) 完成生产所需的资源	229.4117647	$D$3<=$E$3	未到限制值	70.58823529
$D$4	用电量/(千瓦/吨) 完成生产所需的资源	250	$D$4<=$E$4	到达限制值	0
$D$5	原材料/吨 完成生产所需的资源	420	$D$5<=$E$5	到达限制值	0
$B$7	产量/吨 产品A	37.35294118	$B$7>=0	未到限制值	37.35294118
$C$7	产量/吨 产品B	16.76470588	$C$7>=0	未到限制值	16.76470588

图 6–26　运算结果报告

第 7 章　Excel 数据分析的应用实例

Excel 拥有强大的函数功能以及图表制作和美化功能,所以对于轻量级数据,可以使用 Excel 实现数据可视化。本章主要介绍 Excel 在员工工资管理与销售统计分析管理中的应用。

7.1　员工工资管理

员工工资统计分析可以从多个角度进行。例如,按照不同岗位或职位对员工工资进行汇总和比较,了解不同岗位或职位的薪酬水平以及是否存在薪酬差异;按照不同部门对员工工资进行汇总和比较,了解不同部门的薪酬水平以及是否存在薪酬差异;按照员工入职时间或工作年限对员工工资进行汇总和比较,了解工作年限与薪酬之间的关系;按照员工性别对员工工资进行汇总和比较,了解男女员工的薪酬差异情况。还可以根据具体情况对员工工资进行更加细致的分析,在进行统计分析时,使用 Excel 提供的基本函数可以对数据进行处理与分析。

7.1.1 员工工资管理系统简介

算工资、发工资是最常见的企业信息化需求,工资的管理是各个企业都需要的。员工工资管理系统中有各企业通用的部分,如社保、公积金、个税的计算等,也有个性化的内容,因为每个企业的工资项目可能是不一样的,考勤制度也不相同。本节提供了一个简单版的员工工资管理系统,其中包括的功能为员工基本工资计算模块、考勤管理模块、加班统计模块、奖惩记录模块,也提供集合社保、公积金、个税等的计算的工资统计模块。一般情况下，企业日常做考勤，月底准备好计算工资需要的数据，根据各个模块提供的数据，最终统计这个月的应发工资、应扣工资和实发工资等。

7.1.2 员工工资统计分析

本小节主要从工龄工资计算、奖惩记录统计、加班工资统计、考勤扣款统计和工资统计进行员工工资统计分析，并根据分析结果制作员工工资条。

7.1.2.1 工龄工资计算

员工基本工资记录表如图 7-1 所示，其中的工龄和工龄工资是需要计算的。

	A	B	C	D	E	F	G	H	I	J
1										
2		编号	姓名	所属部门	职位	入公司日期	工龄/年	基下工资/元	岗位工资/元	工龄工资/元
3		A0001	胡世强	财务部	总经理	2009年5月28日		9320	4820	
4		A0002	夏龙	后勤部	业务员	2020年8月10日		1320	1820	
5		A0003	万小嘉	后勤部	职员	2016年7月9日		1820	2020	
6		A0004	周莉	销售部	经理	2013年10月11日		5320	3320	
7		A0005	邓华	策划部	工程师	2012年1月1日		6020	3820	
8		A0006	张营	研发部	业务员	2020年3月14日		1320	1820	
9		A0007	周双磊	财务部	总监	2015年3月18日		4820	2820	
10		A0008	胡志文	策划部	工程师	2012年4月21日		6020	4020	
11		A0009	贾冬梅	人力部	经理	2010年5月16日		7020	2820	
12		A0010	程红霞	信息部	职员	2017年3月11日		2120	2020	
13		A0011	程思成	财务部	业务员	2020年11月13日		1320	1820	
14		A0012	张文静	销售部	经理	2010年12月10日		6320	2820	
15		A0013	李爽	人力部	经理	2014年6月17日		5620	2420	
16		A0014	张慧敏	销售部	工程师	2014年12月1日		5620	2320	
17		A0015	黄伟	研发部	职员	2019年11月11日		1820	2020	
18		A0016	王宇	销售部	业务员	2018年8月12日		1420	1820	

图 7-1　员工基本工资记录表

工龄用当前的年份减去入公司日期所对应的年份即可获得。工龄工资的计算方法为：工龄小于等于两年不计算工龄工资，工龄大于两年按每年 120 元递增。

操作步骤如下。

（1）在 G3 单元格中输入“=（YEAR（TODAY（））-YEAR（F3））”，按【Enter】键，即可算出员工胡世强的工龄。拖动填充柄向下填充公式。如图 7-2 所示。

G3 =(YEAR(TODAY())-YEAR(F3))

编号	姓名	所属部门	职位	入公司日期	工龄/年	基下工资/元	岗位工资/元
A0001	胡世强	财务部	总经理	2009年5月28日	14	9320	4820
A0002	夏龙	后勤部	业务员	2020年8月10日	3	1320	1820
A0003	万小嘉	后勤部	职员	2016年7月9日	7	1820	2020
A0004	周莉	销售部	经理	2013年10月11日	10	5320	3320
A0005	邓华	策划部	工程师	2012年1月1日	11	6020	3820
A0006	张营	研发部	业务员	2020年3月14日	3	1320	1820
A0007	周双磊	财务部	总监	2015年3月18日	8	4820	2820
A0008	胡志文	策划部	工程师	2012年4月21日	11	6020	4020
A0009	贾冬梅	人力部	经理	2010年5月16日	13	7020	2820
A0010	程红霞	信息部	职员	2017年3月11日	6	2120	2020
A0011	程思成	财务部	业务员	2020年11月13日	3	1320	1820
A0012	张文静	销售部	经理	2010年12月10日	13	6320	2820
A0013	李爽	人力部	经理	2014年6月17日	9	5620	2420
A0014	张慧敏	销售部	工程师	2014年12月1日	9	5620	2320
A0015	黄伟	研发部	职员	2019年11月11日	4	1820	2020
A0016	王宇	销售部	业务员	2018年8月12日	5	1420	1820

图 7-2　计算员工工龄

（2）在 J3 单元格中输入“=IF（G3<=2,0,（G3-2）*120）”，按【Enter】键即可算出胡世强的工龄工资。拖动填充柄向下填充公式，如图 7-3 所示。

J3 =IF(G3<=2,0,(G3-2)*120)

编号	姓名	所属部门	职位	入公司日期	工龄/年	基下工资/元	岗位工资/元	工龄工资/元
A0001	胡世强	财务部	总经理	2009年5月28日	14	9320	4820	1440
A0002	夏龙	后勤部	业务员	2020年8月10日	3	1320	1820	120
A0003	万小嘉	后勤部	职员	2016年7月9日	7	1820	2020	600
A0004	周莉	销售部	经理	2013年10月11日	10	5320	3320	960
A0005	邓华	策划部	工程师	2012年1月1日	11	6020	3820	1080
A0006	张营	研发部	业务员	2020年3月14日	3	1320	1820	120
A0007	周双磊	财务部	总监	2015年3月18日	8	4820	2820	720
A0008	胡志文	策划部	工程师	2012年4月21日	11	6020	4020	1080
A0009	贾冬梅	人力部	经理	2010年5月16日	13	7020	2820	1320
A0010	程红霞	信息部	职员	2017年3月11日	6	2120	2020	480
A0011	程思成	财务部	业务员	2020年11月13日	3	1320	1820	120
A0012	张文静	销售部	经理	2010年12月10日	13	6320	2820	1320
A0013	李爽	人力部	经理	2014年6月17日	9	5620	2420	840
A0014	张慧敏	销售部	工程师	2014年12月1日	9	5620	2320	840
A0015	黄伟	研发部	职员	2019年11月11日	4	1820	2020	240
A0016	王宇	销售部	业务员	2018年8月12日	5	1420	1820	360

图 7-3　计算员工工龄工资

7.1.2.2 奖惩记录统计

奖惩记录主要涉及奖励和惩罚两个部分。奖励有两类来源：一类是员工的销售提成；另一类是其他奖励（如业绩突出）。惩罚来自工作差错或者未完成任务。其中,销售部提成的计算规则为:销售业绩小于等于 30000 元,提成比例为 2%;销售业绩在 30000 元到 50000 元(包含 50000 元)之间,提成比例为 4%;销售业绩在 50000 元以上,提成比例为 6%。具体操作如下。

(1)在 H4 单元格中输入公式“=IF(E4="","",IF(E4<=30000,E4*0.02,IF(E4<=50000,E4*0.04,E4*0.06)))”;也可以输入公式“=IF(E4="","",IF(E4>=50000,E4*0.06,IF(E4>=30000,E4*0.04,E4*0.02)))”;还可以直接输入“=IF(E4>=50000,E4*0.06,IF(E4>=30000,E4*0.04,E4*0.02))”,即不对空白单元格做处理。

(2)拖曳填充柄向下填充公式。奖惩记录操作结果如图 7-4 所示。

				奖励或扣款说明					
编号	姓名	所属部门	销售业绩	奖励说明	扣款说明	提成/元	奖金/元	提成或奖金额/元	扣款金额/元
A0001	胡世强	财务部				0		0	
A0002	夏龙	后勤部	25000	销售提成		500		500	
A0003	万小嘉	后勤部		业绩突出		0	250	250	
A0004	周莉	销售部				0		0	
A0005	邓华	策划部			未完成任务	0		0	500
A0006	张营	研发部	65000	销售提成	工作差错	3900		3900	200
A0007	周双磊	财务部		业绩突出		0	600	600	
A0008	胡志文	策划部				0		0	
A0009	贾冬梅	人力部	52000	销售提成	工作差错	3120		3120	200
A0010	程红霞	信息部				0		0	
A0011	程思成	财务部	75000	销售提成		4500		4500	
A0012	张文静	销售部		业绩突出		0	400	400	
A0013	李爽	人力部				0		0	
A0014	张慧敏	销售部			未完成任务	0		0	100
A0015	黄伟	研发部	49000	销售提成		1960	700	2660	
A0016	王宇	销售部				0		0	

图 7-4　奖惩记录表

7.1.2.3 加班工资统计

加班工资有两种来源:一种是按工作日加班时长(小时)计算;另一种是按节假日加班时长(天)计算。此公司规定,节假日加班按当月日工资的 2 倍计算。

操作步骤如下。

(1)打开加班工资统计表,单击 C2 单元格,输入公式“=NETWORKDAYS(考勤记录表!$E$3,考勤记录表!$A!$3)”,确认后,即可计算出当月的工作天数。

(提示:考勤记录表已经放在工资统计表中。)

(2)单击 E5 单元格,输入公式“=SUM(加班记录表!E5:A!5)”,即可计算出胡世强当月工作日的加班时长。拖曳填充柄向下填充公式。

（3）单击F5单元格，输入公式“=E5*50”，50（元）是工作日每小时的加班工资。拖曳填充柄向下填充公式。

（4）单击G5单元格，输入公式“=COUNTIF(加班记录表!E5:A!5，“加班”)”，即可计算出胡世强当月节假日加班天数。拖曳填充柄向下填充公式。

（5）单击H5单元格，输入公式“=ROUND((基本工资表!H3+基本工资表!13)/$C$2*2*G5，2)”，也可以直接用公式“=(基本工资表!H3+基本工资表!13)/$C$2*2*G5”（直接计算出结果），计算出胡世强当月节假日加班的工资。拖曳填充柄向下填充公式。

（提示：节假日工资是当天基本工资与岗位工资之和的2倍。）

（6）单击15单元格，输入公式“=F5+H5”，即可计算出胡世强当月加班的工资总额。拖曳填充柄向下填充公式，结果如图7-5所示。

8月加班工资统计表							
工作天数:23							
			工作日加班		节假日加班		
编号	姓名	所属部门	加班时长/天	工资额/元	加班时长/天	工资额/元	合计/元
A0001	胡世强	财务部	5.5	275	1	1229.57	1504.57
A0002	夏龙	后勤部	0	0	2	546.09	546.09
A0003	万小嘉	后勤部	2	100	2	667.83	767.83
A0004	周莉	销售部	6	300	3	2253.91	2553.91
A0005	邓华	策划部	3	150	1	855.65	1005.65
A0006	张营	研发部	3	150	2	546.09	696.09
A0007	周双磊	财务部	4	200	2	1328.7	1528.7
A0008	胡志文	策划部	2	100	2	1746.09	1846.09
A0009	贾冬梅	人力部	4.5	225	1	855.65	1080.65
A0010	程红霞	信息部	3	150	2	720	870
A0011	程思成	财务部	3	150	1	273.04	423.04
A0012	张文静	销售部	5	250	1	794.78	1044.78
A0013	李爽	人力部	3.5	175	2	1398.26	1573.26
A0014	张慧敏	销售部	6	300	1	690.43	990.43
A0015	黄伟	研发部	3	150	4	1335.65	1485.65
A0016	王宇	销售部	3	150	2	563.48	713.48

图7-5 加班工资统计表

7.1.2.4 考勤扣款统计

如图7-6所示，考勤记录表中给出了员工考勤记录，各员工有“病假”“事假”“旷工”“年假”“孕假”“婚假”等请假记录，也有“迟到1”“迟到2”“迟到3”等迟到记录。其中，请假制度为：病假扣款100元/天，事假扣款200元/天，旷工扣款200元/天，其他假别不扣款。迟到管理制度为："迟到 1"扣款 10 元；"迟到 2"扣款 30 元；"迟到 3"算旷工半天，扣款 100 元。

			1日	2日	3日	4日	5日	6日	7日	8日	9日	10日	11日	12日	15日	16日	17日	18日	19日	22日	23日	24日	25日	26日	29日	30日	31日
编号	姓名	所属部门	一	二	三	四	五	六	日	一	二	三	四	五	一	二	三	四	五	一	二	三	四	五	一	二	三
A0001	胡世强	财务部			事假	事假	事假															迟到1				年假	
A0002	夏龙	后勤部	事假														婚假	婚假	婚假					事假			
A0003	万小嘉	后勤部			孕假	年假						迟到1										旷工					
A0004	周莉	销售部																									
A0005	邓华	策划部			迟到2	病假	病假					病假	病假	病假	病假	病假	迟到1										
A0006	张营	研发部					事假												迟到1				事假				
A0007	周双磊	财务部			年假	年假	年假			年假	年假	迟到2								事假			年假				
A0008	胡志文	策划部															病假								年假	年假	年假
A0009	贾冬梅	人力部																迟到1									
A0010	程红霞	信息部			迟到1	病假						事假															
A0011	程思成	财务部					事假										迟到1		迟到3							事假	
A0012	张文静	销售部			事假		事假																				
A0013	李爽	人力部										病假														婚假	
A0014	张慧敏	销售部			迟到2							迟到3											事假				
A0015	黄伟	研发部				病假											病假										
A0016	王宇	销售部											事假														事假

图 7–6　考勤记录表

在考勤扣款统计表中的 E7 单元格输入公式"=COUNTIF（考勤记录表 !E5:A!5，" 病假 ")"，可以将考勤记录表中的 A0001 编号的员工的请病假情况统计出来。

为了便于后续各种请假和迟到情况的统计，修改公式为"=COUNTIF（考勤记录表 !$E5:$A!5，E$6)"，ES6 指的就是"病假"。接着，可以直接用填充柄向下填充公式，计算出所有员工的请病假情况，也可以用填充柄向右填充公式，计算出所有员工的其他请假和迟到情况。

在 N7 单元格输入公式"=E7*100+F7*200+G7*200"，计算出某一个员工的请假扣款总额。

在 O7 单元格输入公式"=K7*10+L7*30+M7*100"，计算出某一个员工的迟到扣款总额。

在 P7 单元格输入公式"=IF（AND（N7=0，O7=0），500，0）"，计算出全勤奖。该公式也可以替换为"=IF（SUM（E7:G7，K7:M7）=0，500，0）"或"=IF（SUM（N7:O7）=0，500，0）"。员工的考勤扣款统计结果如图 7–7 所示。

职员信息			请假记录				迟到记录			奖惩记录		
编号	姓名	所属部门	病假	事假	旷工	年假	迟到1	迟到2	迟到3	请假扣款	迟到扣款	全勤奖金
A0001	胡世强	财务部	0	3	0	1	1	0	0	600	10	0
A0002	夏龙	后勤部	0	2	0	0	0	0	0	400	0	0
A0003	万小嘉	后勤部	0	0	1	1	1	0	0	200	10	0
A0004	周莉	销售部	0	0	0	0	0	0	0	0	0	500
A0005	邓华	策划部	7	0	0	0	1	1	0	700	40	0
A0006	张营	研发部	0	1	0	0	1	0	0	200	10	0
A0007	周双磊	财务部	0	1	0	5	0	1	0	200	30	0
A0008	胡志文	策划部	1	1	0	4	0	0	0	300	0	0
A0009	贾冬梅	人力部	0	0	0	0	1	0	0	0	10	0
A0010	程红霞	信息部	1	1	0	0	1	0	0	300	10	0
A0011	程思成	财务部	0	2	0	0	1	0	1	400	110	0
A0012	张文静	销售部	0	2	0	0	0	0	0	400	0	0
A0013	李爽	人力部	1	0	0	0	0	0	0	100	0	0
A0014	张慧敏	销售部	0	0	0	0	0	1	1	0	130	0
A0015	黄伟	研发部	2	1	0	0	0	0	0	400	0	0
A0016	王宇	销售部	0	2	0	0	0	0	0	400	0	0

图 7–7　考勤扣款统计表

7.1.2.5 工资统计

一个员工的工资由以下各项构成：基本工资、岗位工资、工龄工资、提成或奖金、加班工资、全勤奖金、福利补贴等项构成员工的应发工资；请假扣款、迟到扣款、保险公积金扣款、个人所得税等构成应扣合计；实发工资则为应发工资减去应扣合计。员工工资统计表如图 7-8 所示。

8月工资统计表

单位：元

编号	姓名	所属部门	基本工资/元	岗位工资/元	工龄工资/元	全勤奖金	福利补贴	应发工资	请假扣款	迟到扣款	保险公积金扣	个人所得税	业绩扣款	应扣合计	实发工资
A0001	胡世强	财务部	9320	4820	1440	0	300	1738457	600	10	3427.6	1138.46	0	5176.06	12208.51
A0002	贾龙	后勤部	1320	1820	120	0	500	4806.09	400	0	717.2	0	0	111720	3688.89
A0003	万小嘉	后勤部	1820	2020	600	0	500	5957.83	200	10	976.8	0	0	1186.8	4771.03
A0004	周莉	销售部	5320	3320	960	500	600	13253.91	0	0	2112	725.39	0	2837.39	10416.52
A0005	邓华	策划部	6020	3820	1080	0	300	12225.65	700	40	2402.4	622.57	500	4264.97	7960.69
A0006	张蕾	研发部	1320	1820	120	0	300	8156.09	200	10	717.2	215.61	200	1342.81	6813.28
A0007	周双磊	财务部	4820	2820	720	0	300	10788.7	200	30	1839.2	478.87	0	2548.07	8240.63
A0008	胡志文	策划部	6020	4020	1080	0	300	13266.09	300	0	2446.4	726.61	0	3473.01	9793.08
A0009	赞冬梅	人力部	7020	2820	1320	0	300	15660.65	0	10	2455.2	966.07	200	3631.27	12029.39
A0010	程红霞	信息部	2120	2020	430	0	300	5790	300	10	1016.4	0	0	1326.4	4463.6
A0011	程思成	财务部	1320	1820	120	0	300	8483.04	400	110	717.2	248.3	0	1475,50	7007.54
A0012	张文静	销售部	6320	2820	1320	0	600	12504.78	400	0	2301.2	650.48	0	3351.68	9153.1
A0013	李爽	人力部	5620	2420	840	0	300	10753.26	100	0	1953.6	475.33	0	2528.93	8224.33
A0014	张慧敏	销售部	5620	2320	840	0	600	10370.43	0	130	1931.6	437.04	100	2598.64	7771.79
A0015	黄伟	研发部	1820	2020	240	0	300	8525.65	400	0	897.6	252.57	0	1550.17	6975.49
A0016	王宇	销售部	1420	1820	360	0	600	4913.48	400	0	792	0	0	1192	3721.48

图 7-8　员工工资统计表

单击员工工资统计表。

（1）将基本工资、岗位工资、工龄工资从基本工资表中导入。

具体操作如下。

①单击 E4 单元格，输入公式“=VLOOKUP（$B$4，员工基本工资记录表 !$B$3:$J$18，7）”。拖曳填充柄向下填充公式。

②单击 F4 单元格，输入公式“=VLOOKUP（B4，员工基本工资记录表 !$B$3:$J$18，8）"。拖曳填充柄向下填充公式。

③单击 G4 单元格，输入公式 "=VLOOKUP（B4，员工基本工资记录表 !$B$3:SJ$18，9）”。拖曳填充柄向下填充公式。

（2）从奖惩记录表中导入提成和奖金。

操作如下。

单击 H4 单元格，输入公式“=VLOOKUP（B4，奖惩记录表）”。拖曳填充柄向下填充公式。

（3）从加班工资统计表中导入加班工资，即“合计”列的值。

操作如下。

单击 14 单元格，输入公式“=VLOOKUP（B4，加班工资统计表 !$B$5:

$I$20,8)”。拖曳填充柄向下填充公式。

(4) 从考勤扣款统计表中导出全勤奖金。

操作如下。

单击 J4 单元格，输入公式“=VLOOKUP (B4, 考勤扣款统计表 !$B$7:$P$22, 15)”。拖曳填充柄向下填充公式。

(5) 计算福利补贴（销售部每人每月补贴 600 元，后勤部每人每月补贴 500 元，其他部门每人每月补贴 300 元）。

操作如下。

单击 K4 单元格，输入公式“=IF (D4=" 销售部 ",600, IF (D4=" 后勤部 ",500,300))”。拖曳填充柄向下填充公式。

(6) 应发工资计算。

操作如下。

单击 L4 单元格，输入公式“=SUM (E4:K4)”。拖曳填充柄向下填充公式。

(7) 从考勤扣款统计表中导出请假扣款和迟到扣款。

操作如下。

① 单击 M4 单元格，输入公式“=VLOOKUP (B4, 考勤扣款统计表 !$B$7:$P$22, 13)”。拖曳填充柄向下填充公式。

② 单击 N4 单元格，输入公式“=VLOOKUP (B4, 考勤扣款统计表 !$B$7:$P$22, 14)”。拖曳填充柄向下填充公式。

(8) 计算保险公积金等扣款。

本例假设扣除养老保险、医疗保险以及住房公积金金额的比例如下。

养老保险个人缴纳比例为

（基本工资 + 岗位工资 + 工龄工资）× 8%。

医疗保险个人缴纳比例为

（基本工资 + 岗位工资 + 工龄工资）× 2%。

住房公积金个人缴纳比例为

（基本工资 + 岗位工资 + 工龄工资）× 12%。

各项扣减总计 22%。

操作如下。

单击 O4 单元格，输入公式“=SUM (E4:G4)*0.22”。拖曳填充柄向下填充公式。

(9) 计算个人所得税。（提示：本例中假设个人所得税按收入 6000 元以按 10% (即 0.1) 上缴）

操作如下。

单击 P4 单元格，输入公式“=IF（L4<=6000，0，（L4–6000）*0.1）”。拖曳填充柄向下填充公式。

（10）从奖惩记录表中导出“扣款金额”，即为工资统计表中的“业绩扣款”。

操作如下。

单击 Q4 单元格，输入公式“=VLOOKUP（B4，奖惩记录表 !$B$4:$K19，10）”。拖曳填充柄向下填充公式。

（11）计算应扣合计。

操作如下。

单击 R4 单元格，输入公式“=SUM（M4:Q4）”。拖曳填充柄向下填充公式。

（12）计算实发工资。

操作如下。

单击 S4 单元格，输入公式“=L4–R4”。拖曳填充柄向下填充公式。

7.1.2.6 工资条制作

制作工资条的步骤如下。

①新建一个工作簿，命名为“工资条”。

②单击 A1 单元格，输入公式“=IF(MOD(ROW( ),3)=0,"",IF(MOD(ROW( ),3)=1,[工资统计表.xlsx]Sheet1!B$3,INDEX([工资统计表.xlsx]Sheet1!$B:$R,(ROW( )+4)/3+2,COLUMN( ))))”，按 [Enter] 键，即可得出结果。

③再次单击 A1 单元格，将鼠标指针移至该单元格右下角的填充柄上，当鼠标指针变成黑色十字形状时，按住鼠标左键向右拖动到 P1 单元格，释放鼠标左键，效果如图 7–9 所示。

	A	B	C	D	E	F	G	H	I	J	K	L	M	N	O	P
1	编号	姓名	所属部门	基本工资/元	岗位工资/元	工龄工资/元	全勤奖金	福利补贴	应发工资	请假扣款	迟到扣款	保险公积金扣	个人所得税	业绩扣款	应扣合计	实发工资

图 7–9 工资条表头

④选择 A1:P1 单元格区域，将鼠标指针移至该单元格区域右下角的填充柄上，当鼠标指针变成黑色十字形状时，按住鼠标左键向右拖动到 P2 单元格，释放鼠标左键，得到一个员工的工资条，如图 7–10 所示。

A	B	C	D	E	F	G	H	I	J	K	L	M	N	O	P
编号	姓名	所属部门	基本工资/元	岗位工资/元	工龄工资/元	全勤奖金	福利补贴	应发工资	请假扣款	迟到扣款	保险公积金扣	个人所得税	业绩扣款	应扣合计	实发工资
A0001	胡世强	财务部	9320	4820	1440	0	300	1738457	600	10	3427.6	1138.46	0	5176.06	12208.51

图 7–10 一个员工的工资条

⑤选择 A1:P1 单元格区域,将鼠标指针移至该单元格右下角的填充柄上,当指针变成黑色十字形状时,按住鼠标向右拖动到 R47 单元格,释放鼠标左键即可。至此,本例的制作完成,如图 7–11 所示。

	A	B	C	D	E	F	G	H	I	J	K	L	M	N	O	P
1	编号	姓名	所属部门	基本工资/元	岗位工资/元	工龄工资/元	全勤奖金	福利补贴	应发工资	请假扣款	迟到扣款	保险公积金扣	个人所得税	业绩扣款	应扣合计	实发工资
2	A0001	胡世强	财务部	9320	4820	1440	0	300	1738457	600	10	3427.6	1138.46	0	5176.06	12208.51
3																
4	编号	姓名	所属部门	基本工资/元	岗位工资/元	工龄工资/元	全勤奖金	福利补贴	应发工资	请假扣款	迟到扣款	保险公积金扣	个人所得税	业绩扣款	应扣合计	实发工资
5	A0002	夏龙	后勤部	1320	1820	120	0	500	4806.09	400	0	717.2	0	0	111720	3688.89
6																
7	编号	姓名	所属部门	基本工资/元	岗位工资/元	工龄工资/元	全勤奖金	福利补贴	应发工资	请假扣款	迟到扣款	保险公积金扣	个人所得税	业绩扣款	应扣合计	实发工资
8	A0003	万小嘉	后勤部	1820	2020	600	0	500	5957.83	200	10	976.8	0	0	1186.8	4771.03
9																
10	编号	姓名	所属部门	基本工资/元	岗位工资/元	工龄工资/元	全勤奖金	福利补贴	应发工资	请假扣款	迟到扣款	保险公积金扣	个人所得税	业绩扣款	应扣合计	实发工资
11	A0004	周莉	销售部	5320	3320	960	500	600	13253.91	0	0	2112	725.39	0	2837.39	10416.52
12																
13	编号	姓名	所属部门	基本工资/元	岗位工资/元	工龄工资/元	全勤奖金	福利补贴	应发工资	请假扣款	迟到扣款	保险公积金扣	个人所得税	业绩扣款	应扣合计	实发工资
14	A0005	邓华	策划部	6020	3820	1080	0	300	12225.65	700	40	2402.4	622.57	500	4264.97	7960.69
15																
16	编号	姓名	所属部门	基本工资/元	岗位工资/元	工龄工资/元	全勤奖金	福利补贴	应发工资	请假扣款	迟到扣款	保险公积金扣	个人所得税	业绩扣款	应扣合计	实发工资
17	A0006	张薹	研发部	1320	1820	120	0	300	8156.09	200	10	717.2	215.61	200	1342.81	6813.28
18																
19	编号	姓名	所属部门	基本工资/元	岗位工资/元	工龄工资/元	全勤奖金	福利补贴	应发工资	请假扣款	迟到扣款	保险公积金扣	个人所得税	业绩扣款	应扣合计	实发工资
20	A0007	周双磊	财务部	4820	2820	720	0	300	10788.7	200	30	1839.2	478.87	0	2548.07	8240.63
21																
22	编号	姓名	所属部门	基本工资/元	岗位工资/元	工龄工资/元	全勤奖金	福利补贴	应发工资	请假扣款	迟到扣款	保险公积金扣	个人所得税	业绩扣款	应扣合计	实发工资

图 7–11　员工的工资条

提示：本例在 A1 单元格中输入的公式的含义是如果当前行的行号除以 3 的余数是 0,则为空；如果当前行的行号除以 3 的余数是 1,则为“工资统计表”中 B$3 单元格中的数据；否则返回“工资统计表”中第 B 列至第 P 列区域中的第“当前行的行号加 4 除以 3 再加 2”行和当前列所对应的值。

7.2　销售统计分析管理

7.2.1 制作产品销售分析图表

在对产品的销售数据进行分析时,除了对数据本身进行分析外,经常使用图表来直观地表示产品销售状况,还可以使用函数预测其他销售数据,从而方便分析数据。产品销售分析图表具体制作步骤如下。

（1）插入销售图表

①打开原始文件,选择 B2:B11 单元格区域,如图 7–12 所示。

②单击“插入”→“图表”→“插入折线图或面积图”按钮,在弹出下拉列表中选择“带数据标记的折线图”选项,调整图表到合适的位置,如图 7–13 所示。

（2）设置图表格式

①选择图表,单击“设计”→“图表样式”→“其他”按钮,在弹出的下拉列表中选择一种图表的样式,即可更改图表的样式,如图 7–14 所示。

	A	B
1	月份	销售量
2	1	530
3	2	648
4	3	628
5	4	701
6	5	594
7	6	687
8	7	724
9	8	768
10	9	805
11	10	

图 7-12　原始文件

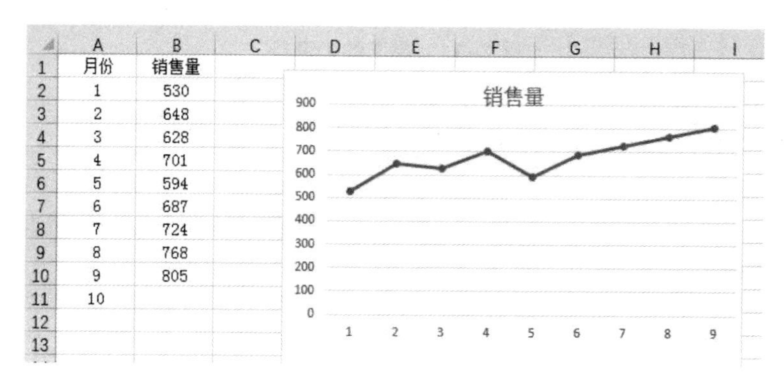

图 7-13　带数据标记的折线图

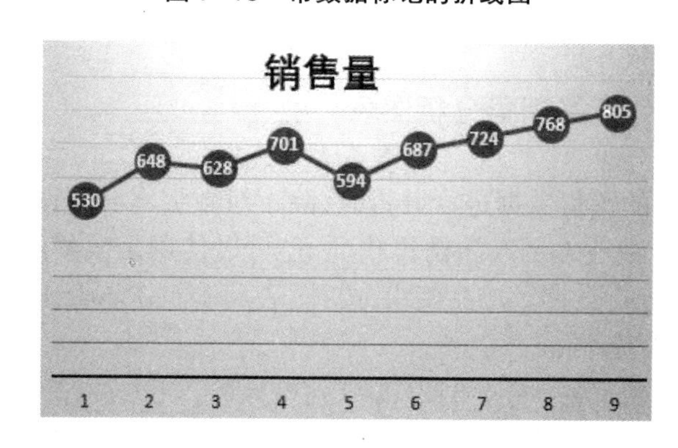

图 7-14　更改图样样式

②选择图表的标题文字，单击“格式”→“艺术字样式”→“其他”按钮，在弹出的下拉列表中选择一种艺术字样式。将图表标题命名为“产品销售分析图”，添加的艺术字效果如图 7-15 所示。

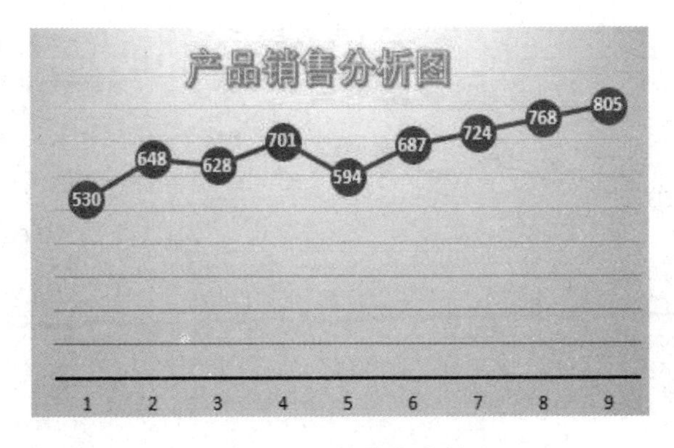

图 7-15　添加艺术字效果

（3）添加趋势线

①选择图表，单击“设计”→“图表布局”→“添加图表元素”按钮，在弹出的下拉列表中选择“趋势线”→“线性”选项。线性趋势线添加即可完成，如图 7-16 所示。

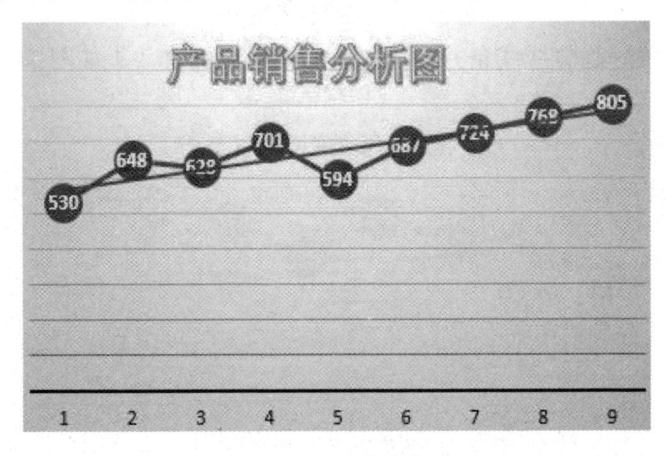

图 7-16　添加趋势线

②双击趋势线，工作表右侧弹出“设置趋势线格式”窗格，在此窗格中可以设置趋势线的填充线条、效果等，如图 7-17 所示。

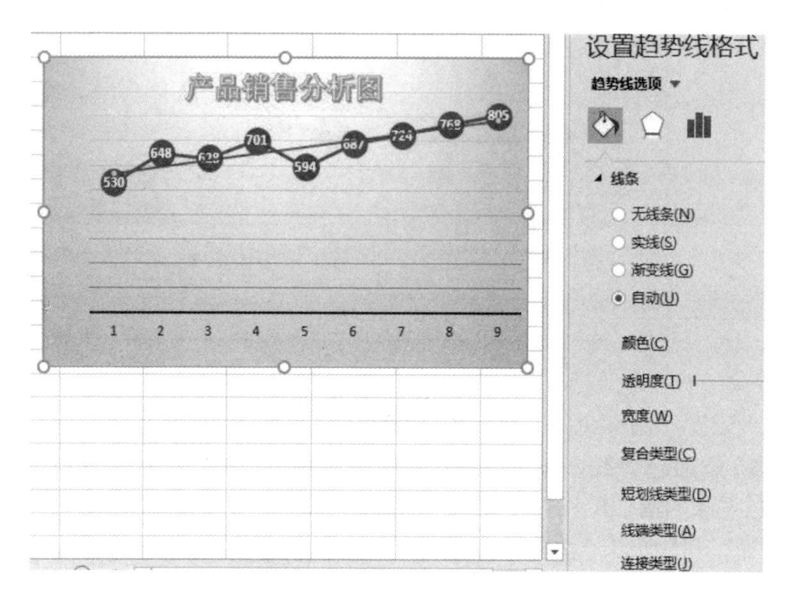

图 7–17　设置趋势线格式

③设置好趋势线线条并填充颜色后的最终图表效果如图 7–18 所示。

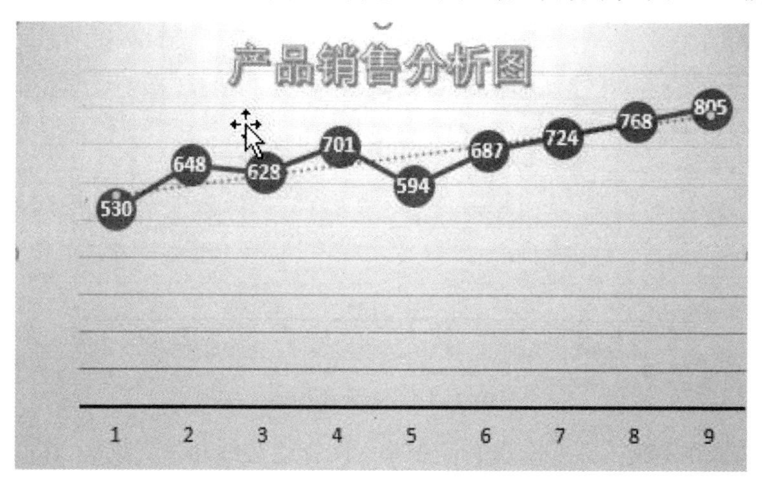

图 7–18　最终效果图

（4）预测销售量

①选择单元格 B11，输入公式“=FORECAST（A11，B2:B10，A2:A10）”，如图 7–19 所示。

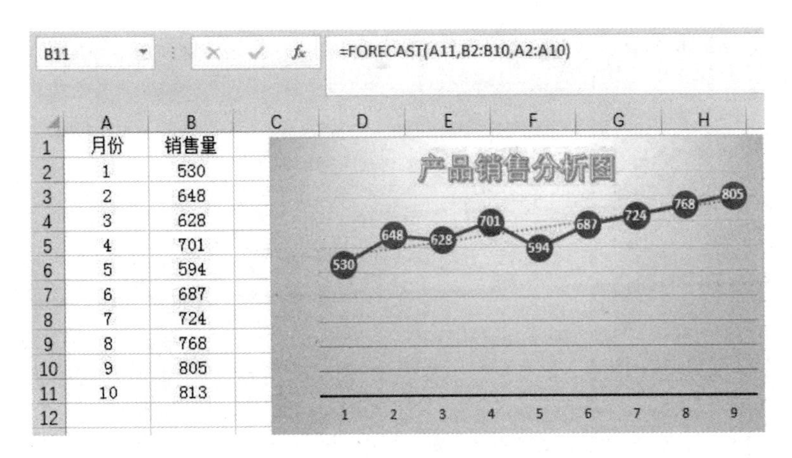

	A	B
1	月份	销售量
2	1	530
3	2	648
4	3	628
5	4	701
6	5	594
7	6	687
8	7	724
9	8	768
10	9	805
11	10	813
12		

图 7-19　预测销售量

②即可计算出 10 月份销售量的预测结果，如图 7-20 所示。

	A	B
1	月份	销售量
2	1	530
3	2	648
4	3	628
5	4	701
6	5	594
7	6	687
8	7	724
9	8	768
10	9	805
11	10	813

图 7-20　10 月份销售量的预测结果

③产品销售分析图的最终效果如图 7-21 所示，保存制作好的产品销售分析图。

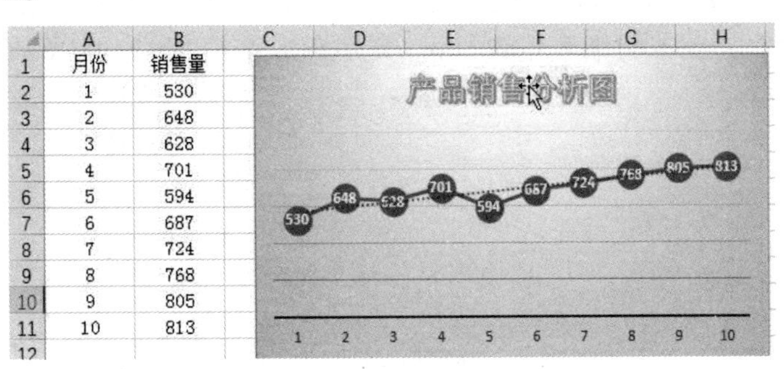

	A	B
1	月份	销售量
2	1	530
3	2	648
4	3	628
5	4	701
6	5	594
7	6	687
8	7	724
9	8	768
10	9	805
11	10	813

图 7-21　产品销售分析图的最终效果

④除了使用 FORECAST 函数预测销售量外，还可以单击“数据”→“预测”→“预测工作表”按钮，可创建新的工作表，预测数据的趋势，

如图 7-22 所示。

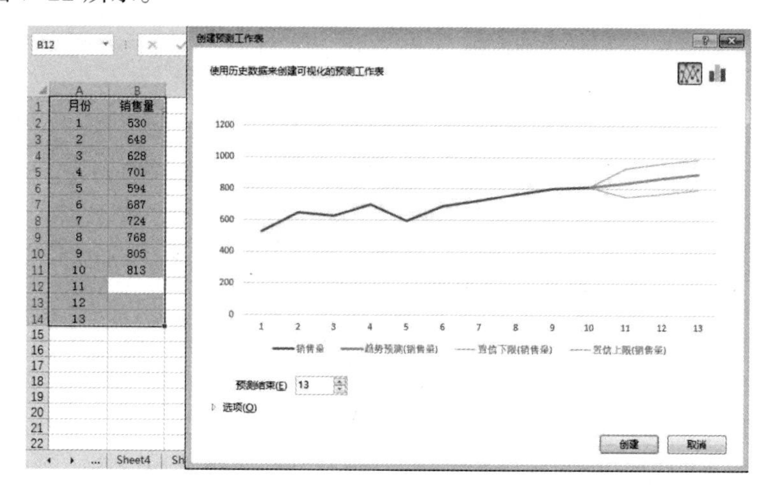

图 7-22 销量预测

至此,产品销售分析图表制作完成,保存制作好的图表即可。

7.2.2 制作商品销售年度数据大屏

7.2.2.1 数据准备

本节介绍的销售数据包含销售明细和成本明细两个表格,分别存放在不同的工作表中,销售明细表包含订单日期、订单单号、区域、快递公司、订单额、产品单价、利润额以及产品名称信息,共 8564 条数据,如图 7-23 所示。成本明细表包含月份、类别和成本信息,共 48 条数据,如图 7-24 所示。

	A	B	C	D	E	F	G	H	I
1	订单日期	订单单号	区域	快递公司	订单额	产品单价	利润额	产品类别	产品名称
2	2021/10/13	10021265709	华北	顺丰	261.54	38.94	-213.25	办公用品	Crate-A-Files I
3	2021/2/20	10021250753	华南	顺丰	6.93	2.08	-4.64	办公用品	Letter Slitter
4	2021/7/15	10021257699	华南	顺丰	2808.08	107.53	1054.82	家具产品	Document Clip Frames
5	2021/7/15	10021258358	华北	顺丰	1761.41	70.89	-1748.56	家具产品	KI Conference Tables
6	2021/7/15	10021249836	华北	顺丰	60.2335	7.99	-85.13	数码电子	CF 688
7	2021/7/15	10021253491	东北	顺丰	140.56	8.46	-128.38	数码电子	TDK 4.7GB DVD-R
8	2021/10/22	10021266565	东北	顺丰	288.56	9.11	60.72	办公用品	Newell 340
9	2021/10/22	10021263127	华南	顺丰	1892.848	155.99	48.99	数码电子	CF 688
10	2021/11/2	10021268727	华南	顺丰	2484.7455	65.99	657.48	数码电子	6162i
11	2021/3/17	10021248211	华南	顺丰	3812.73	115.79	1470.3	数码电子	TDK 4.7GB DVD-R
12	2021/1/19	10021251834	华北	顺丰	108.15	2.88	7.57	办公用品	Newell 340
13	2021/6/3	10021269741	西北	顺丰	1186.06	1.68	511.69	家具产品	Document Clip Frames
14	2021/6/3	10021255693	华南	顺丰	51.53	1.86	0.35	办公用品	Newell 308
15	2021/12/17	10021253900	华南	顺丰	90.05	30.93	-107	办公用品	Super Bands,12/Pack
16	2021/12/17	10021265473	华北	顺丰	7804.53	205.99	2057.17	数码电子	3285
17	2021/4/16	10021248412	西南	顺丰	4158.1235	125.99	1228.89	数码电子	SC7868i
18	2021/1/28	10021262933	华北	顺丰	75.57	2.89	28.24	办公用品	Avery 498
19	2021/11/18	10021265539	华南	顺丰	32.72	6.48	-22.59	办公用品	Xerox 217
20	2021/5/7	10021254814	华南	顺丰	461.89	150.98	-309.82	数码电子	Xerax 193

图 7–23　销售明细数据

	A	B	C	D
1	月份	类别	成本	
2	1月	推广	500.45	
3	1月	其他	234.05	
4	1月	人工	226.7	
5	1月	产品	109.35	
6	2月	推广	550.58	
7	2月	其他	268.19	
8	2月	产品	196.52	
9	2月	人工	133.66	
10	3月	推广	422.17	
11	3月	其他	249	
12	3月	人工	189.63	
13	3月	产品	133.01	
14	4月	推广	512.84	
15	4月	其他	239.57	
16	4月	人工	268.12	
17	4月	产品	133.09	
18	5月	推广	523.85	
19	5月	其他	209.21	
20	5月	人工	256.09	
21	5月	产品	91.69	
22	6月	其他	475.86	

图 7–24　成本明细数据

（1）检查数据

①数据源包含 2021 年商品全部销售明细以及每个月的成本统计，不存在缺失情况。

②不存在单元格合并的情况。

③列标题非空且唯一。

④订单日期是日期数据按照日期类型存储，其他字段数据类型正确。

⑤通过筛选检查，明细数据中不存在空值。

（2）数据处理

销售明细中可以作为度量值的数据有订单额、产品单价、利润额以及对订单单号计数，其他列作为轴标签。成本明细中成本作为度量值，月份和成本类别作为轴标签。本例制作年度数据动态可视化大屏，需要以月份作为筛选器支持用户查看每月销售情况，所以需要明细数据中包含月份字段。其中，成本明细表中已经有月份列，销售明细表需要通过公式获取订单日期中的月份，在 J2 单元格输入公式“=MONTH（A2）&" 月 "”使用 MONTH 函数获取订单月份并使用“&”与字符“月”拼接，按【Enter】键并拖拽填充柄向下填充公式，如图 7-25 所示。为方便区分，一般设置带公式列的列标题填充色为黄色。

J2 =MONTH(A2)&"月"

	A	B	C	D	E	F	G	H	I	J
1	订单日期	订单单号	区域	快递公司	订单额	产品单价	利润额	产品类别	产品名称	月份
2	2021/10/13	10021265709	华北	顺丰	261.54	38.94	-213.25	办公用品	Crate-A-Files I	10月
3	2021/2/20	10021250753	华南	顺丰	6.93	2.08	-4.64	办公用品	Letter Slitter	2月
4	2021/7/15	10021257699	华南	顺丰	2808.08	107.53	1054.82	家具产品	Document Clip Frames	7月
5	2021/7/15	10021258358	华北	顺丰	1761.41	70.89	-1748.56	家具产品	KI Conference Tables	7月
6	2021/7/15	10021249836	华北	顺丰	60.2335	7.99	-85.13	数码电子	CF 688	7月
7	2021/7/15	10021253491	东北	顺丰	140.56	8.46	-128.38	数码电子	TDK 4.7GB DVD-R	7月
8	2021/10/22	10021266565	东北	顺丰	288.56	9.11	60.72	办公用品	Newell 340	10月
9	2021/10/22	10021263127	华南	顺丰	1892.848	155.99	48.99	数码电子	CF 688	10月
10	2021/11/2	10021268727	华南	顺丰	2484.7455	65.99	657.48	数码电子	6162i	11月
11	2021/3/17	10021248211	华南	顺丰	3812.73	115.79	1470.3	数码电子	TDK 4.7GB DVD-R	3月
12	2021/1/19	10021251834	华北	顺丰	108.15	2.88	7.57	办公用品	Newell 340	1月
13	2021/6/3	10021269741	西北	顺丰	1186.06	1.68	511.69	家具产品	Document Clip Frames	6月
14	2021/6/3	10021255693	华南	顺丰	51.53	1.86	0.35	办公用品	Newell 308	6月
15	2021/12/17	10021253900	华南	顺丰	90.05	30.93	-107	办公用品	Super Bands,12/Pack	12月
16	2021/12/17	10021265473	华北	顺丰	7804.53	205.99	2057.17	数码电子	3285	12月
17	2021/4/16	10021248412	西南	顺丰	4158.1235	125.99	1228.89	数码电子	SC7868i	4月
18	2021/1/28	10021262933	华北	顺丰	75.57	2.89	28.24	办公用品	Avery 498	1月
19	2021/11/18	10021265539	华南	顺丰	32.72	6.48	-22.59	办公用品	Xerox 217	11月
20	2021/5/7	10021254814	华南	顺丰	461.89	150.98	-309.82	数码电子	Xerax 193	5月

图 7-25　获取订单月份

最后将公式取消，选中“月份”列，按【Ctrl+C】键复制数据再按【Ctrl+V】键粘贴，单击“粘贴”按钮，在弹出的对话框的“粘贴数值”组选择“值”选项，如图 7-26 所示。

C	D	E	F	G	H	I	J
区域	快递公司	订单额	产品单价	利润额	产品类别	产品名称	月份
华北	顺丰	261.54	38.94	-213.25	办公用品	Crate-A-Files I	10月
华南	顺丰	6.93	2.08	-4.64	办公用品	Letter Slitter	2月
华南	顺丰	2808.08	107.53	1054.82	家具产品	Document Clip Frames	7月
华北	顺丰	1761.41	70.89	-1748.56	家具产品	KI Conference Tables	7月
华北	顺丰	60.2335	7.99	-85.13	数码电子	CF 688	7月
东北	顺丰	140.56	8.46	-128.38	数码电子	TDK 4.7GB DVD-R	7月
东北	顺丰	288.56	9.11	60.72	办公用品	Newell 340	10月
华南	顺丰	1892.848	155.99	48.99	数码电子	CF 688	10月
华南	顺丰	2484.7455	65.99	657.48	数码电子	6162i	11月
华南	顺丰	3812.73	115.79	1470.3	数码电子	TDK 4.7GB DVD-R	3月
华北	顺丰	108.15	2.88	7.57	办公用品	Newell 340	1月
西北	顺丰	1186.06	1.68	511.69	家具产品	Document Clip Frames	6月
华南	顺丰	51.53	1.86	0.35	办公用品	Newell 308	6月
华南	顺丰	90.05	30.93	-107	办公用品	Super Bands,12/Pack	12月
华北	顺丰	7804.53	205.99	2057.17	数码电子	3285	12月
西南	顺丰	4158.1235	125.99	1228.89	数码电子	SC7868i	4月
华北	顺丰	75.57	2.89	28.24	办公用品	Avery 498	1月
华南	顺丰	32.72	6.48	-22.59	办公用品	Xerox 217	11月
华南	顺丰	461.89	150.98	-309.82	数码电子	Xerax 193	5月

图 7–26　取消数据列公式转为值

7.2.2.2 数据统计

根据明细数据中的现有数据信息，以月份作为筛选器，可将区域、快递公司、产品类别、费用类型、商品作为维度进行统计分析。

（1）添加定义名称

①由于两个表中都存在月份字段，首先对两个表的月份列标题重新命名。销售明细表的月份列标题修改为“月份 _ 销量”，成本明细表中的月份列标题修改为“月份 _ 成本”。

②如图 7–27 所示，在销售明细表中选中所有列（不是选中所有数据），在功能区中单击“公式”选项卡，在“定义的名称”组中单击“根据所选内容创建”按钮，在弹出的“根据所选内容创建”对话框中取消选中“最左列”复选框，单击“确定”按钮，完成销售数据的定义名称添加，使用同样的方法对成本明细表中的类别和成本添加定义名称。

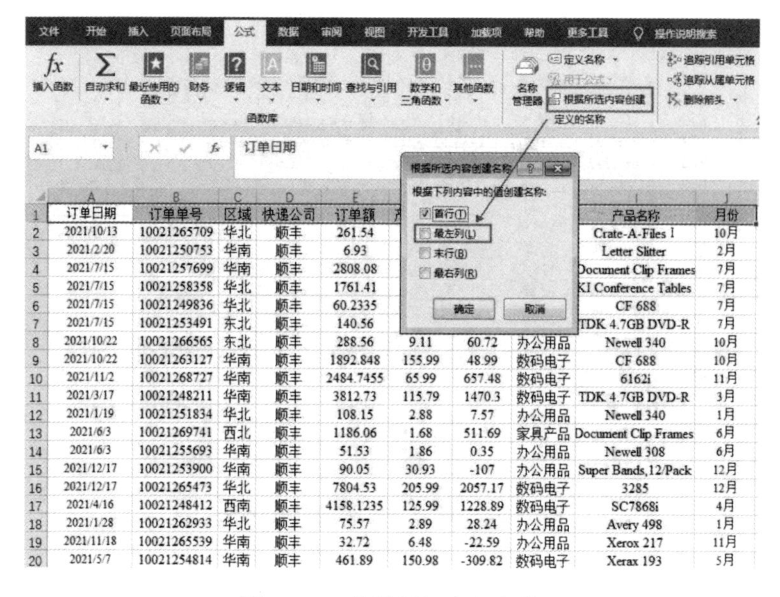

	A	B	C	D	E	F	G	H	I	J
1	订单日期	订单单号	区域	快递公司	订单额	产			产品名称	月份
2	2021/10/13	10021265709	华北	顺丰	261.54				Crate-A-Files I	10月
3	2021/2/20	10021250753	华南	顺丰	6.93				Letter Slitter	2月
4	2021/7/15	10021257699	华南	顺丰	2808.08				Document Clip Frames	7月
5	2021/7/15	10021258358	华北	顺丰	1761.41				KI Conference Tables	7月
6	2021/7/15	10021249836	华北	顺丰	60.2335				CF 688	7月
7	2021/7/15	10021253491	东北	顺丰	140.56				TDK 4.7GB DVD-R	7月
8	2021/10/22	10021266565	东北	顺丰	288.56	9.11	60.72	办公用品	Newell 340	10月
9	2021/10/22	10021263127	华南	顺丰	1892.848	155.99	48.99	数码电子	CF 688	10月
10	2021/11/2	10021268727	华南	顺丰	2484.7455	65.99	657.48	数码电子	6162i	11月
11	2021/3/17	10021248211	华南	顺丰	3812.73	115.79	1470.3	数码电子	TDK 4.7GB DVD-R	3月
12	2021/1/19	10021251834	华北	顺丰	108.15	2.88	7.57	办公用品	Newell 340	1月
13	2021/6/3	10021269741	西北	顺丰	1186.06	1.68	511.69	家具产品	Document Clip Frames	6月
14	2021/6/3	10021255693	华南	顺丰	51.53	1.86	0.35	办公用品	Newell 308	6月
15	2021/12/17	10021253900	华南	顺丰	90.05	30.93	-107	办公用品	Super Bands,12/Pack	12月
16	2021/12/17	10021265473	华北	顺丰	7804.53	205.99	2057.17	数码电子	3285	12月
17	2021/4/16	10021248412	西南	顺丰	4158.1235	125.99	1228.89	数码电子	SC7868i	4月
18	2021/1/28	10021262933	华北	顺丰	75.57	2.89	28.24	办公用品	Avery 498	1月
19	2021/11/18	10021265539	华南	顺丰	32.72	6.48	-22.59	办公用品	Xerox 217	11月
20	2021/5/7	10021254814	华南	顺丰	461.89	150.98	-309.82	数码电子	Xerax 193	5月

图 7–27　批量添加定义名称

③在功能区中单击“公式”选项卡，在“定义的名称”组单击“名称管理器”按钮可以查看已经添加的名称，如图 7–28 所示。

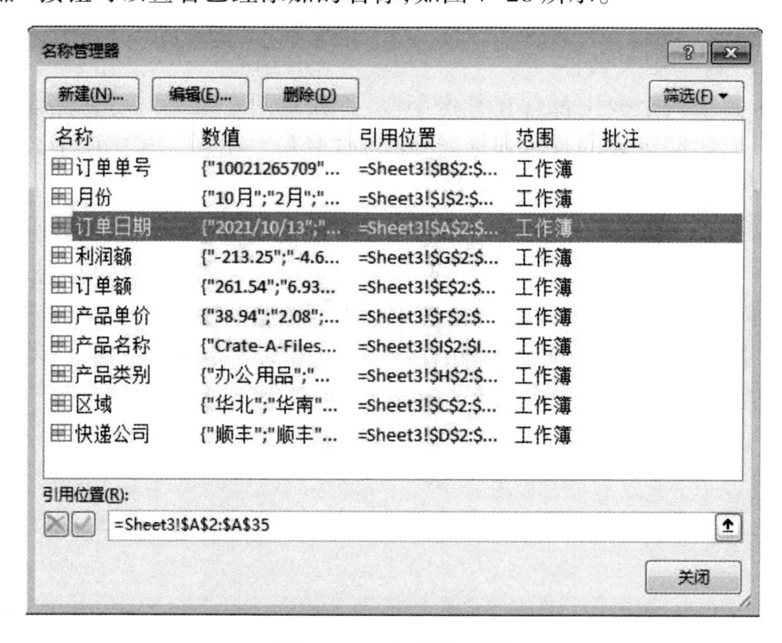

名称	数值	引用位置	范围	批注
订单单号	{"10021265709"...	=Sheet3!$B$2:$...	工作簿	
月份	{"10月";"2月";"...	=Sheet3!$J$2:$...	工作簿	
订单日期	{"2021/10/13";"...	=Sheet3!$A$2:$...	工作簿	
利润额	{"-213.25";"-4.6...	=Sheet3!$G$2:$...	工作簿	
订单额	{"261.54";"6.93...	=Sheet3!$E$2:$...	工作簿	
产品单价	{"38.94";"2.08";...	=Sheet3!$F$2:$...	工作簿	
产品名称	{"Crate-A-Files...	=Sheet3!$I$2:$I...	工作簿	
产品类别	{"办公用品";"...	=Sheet3!$H$2:$...	工作簿	
区域	{"华北";"华南"...	=Sheet3!$C$2:$...	工作簿	
快递公司	{"顺丰";"顺丰"...	=Sheet3!$D$2:$...	工作簿	

图 7–28　名称管理器

（2）建立图表数据源区域

①明确分析数据。在建立统计数据前，首先明确需要展示的维度和度量值，其中度量值包括订单量、销售额、利润额和单价，本例使用年度销售数据，商品单价可在其他页面展示。维度有区域、快递公司、产品类别、产品名称、月份以及成本分类，其中成本分类用于展示成本费用，月份、区域、快递公司，产品类别展示销售单量，产品可展示排名，月份作为筛选器。

②建立统计数据工作表。首先建立一个空白工作表。右击一个工作表，在弹出的菜单中选择“插入”选项新建一个工作表，命名为“统计数据”。为区分不同用途的工作表，可对统计数据工作表设置填充色，在菜单中选择“工作表标签颜色”选项可设置标签填充色，如图 7–29 所示，设置填充色为绿色（17，167，173）。

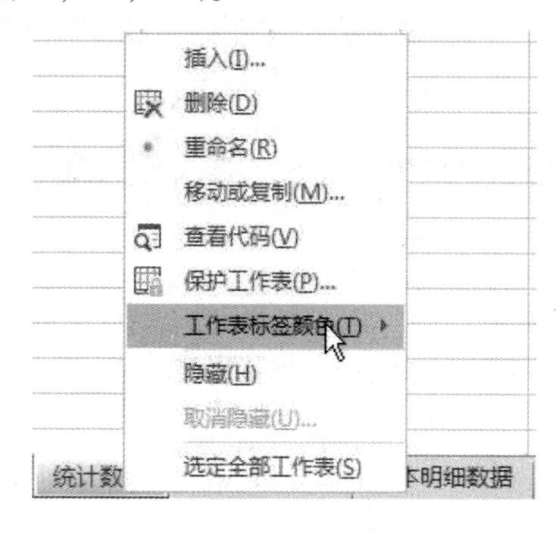

图 7–29　建立统计数据工作表

③插入筛选器。本例设计的是动态数据大屏，与动态图表一样，建立图表数据前首先插入筛选器，因为是以月份作为筛选项目，筛选类目较多，使用组合框是最佳的选择。在功能区中单击“开发工具”选项卡，单击“插入”按钮，在“表单控件”菜单下选择“组合框”选项，按住鼠标拖动建立控件，如图 7–30 所示。

本例使用的销售数据和成本数据都是 2021 整年的数据，所以先建立 1 月至 12 月的月份列作为筛选器参考数据源。右击组合框控件，在快捷菜单中选择“设置控件格式”选项，在弹出的“设置对象格式”对话框的“控制”菜单下的“数据源区域”输入框中输入月份列数据单元格地址（注意不要包含月份所在单元格），在“单元格链接”输入框中任意输入一个单元格地址即可，如图 7–31 所示。

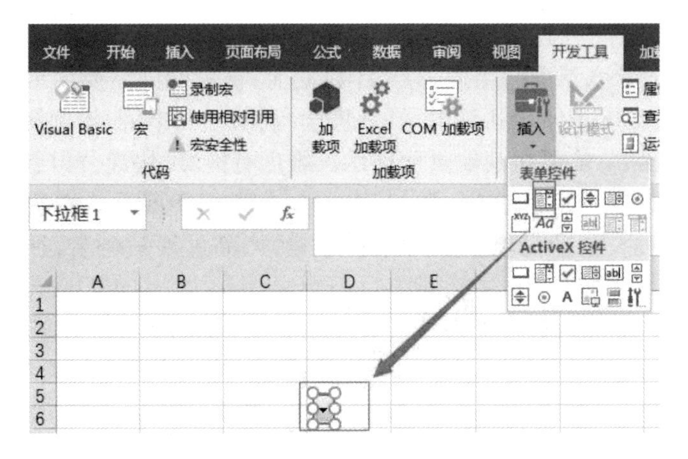

图 7–30　插入组合框

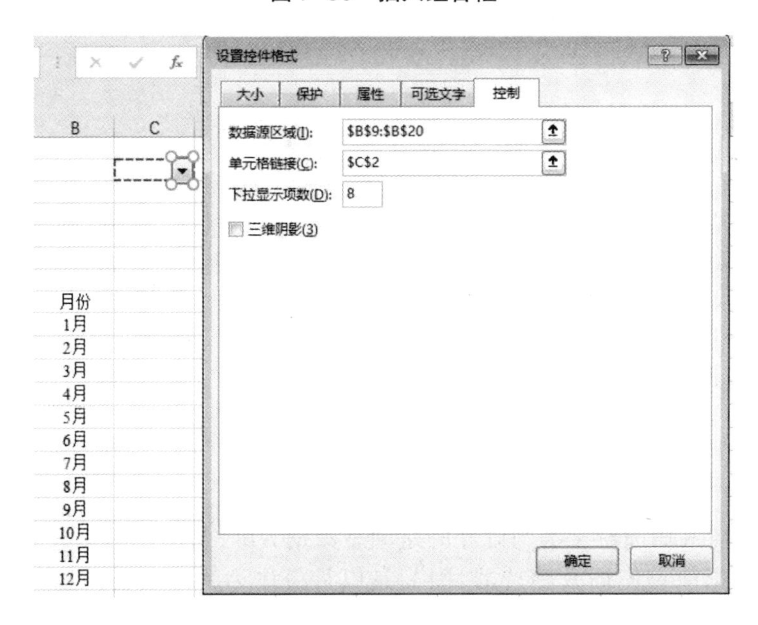

图 7–31　插入组合框

由于组合框在链接单元格返回的是月份的索引位置，需要使用 INDEX 函数获取组合框筛选的月份，在 D2 单元格内输入公式“=INDEX（B9:B20，C2）”获取筛选结果。

④建立统计分析数据。在销售明细工作表中复制“区域”列数据，粘贴至一个空白的工作表中，选中该列数据，在功能区中单击“数据”选项卡，在“数据工具”组单击“删除重复值”按钮，得到去重结果。

将去重得到的数据区域复制到统计数据工作表中。统计各区域订单量情况，在 E9 单元格输入公式“=COUNTIFS（区域，D9，月份 _ 销售，$D$2）”，包含月份和区域两个计数条件，并将公式下拉得到各区域销量统计数据。

在建立好的统计数据基础上插入图表就是完成一个动态图表的过程。本例是设计数据大屏，所以还需要建立其他统计数据。同样使用 COUNTIFS 函数统计各个区域、产品类型以及快递公司对应的销量；统计月份的销售额需要对销售额进行求和，所以使用 SUMIFS 函数，在 K18 单元格输入公式“=SUMIFS（订单额，月份 _ 销售，J18）/10000”；因为销售产品类目较多，所以选择展示销售额排名前三的产品，首先统计产品的对应的销售额和销量，然后使用排名函数 RANK（包含两个参数，排名值和排名数组）计算本月产品销售额排名，在第一个产品的销量额排名单元格 R2 输入公式“=RANK（T2，$T$2:T347）”计算排名，并拖拽填充柄向下填充公式。这里将排名公式放在产品名称前是为了方便后面使用 VLOOKUP 函数将前三名匹配出来。

（3）建立核对数据

在统计数据工作表中建立核对数据是校验数据的第一步，可以有效地监测到新增数据中的异常数据。统计数据校验即用总数减去每个分类的汇总和，比较差值，差值不为 0 表示可能存在问题。

7.2.2.3 建立数据大屏

经过前面的数据准备和统计阶段，现在进入最后的图表制作阶段。与前面步骤需要大量函数处理数据相比，最后制作图表是熟能生巧的过程，其难点也是最重要的是数据大屏的整体布局。

1. 建立图表

（1）基于已经建立好的统计数据选择合适的图表。

（2）月份分类较少可以使用条形图体现对比关系。

（3）区域、快递公式类目较多，适合使用柱形图或条形图体现对比关系。

（4）月份销售额走势可以使用折线图或面积图体现时间序列趋势关系。

（5）产品类别较少可以使用圆环图并配合单值图体现构成关系。

（6）可以添加圆环图展示利润占比以及销售额总额。

（7）产品排名可以使用列表展示前三名销售情况。

（8）成本类别一共有四个分布可以使用圆环图展示构成关系，也可使用柱形图展示对比关系，本例采用 BI 软件的系列图表的展示方式，将每类成本拆分为一个占比总成本的圆环图，最后将四个圆环汇总到一个图表背景中，体现亲密性。

通过上述分析，还需要对统计数据做进一步处理，包括计算每个成本类别的占比、利润率百分比以及匹配当月产品销售额前三名。计算成本占比，在 F27 单元格输入公式“=E27/$I$2”并将公式下拉填充，辅助值等于“1- 占比”。

计算利润率，在 P3 单元格输入公式“=O2/M2”，辅助值单元格 Q3 值等于“1- 利润率”，输入公式“=1–P3”。

要使用列表的方式展示销售额前三名产品的销售情况，首先输入排名列，在 X3 输入公式“=VLOOKUP（$W3，$R:$U，COLUMN（B2），0）”，使用一个公式实现多列匹配，第一个参数是排名，是 W 列的值，所以在列标前添加绝对引用；第二个参数是产品统计区域，公式需要横向拖动，所以添加绝对引用；第三个参数是自动计算匹配列数；最后的参数输入 0 指定为精确匹配。

基于统计数据可以建立 8 个图表，包括 2 个圆环图、1 个条形图、2 个柱形图、1 个列表、1 个面积图，以及 1 个由多个圆环组合的系列图表。

以区域统计数据为例插入图表，在功能区中单击“插入”选项卡，在图表组中单击“插入柱形或条形图”按钮，在菜单中选择“簇状柱形图”选项。

商品销售排名采用列表方式呈现，即类似表格样式，可建立堆积条形图，通过数据标签展示列表。建立统计辅助数据，需要建立包含 3 列的列表（产品名称、销售额、销量），所以建立 3 列辅助数据，因为产品名称字符长，对应的辅助列数值较大为 300，其他 2 列数值为 100。

插入的图表默认是以列作为纵坐标轴，我们需要以排名作为纵坐标轴，说明行列关系错误。选中图表，在功能区单击“图表设计”选项卡，单击“切换行 / 列”按钮，转换图表行列关系，得到以排名为纵坐标的堆积条形图。由于纵坐标轴是按照降序排序的，还需要调整为升序，右击图表纵坐标轴在快捷菜单中选择“设置坐标轴格式”选项，在“坐标轴选项”组选择“逆序类别”复选框。

最后重新定义条形图数据标签，形成列表。选中图表，单击图表右上角加号，单击快捷菜单中“数据标签”复选框右侧三角按钮，选择“更多选项”选项，在“标签选项”菜单下“标签包括”组中选择“单元格中的值”

复选框重新指定数据标签数据范围，第一个条形选择“产品名称”列，第二个条形选择“销售额”列，第三个条形选中“销量”列，并取消选择“值”和“显示引导线”复选框，得到商品排名列表。同样地对每个维度插入对应的图表。

2. 设置大屏背景

建立好图表后，需要建立数据大屏背景。假设有 8 个图表，可以使用 3×（3+2）的模式。其中，月份同环比图相对重要，可放在中间顶部位置；区域和快递公司销量对比图相对次要，可放在右下角；同时体现时间序列的月份销售额走势图可放在两个柱形图上方；商品类别圆环图可与成本系列圆环图放在最左侧；剩下商品排名列表和利润占比圆环图，后者相对次要可放在中间最下方。数据大屏图表布局优先考虑图表数据重要度，其次保证布局的对称性和协调性。

使用 3×（3+2）图表布局的模式，可将数据大屏背景长宽比设为 16：9。新建一个工作表命名为“数据大屏”，并设置工作表标签背景色为靛蓝色（26，30，67），方便区分其他两类工作表，选取一块长宽比例为 16：9 的单元格区域作为数据大屏背景，并设置单元格填充色。本例使用 D2：U40 单元格区域作为数据大屏的背景，设置背景单元格区域填充色为靛蓝色（26，30，67）。

3. 图表布局

将统计数据工作表中图表剪切至数据大屏工作表中。由于大屏背景较大，为方便衡量大小，可在数据大屏边缘标记出单元格坐标供参考。设置每个图表宽占 6 列单元格（包含图表之间距离），图表高度可依据图表特征适当调节。

在调整布局前首先添加矩形形状作为标题栏、下方导航栏（作为其他数据大屏的导航）以及成本圆环系列图的背景。在功能区单击“插入”选项卡，单击“形状”按钮，选择“矩形”选项，在空白区域拖动鼠标建立矩形形状，并设为无线条。同时需要设置系列图背景层叠次序为“置于底层”。

4. 调整图表大小

对于布局区域较大的数据大屏，可以精确调整图表大小，右击图表，在快捷菜单中选择“设置图表区域格式”选项，单击“大小与属性”按钮设置高度和宽度，其中将每个图表的宽度设置为一致的，都是 10.3 cm，约占六列数据，高度需根据实际图表情况设置。

5. 图表对齐

设置图表对齐。按住【Ctrl】键选中上方三个图表，在功能区单击“形状格式”选项卡，在“排列”组单击“对齐”按钮，选择“顶端对齐”选项，让三个图表纵向对齐。使用同样的方式设置中间三个图表为“左侧对齐”，右侧三个图表为“右侧对齐”，下方三个图表为“底端对齐”。

设置图表高度和宽度并非固定值，需要根据背景区域大小反复调试，找到的最适合的范围。由于下方的条形图需要足够的高度，同时考虑圆环图的图例可以设置到右侧，所以下方的图表高度要大于上方图表的高度，但是上下方图表的宽度必须是一致的，以保持图表的对称结构。

6. 图表修饰

图表采用浮层效果，即设置每个图表的背景填充颜色为与数据大屏背景色相近的颜色，而不是无填充，这样可以充分利用亲密性原则。

7. 修饰绘图区

对于圆环图绘图区的修饰包括隐藏线条和设置填充。

8. 添加数据标签

对圆环图和柱形图添加数据标签的方式相同，修饰方式略有不同。首先设置圆环图，单击图表区，再单击图表区右上角出现的加号按钮，在弹出的“图表元素”对话框中单击“数据标签”复选框右侧的三角形按钮，在级联菜单中选择“更多选项”选项，在“设置数据标签格式”对话框中“标签选项”菜单下的“标签包括”组选择“百分比”复选框，再取消选中“值”复选框。这里圆环图只显示分布占比，对其他圆环图也设置标签为百分比,并双击选中对应的数据标签,适当调整数据标签位置。

9. 插入文本框标签

右击插入的文本框,在快捷菜单中选择“设置对象格式”选项,单击“填充与线条”按钮,在“填充”组选择“无填充”单选按钮,在“线条”组选择“无线条”单选按钮,设置字体为微软雅黑,字体颜色为浅灰色(242,242,242),并将对应的统计数据工作表中的数据单元格引入。

10. 添加标题

标题包括数据大屏标题和每个图表的标题,首先修改每个图表的标题为对应的分类名称,点击图表标题可直接修改。数据大屏数据标题需插入文本框,插入一个空白文本框,输入“公司销售数据可视化看板”,并设置文本框为无填充和无线条,设置字体为微软雅黑,字号为 18,并选中加粗,字体颜色为浅灰色(242,242,242)。

最后对大屏整体进一步修饰,添加一些修饰图片以及调整图表以适应整体布局。因为是动态看板,所以还需将组合框剪切至数据大屏工作表,同时需要重新将链接单元格和数据源链接设置为统计数据工作表内。

这样就完成了动态销售数据大屏的制作,因为保留了图表数据的公式,如果需要制作新周期的数据大屏,直接用新周期的数据全部覆盖旧的明细数据,图表将自动更新。2021 年 9 月份的公司销售数据可视化看板如图 7-32 所示。

图 7-32　2021 年 9 月份的公司销售数据可视化看板

参 考 文 献

[1] 樊玲，曹聪 .Excel 数据分析 [M]. 北京：北京邮电大学出版社，2021.
[2] 王斌会 . 数据分析及 Excel 应用 [M]. 广州：暨南大学出版社，2021.
[3] 杨小丽 .Excel 数据之美 从数据分析到可视化图表制作 [M]. 北京：中国铁道出版社，2022.
[4] 雷金东，朱丽娜 .Excel 财经数据处理与分析 [M]. 北京：北京理工大学出版社，2019.
[5] 云飞 .EXCEL 数据处理与分析 [M]. 北京：中国商业出版社，2021.
[6] 何先军 .Excel 数据处理与分析应用大全 [M]. 北京：中国铁道出版社，2019.
[7] 杨乐，丁燕琳，张舒磊 .EXCEL 数据分析从入门到进阶 [M]. 北京：机械工业出版社，2021.
[8] 肖媚娇，张良均 .Excel 数据分析实务 [M]. 北京：人民邮电出版社，2022.
[9] 凌祯，安迪，蔡娟 .Excel 数据分析可视化实战 [M]. 北京：电子工业出版社，2023.
[10] 韩小良，杨传强 . 从逻辑思路到实战应用，轻松做 Excel 数据分析 [M]. 北京：中国铁道出版社，2019.
[11] 熊斌 .Excel 数据分析 [M]. 北京：中国铁道出版社，2019.
[12] 张良均 .Excel 数据分析和可视化项目实战 [M]. 西安：西安电子科技大学出版社，2021.
[13] 王国平 . 动手学 Excel 数据分析与可视化 [M]. 北京：清华大学出版社，2022.
[14] 柳扬，张良均 .Excel 数据分析与可视化 [M]. 北京：人民邮电出版社，2019.
[15] 马元元，张良均 .Excel 数据分析与应用 [M]. 西安：西安电子科学技术大学出版社，2022.

[16] 踪程 .Excel 数据分析基础与实践 [M]. 北京：电子工业出版社，2023.
[17] 赵萍 .Excel 数据处理与分析 [M]. 第 2 版 . 北京：清华大学出版社，2021.
[18] 杨群 .Excel 数据处理与分析实战应用 [M]. 北京：中国铁道出版社，2023.
[19] 陈清华，施莉莉 .EXCEL 2019 数据分析技术与实践 [M]. 北京：电子工业出版社，2021.
[20] 陈斌 .Excel 在数据分析中的应用 [M]. 北京：清华大学出版社，2021.
[21] 张冬花 .EXCEL 在中小企业财务管理中的应用分析 [J]. 山西财税，2022（6）：40–43.
[22] 伍国惠 .Excel 在中小企业财务管理中的应用策略分析 [J]. 营销界，2020（34）：144–145.
[23] 刘梅 .Excel 在财务会计工作中的应用 [J]. 中国农业会计，2023，33（18）：33–35.
[24] 朱金 . 浅谈 Excel 在财务中的数字化与信息管理应用 [J]. 财讯，2023，（16）：186–188.
[25] 南玉兰，闫拴虎 .Excel 数据分析在电商行业中的应用 [J]. 科技与创新，2022，（19）：133–138.
[26] 李娟 . 学生成绩统计分析利器——Excel 数据透视表 [J]. 现代职业教育，2019，（21）：172–173.